東京の自然史

貝塚爽平著

講談社学術文庫

増補第二版によせて

もと一九六四年に第一版がでた本書は、東京都立大学〔現・首都大学東京、以下同〕の教養課程での講義案をもとにして生まれたものである。出版されてからも私はその課程でのテキストとして何回か使い、学生諸君には本書を持って現地観察をしてもらった。そうしてわかったことの一つは、東京育ちの人々でさえも、誰しも東京にこんな側面があり、こんなところがあったのかという感想をもったという事実である。

東京を知ることは東京に愛着をもつことの始めであろう。大学に進学することで初めて東京に住むようになった私にとっては、まさにそうだったのであり、東京の調査を重ねたあげくの今では、東京は第二の故郷と呼べるものになっている。

ニューヨークやロンドンを例にひかなくても、大阪《おおさか》にも横浜《よこはま》にも郷土に根ざした自然史の博物館があり、具体的なものを通じて土地の自然を体得できるのであるが、この大東京にはそれがない。東京にもこの種の博物館があって、東京の自然に対する理解と愛着が深められれば、それが東京の、ひいては日本の環境をよりよくする原動力になるにちがいないと私はつねづね思うのだが、そういう文化施設がない現在、この小著が東京の自然についての一案内書となって、現実の自然を見る機会がもたれ、それを通じて自然への興味を抱き、あるいは東京の土地に愛着を深めていただけるならたいへん幸いである。

本書の第二版が一九七六年にでてから今日までに、東京の土地の研究、および東京の土地の生い立ちに関係が深い日本や世界の第四紀《だいよんき》の研究はさらに進展した。それらの中で、本書に取入れるべきことがらは、本文の後に「補注」という形で付け加え、本文中には関連箇所に＊印と注番号を記した。本文そのものは第二版の誤植を正した程度にしか改めていないが、この補注によって新装の版に対する一応の責を果したつもりである。しかし不充分なことはまぬかれない。読者諸氏のご海容とご教示をお願いする次第である。

一九七九年一月一〇日

貝塚爽平

第二版のまえがき

旧版が出版されてから一〇年が経過した。その間の東京の変貌は、関東地震と第二次大戦による破壊を別とすれば、ほかのどの一〇年よりも著しかったと言えるだろう。旧版が世にでた一九六四年は東京オリンピックと新幹線開通の年であり、東京再開発の年であった。それ以後、東京に高層ビルがあらわれ、高速道路と地下鉄の建設が急速にすすみ、そして東京の平野部はすべて人家で埋まって〝武蔵野《むさしの》〟は消失し、丘陵地でのニュータウン造成がすすめられた。大気汚染・水汚染や地盤沈下がすすむ一方、公害防止・自然保護の運動が高まった。とはいえ東京にまとまった公園・緑地はほとんど増えず、緑は減り、災害を受けやすい素地は全体としては増えこそすれ、減ってはいない。幸いなことに、この一〇年、東京は大きい災害を受けることなく済んだが、今後の一〇年に東京が大災害を受けないとは誰も保証できないであろう。

一方、過去一〇年の間に、東京の自然研究もいくつかの点で進展した。たとえば武蔵野台地や下町低地の地下の構造の研究は相当に進展し、地下水研究は、地盤沈下を防ぐためには何をなさねばならないかを明示するに至った。関東ローム層の絶対年代が明らかになったのも著しい進歩の一つであろう。

東京の変貌と研究の進展、それに、旧版への需要が減らないどころか、多くの読者から寄せられた新版への期待が、改訂版をここに用意させることになった。

この紙面をかりて、本書旧版に与えられた読者諸氏の意見と新版への希望に対して厚く御礼申上げる。また、改訂をおこなうのに資料を提供していただいた東京都広報室、杉原重《すぎはらしげ》夫《お》、松田《まつだ》磐余《いわれ》、長谷川《はせがわ》善和《よしかず》の諸氏にも感謝したい。

一九七五年八月

第一版のまえがき

東京は、そのあきれるばかりのひろがりを人工的な建造物でおおっている。都民がその下の土に接する機会はほとんどない。しかし、見えても見えなくても東京の土地は一〇〇〇万の人口を支えている母なる大地である。

東京の土地の自然は、一部の人たちには日本でもっともよく研究されているところとして知られているが、これほど住民に知られていない土地も少ないのではなかろうか。東京の自然は、人工の被覆の下にあっても、人為的な施工に対して、いろいろな反応を示すものである。

下町の地盤沈下はその反応の一つである。山の手の開析谷《かいせきこく》に洪水がしばしば発生するようになったのも、反応の一つである。人為的な施設に対する反応は、しばしば災害という形をとる。東京は、江戸時代から、水害・震害などの経験を積んでいるが、その経験ならびに多くの研究から知られた自然の性状が、小は個人の居住地の選定から、大は東京のプランニングにまで生かされているであろうか。

この本では、東京の土地の自然がどんな構成になっているかを、その生いたちにもとづいて説明することに重点をおいているけれども、その間には土地の性状と関係のある災害や土地利用の問題にも言及したいと思う。

ところで、自然の生いたちは、古くまで遡ればきりがないが、現在の東京の地形が成立し、現在利用されている地下水が関係するような地層が成立したのは、ほとんど、第四紀と呼ぶ最新の地質時代のことであるから、話は第四紀の約一〇〇万年にしぼられ、最近の一〇万年ぐらいが特に問題となる。

第四紀といえば、氷河時代として知られている時代であるが、東京の土地の成立も世界的な氷河の消長と深い因縁があって、世界的な自然史の視野に立たなければ東京を理解できない面が少なくない。このような面は、主としてⅢの章でのべる。

上記のような東京の地学的研究は、日本の他地域にくらべてすすんでいるというものの、なお未解決の問題がないではない。そこで当初には、現在の段階でわかっていることとわかっていないことをはっきりと書きたいと考えたのであるが、筆者の微力と新書〔本書は第2版まで「紀伊國屋新書」に収められていた〕という性質上、研究の現状の紹介も、文献の引用も、問題点の指摘も、充分におこなうことができなかった。なお、ここには日常にはききなれない時代名や地層名や地名がでてくるかもしれない。このような時代名や地層名についてはいくつかの表を参照していただきたい。また特殊な地名はたいてい図版にその位置を示してある。

筆者が武蔵野の自然に興味をもつようになったのは、戦後まもない頃、東京大学の多田文《ただふみ》男《お》教授の教えを得て以来のことである。昭和二五年（一九五〇年）からは東京都立大学の地理教室につとめることになって、東京について学ぶ機会がいっそう多くなった。また関東ローム研究グループのメンバーとして、関東各地の調査に参加することもできた。

この本をまとめるに当っては、こうした研究の環境を与えられた東京都立大学ならびに関東ローム研究グループの師友に深く感謝するものである。また、各種の資料をいただいた東京都、千葉県、建設省〔現・国土交通省〕など関係部局の方々にもお礼を申しのべたい。なお、本書の出版については、紀伊國屋書店出版部の道家《どうけ》暢子《ようこ》さんにたいへんお世話になった。記して謝意を表する。

貝塚爽平

一九六四年九月

目次

東京の自然史

増補第二版によせて……3
第二版のまえがき……5
第一版のまえがき……7

I　東京の自然

1　山の手台地と下町低地……21
2　東京の自然と日本の自然……27
3　人間による東京の変貌……31

II　武蔵野台地の土地と水

1　武蔵野台地概観……41
武蔵野台地の研究　42／武蔵野の地形区分　44
2　山の手台地をつくる二つの段丘……48

山の手南部の地形　54／山の手北部の地形　56
3　山の手台地の地層……………………59
山の手諸台地の地質　60／東京の地層　70
4　武蔵野台地西部の地形と地質……………78
武蔵野段丘・立川段丘・青柳段丘　80／段丘と関東ローム層　83
5　武蔵野台地の地殻変動と東京周辺の活断層…………85
武蔵野台地の傾動運動　85／東京付近の活断層　89
6　武蔵野の川と谷…………………………92
武蔵野東部の谷　94／自由が丘の地盤沈下　96／武蔵野の水害　99／非対称谷とその成因　105
7　武蔵野の地下水……………………………109
武蔵野台地の不圧地下水　109／武蔵野台地の地下構造と被圧地下水　117

III　氷河時代の東京

1　関東ローム層……………………………125
関東ローム層の研究　125／関東ローム層の構成と起源　128／関東ローム層の中の文化　141／関東ローム層の年代　146
2　江古田植物化石層とヴュルム氷期の気候……………156
江古田植物化石層　156／武蔵野の段丘と大雨期問題　159
3　古東京川と氷河性海面変動……………161
古東京川とその支谷　162／氷河性海面変動　165
4　第四紀の関東平野……………………173
関東平野の地形　173／多摩期の海進　175／下末吉海進　179／丘陵・台地・段丘と氷河性海面変動　180

IV　下町低地の土地と災害

1　下町低地の微地形……188
東京低地の微地形　193／多摩川低地の微地形　195／台地を開析する谷底の沖積低地　197

2　下町低地の地質……199
下町低地の地質調査　199／沖積層の基底　202／東京低地の沖積層　209／三角州の構造　213／有楽町海進の過程　216

3　下町低地の生いたち……218
先史遺跡による旧海岸線の復元　219／東京低地の形成　224／後氷期の気候変化と海面変化　228

4　下町低地の地盤と災害……232
下町低地の沖積層下の地層　235／下町低地の地盤沈下　236／地盤沈下の原因としての揚水と水位低下　240／公害としての地盤沈下　246／下町低地の震害　249

V　東京湾の生いたち
1　東京湾の海岸線……255
東京湾の地形　256／東京湾海岸線の変遷　261
2　東京湾の系譜……263
南関東ガス田　264／関東造盆地運動の地形的表現　270／関東造盆地運動の速さ　275／南関東の大地震と地殻変動　276
VI　むすび―過去の東京から未来の東京へ……281
主要参考文献……292
補　注……300
解　説……鈴木毅彦……312
地名および地名事項索引……327

東京の自然史

I

東京の自然

山の手台地——新宿より南を望む（東京都広報室）

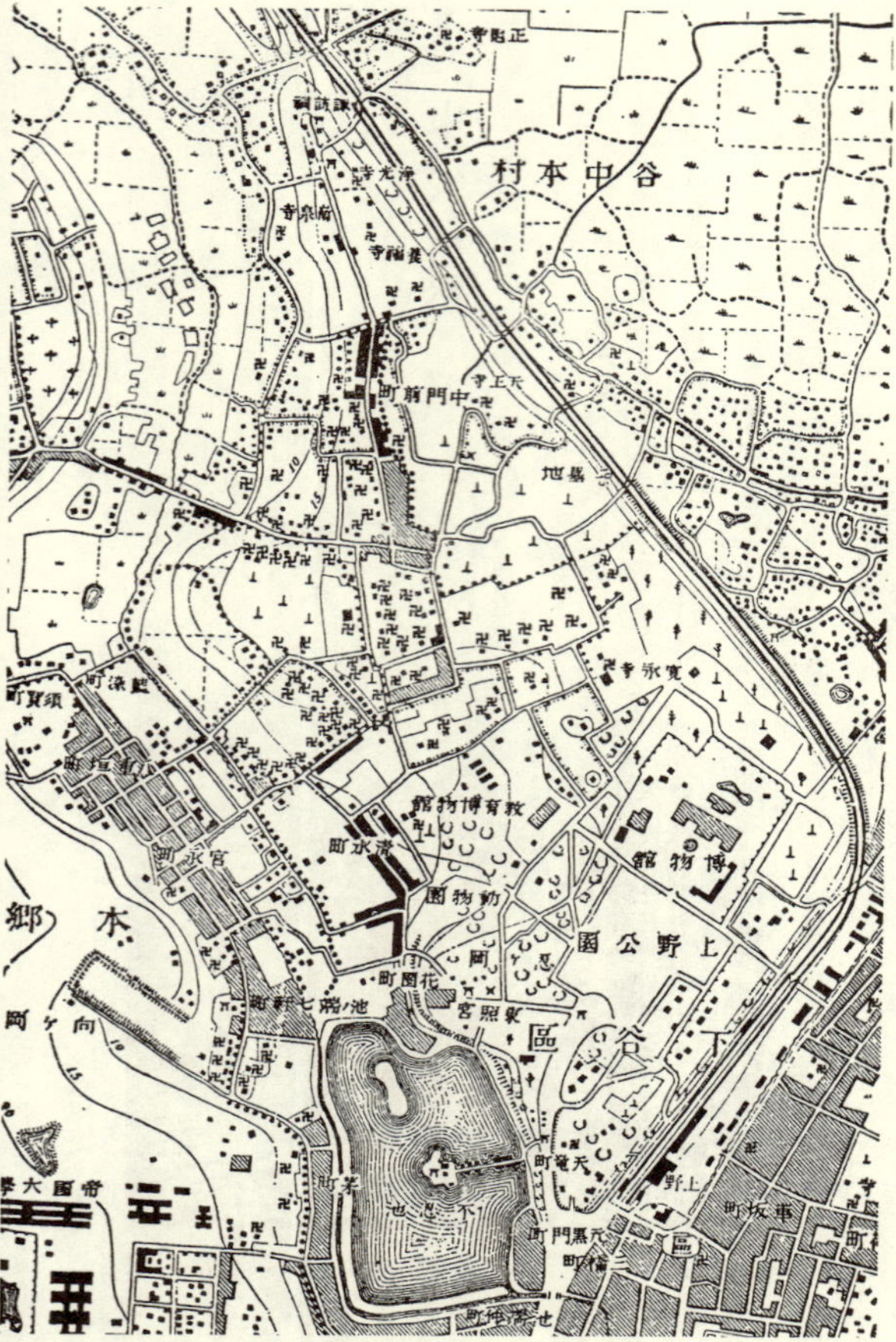

上野付近の台地と低地（明治13年測量、２万分の１迅速測図より）

1　山の手台地と下町低地

今からおよそ五〇〇年の昔、太田道灌《おおたどうかん》が江戸《えど》の地に城を築いて以来、江戸が東京に変るまでの間、山の手と下町はおよそ別種の土地のおもむきがあった。山の手の大部分は江戸城をとりまく武家屋敷と社寺にしめられ、下町には軒をつらねる町屋がひしめいていた。

今日の東京の山の手と下町のちがいも、もとをたずねればこのような封建時代の歴史にねざしている面が少なくない。

ところで、土地そのものも、山の手と下町はきわだった対照を示している。

山の手と下町のちがいの第一は、だれの目にも明らかな地形のちがいである。下町にくらべると、山の手は二〇メートルから四〇メートルほども高い。下町から見上げると、文字通り山のようなところもあって、愛宕山《あたごやま》（港区）、飛鳥山《あすかやま》（北区）、道灌山《どうかんやま》（荒川区）、御殿山《ごてんやま》（品川区）などの地名もある。しかし、山の手は、その上にのぼってみれば広く平らで、台地あるいは段丘と呼ぶべき土地である。

東京のうち、ほぼ国電環状線（山手線をさす。現・JR山手線《やまのてせん》、以下同）にかこまれた山の手には、〝台〟のつく町名がすこぶる多い。旧町名であげると、文京区には台町《だいまち》、小日向台町《こびなただいまち》、関口台町《せきぐちだいまち》など、千代田区には駿河台《するがだい》、港区には三河台町《みかわだいまち》、三田台町《みただいまち》、高輪台町《たかなわだいまち》、白金台町《しろかねだいまち》などと台町がつづくところさえある。

地名も示すように、地形的にいえば、東京は「山の手台地」と「下町低地」よりなるのである。しかし、「山の手台地」のつづきでも池袋《いけぶくろ》—新宿《しんじゅく》—渋谷《しぶや》をむすぶ山手線以西には、台のつく町名は多くない。それは、この方面では山手線以東にくらべて台地をきざむ谷が少なく、また谷の切りこみが浅くて、大きくみれば一つの武蔵野《むさしの》「台地」がひろがっているのだが、小さい台地が少ないためかと考えられる。

「山の手台地」の範囲はあまりはっきりしていない。東京が狭かった時代には、およそ国電環状線内の台地をさしたのであろうが、いまではもっと広い範囲が山の手台地と呼ばれているようである。本書では、東京区部の西縁以東、すなわちおよそ吉祥寺《きちじょうじ》を通る南北線以東の武蔵野台地を山の手台地と呼ぶことにしておこう。現在の東京の市街は、この山の手台地の範囲をこえ広く武蔵野台地全体をおおうほどにつながっている。

なお、「下町低地」の範囲も明確でないので、はっきりと地域を示すときには、武蔵野台地と下総《しもうさ》台地にはさまれた低地を東京低地、多摩《たま》川ぞいの低地を多摩川低地、武蔵野台地と大宮《おおみや》台地にはさまれた荒《あら》川ぞいの低地を荒川低地と呼ぶことにする。

山の手は、谷によって分断された台地群よりなっているが、それが、東京の中心部である旧市内（旧一五区）を起伏の多い、変化にとむ町にしているわけであり、また東京に坂の多いゆえんでもある。山の手台地の東の縁が、下町低地に面して崖を連ねるあたりには、車《くるま》坂、昌平《しょうへい》坂、九段坂、三宅《みやけ》坂、霊南《れいなん》坂などが、少し奥では、目白《めじろ》坂、神楽《かぐら》坂、紀伊国《きのくに》坂、行人《ぎょうにん》坂など著名な坂がある。「坂」あるいは「坂下」のつく地名は、「谷」のつく地名とともに数えたらきりがないほどである。タクシーの運転手から、東京の地理に通じるコツは、下町では橋を、山の手では坂を覚えることだと聞いたことがある。

山の手と下町のちがいの第二は、台地と低地の地形を構成する地質のちがいである。このちがいは、古くから大土木工事がおこなわれてきた江戸の町では、土木技術者には経験的に知られていたにちがいない。しかし、東京の地層が科学的に記載されるには、エドムンド・ナウマン（Edmund Naumann）やダビッド・ブラウンス（David Brauns）の来日をまたねばならなかった。

ナウマンは一八七五年（明治八年）にドイツから招かれて来日し、一八七七年に設立された東京大学の初代地質学教授となった。日本の地質構造を論じた最初の人でもあり、古生物の研究をおこない、ナウマン象にその名を記念されている人でもある。彼は一八七九年に「江戸平原について」（独文）という論文を書き、この中で江戸平原（今の関東平野）の地層や東京低地の三角州《さんかくす》の成長を野外での観察や古地図などにもとづいて記述した。

ブラウンスは、一八八〇年（明治一三年）にナウマンの後任の地質学教授としてドイツから招かれた。ブラウンスは、化石の研究を得意としたが、東京にきて第一に気づいた地学的現象は、やはり山の手と下町の地形のちがいであったとみえ、その論文「東京近傍地質篇」（英文、一八八一年）にこう書いている。

そもそも外客の始めて横浜あるいは東京に着するにあたり、まず眼に上るものは、いわゆる沿岸の峭壁《しょうへき》にして、その海浜よりの距離はつねに一定せずといえども、たいてい彎曲線をなして互に相連続するを見る。（一八八二年の訳文による）

ここにいう沿岸の峭壁とは、東京あるいは横浜の山の手台地が、下町低地に面する崖であり、互に相連続して湾曲線をなす崖とは、今日の地理でいえば、ほぼ国電の京浜東北線（現・JR京浜東北線、以下同）の西側にそって、赤羽《あかばね》駅から大森《おおもり》駅に至り、川崎《かわさき》・横浜《よこはま》では、鶴見《つるみ》駅から本牧《ほんもく》の岬に至る台地東縁の崖線《がいせん》である。この崖線は、ブラウンスにより、日本の第四紀《だいよんき》層研究の最初のフィールドとなったものであり、また、エドワード・モース（Edward Morse）が日本での科学的な考古学研究の最初のくわを入れた、大森貝塚がある崖線でもある。

武蔵野台地を構成する地層の研究はブラウンスとその門下の諸氏によって始められ、明治・大正・昭和を通じて、産出する化石・地層の区分などの研究がおこなわれてきたが、一方の下町低地の本格的研究は、山の手の研究よりもずっとおくれてはじめられたのであった。おくれていた下町低地の研究を本格的にはじめさせたもの、それは大正一二年（一九二三年）九月一日の関東大地震であった。

関東地震は一二万八〇〇〇の全壊家屋と、ほぼ同数の半壊家屋を生ぜしめ、四四万七〇〇〇の焼失家屋と一四万の犠牲者をだしたのであるが、それは、地学研究者に地震に関する研究心をふるいたたせたのであった。関東地震の調査結果の一つとして、東京の山の手と下町で震度に大差があることが明らかとなったが（1図）、それは下町の地盤の研究の必要なことを示していた。

関東地震ののち、東京再建の機関として設けられた帝都復興院（のち復興局）は、復興事業の基礎的調査の一つとして、罹災区域の全域にわたり統一的な地質調査をおこなった。この調査の主力は、東京・横浜の下町の地質をボーリングで明らかにすることにおかれ、東京では五〇〇本が掘られたのである。これによって、下町低地の地質や地盤の性質がはじめて明らかになった。なお、関東地震後におこなわれた水準測量によって、東京下町低地が、前回測量のときよりも異常に大きく沈下していることが知られるに及び、「地盤沈下」現象が注目されるようになった。

関東地震後、約五〇年が経過した一九七〇年代後半には、東京は震災前はもちろん、戦災前とも比較にならぬくらい拡張した。人口は一一〇〇万を越え、政治・経済・文化の中枢管理機能の集中だけでなく、年に約八兆円の工業生産額をあげる工業都市ともなった。ところで、東京の土地へ膨大な投資がおこなわれ、膨大な生産が営まれているのに釣合うように、それらを支える土地そのものの研究が進められ、防災対策がおこなわれているであろうか。あるいは、関東地震の貴重な経験とその後の地盤調査が土地の合理的な利用に生かされているのであろうか。

関東地震以後の変化を下町についてみれば、地盤の弱いことが明らかにされた隅田《すみだ》川以東に市街が拡大し、そこに発生した地盤沈下は、工業が栄え地下水の汲上げ量が増加するとと

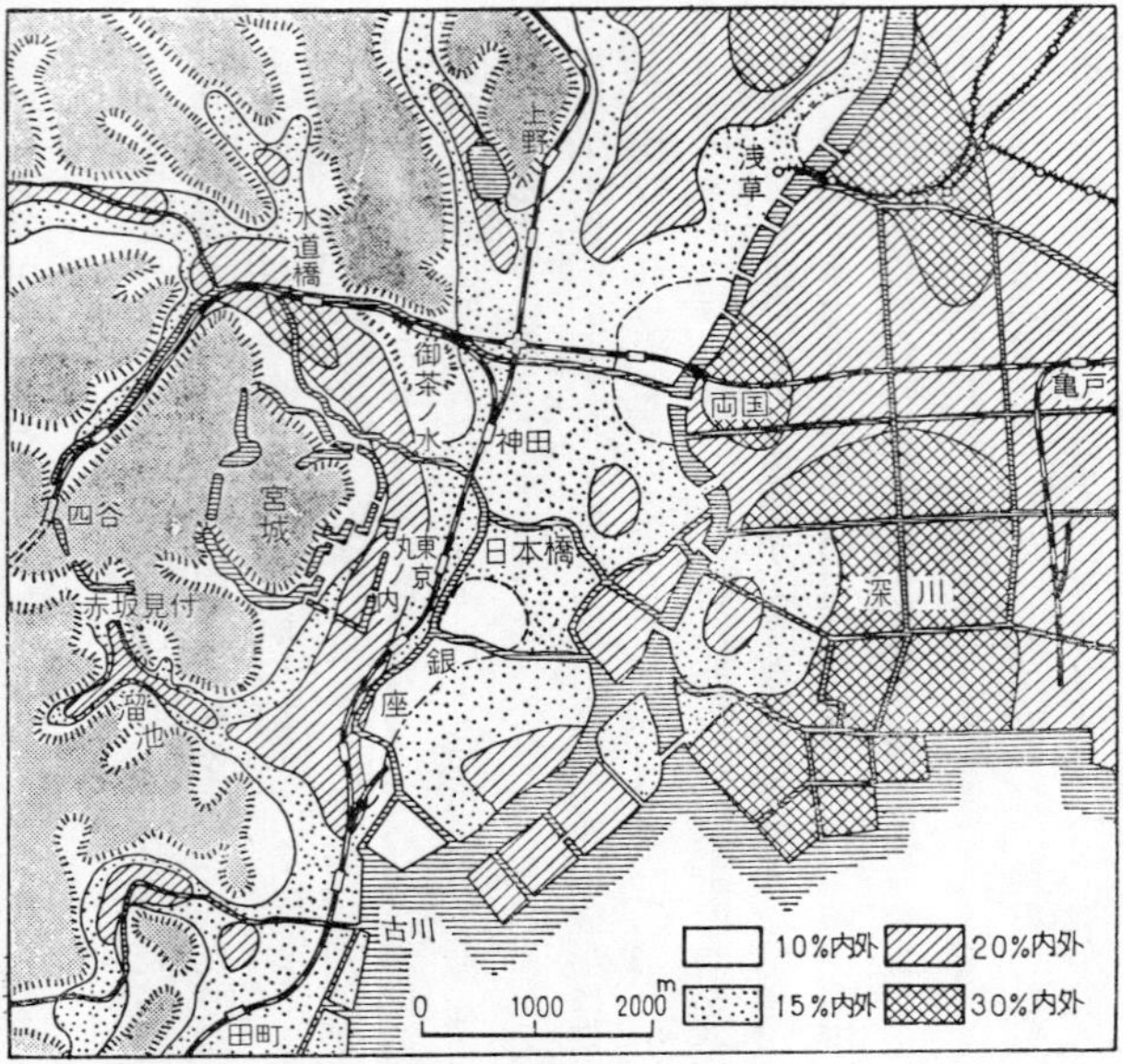

1図　関東地震のときの震度分布（今村明恒、1925より）
震度は地震動の最大加速度が重力の加速度の何%ぐらいあったかを推定したもののようである。現在の気象庁震度階級でいえば、30%内外は震度VI（烈震）、20、15、10%は震度V（強震）に入る。この震度は家屋倒壊率（61図参照）や被害の状況ならびに余震観測から推定して描いたものである。うすずみは台地、台地の震度は10%内外。

もに進行して、0《ゼロ》メートル地帯は拡大しつづけてきた。防潮堤《ぼうちょうてい》は高さと長さをましてきたが、また、地下水汲上げの規制や工業用水道の建設がおこなわれつつあるが、地盤沈下はなお進行中であり、高潮や洪水による大水害のおこりうる条件はできており、また地震に伴なう大火災や大水害の発生も憂慮されているのである。

2　東京の自然と日本の自然

東京は武蔵野台地と下町低地にわたって広がっているが、日本の海岸ぞいの都市には、東京に似て、台地と低地にまたがっているものが多い。

たとえば大阪《おおさか》である。大阪には、大阪城のある上町《うえまち》台地と淀《よど》川ぞいならびに大阪湾ぞいの低地があり、その低地は、東京の0メートル地帯と同じく、地盤沈下の悩みを城壁のような防潮堤にみせている。

名古屋《なごや》も同じである。古くからの名古屋市街の大部分は、海抜一〇〜二〇メートルの熱田《あつた》台地にあるが、新興の臨海工業地帯は、ほぼ東海道線以西の低地にある。この低地が、伊勢《いせ》湾台風による高潮に襲われ、五〇〇〇人の命が失われたのは一九五九年（昭和三四年）のことであった。

このほか、市街が台地と低地にまたがる都市として、釧路《くしろ》、札幌《さっぽろ》、八戸《はちのへ》、仙台《せんだい》、水戸《みと》、横浜、浜松《はままつ》、豊橋《とよはし》、宇部《うべ》等々をあげることができる。そして、このような町では、「下町」は水害の危惧はあっても水運の利があり、「山の手」は土地が高燥で水利に難はあっても、戦国の世には城を構えるのに都合がよかった、というような共通性をもっている。

このような都市の例をあげるまでもなく、わが国の平野には、川や海岸に沿う平坦な低地と、それより一段高い台地あるいは段丘があることはよく知られている。国土地理院の資料によれば、日本の平野は全国土の面積の二四パーセントをしめ、そのうちの一一パーセントが低地、一三パーセントが台地または段丘となっている。そして、日本の総人口の約八〇パーセントは、国土の二四パーセントにすぎない低地と台地に集中しているのであり、東京はまさにその過集中の典型である。

ところで、日本の平野の二大構成要素である、低地と台地（あるいは段丘）は、いつ、どのようにして作られたものであろうか。その答の一部は、低地は沖積《ちゅうせき》低地、台地は洪積《こうせき》台地と呼ばれることが多いが、そのときの形容詞、沖積・洪積の語に見出すことができる。

沖積という語は元来は冲積と書き、河川が土砂を堆積したという意味と、沖積世という地質時代に堆積した地層（沖積層）よりなるという両方の意味をもっている。しかし、日本では、前者の意味で使われることはまれで、後の、時代的な意味で使われることが多い。本書でも、沖積平野あるいは沖積低地とは、沖積層で形成された平野・低地という意味で用いる。そこで、沖積の他の意味、すなわち、河川の作用で作られたことを示す語としては、「河成《かせい》」を用いることにしよう。

洪積の語は、語源としては「ノアの洪水」によるという意味と、その時代（洪積世）の堆

年数	地質時代の名称			
1000年前	新生代	第四紀	沖積世（完新世）	
5000年				
1万年			洪積世（更新世）	最終氷期（ヴュルム氷期）
5万年				
				最終間氷期
10万年				氷期と間氷期の繰返し
50万年				
100万年		第三紀	新第三紀	鮮新世
500万年				
1000万年				中新世
			古第三紀	
5000万年	中生代			
1億年				
	古生代			
5億年	先カンブリア時代			
10億年				
45億年				

表1　地質時代の区分と名称（年数は対数目盛り）

積物すなわち洪積層よりなるという両方の意味をもっていた。しかし、ヨーロッパで大洪水の堆積物と考えられた巨礫《きょれき》は、実は氷河が運んできた堆積物であることが明らかとなるに及んで、洪積という語は、現在では洪積世という地質時代またはその時代の堆積物をさす語となっている。

以上で明らかなように、沖積低地・洪積台地とは、沖積世の地層で作られた低地、洪積世の地層で作られた台地を意味するわけである。そして、経験的にいって日本では、川や海からの相対的な高度（比高）が小さい低平な土地は、ほとんどが沖積世の地層（沖積層）からなり、川や海から一段と高くなった台地や段丘はほとんどが洪積層によって構成されているといってよい。この経験的事実を成立させている理由については後にのべる。

沖積世（別名、完新世《かんしんせい》または現世《げんせい》）と洪積世（更新世《こうしんせい》または最新世《さいしんせい》）を合わせた地質時代の名称は第四紀である。これは、第三紀のあとにつづく地質時代であって、四五億年といわれる地球の歴史の最後のひとこまである（表1）。その長さはおおよそ二〇〇万年といわれるが、年数の測定や推定にはいろいろな見解がある。

その絶対年数はともかくも、第四紀は氷河の消長と人類の発展で特筆されるべき時代であるとともに、現在地上にみられる地形や生物分布の様相はたいていこの時代に形成されたものである。第四紀の語を用いれば、日本の人口の約八〇パーセントは第四紀層の上に生活し、東京の一一〇〇万人〔二〇一一年現在は約一三〇〇万人〕もまたその上に暮していることになる。

東京の台地と低地の地形や、それらの構成地層の性格は、日本の沿岸各地の台地と低地のそれらと無縁ではない。それどころか、研究の進展とともに、日本各地の台地・低地は東京の台地・低地と同じ形成過程と成因をもっていることがわかってきたのであり、さらにそれは第四紀の気候および海面変化という、世界的現象に根ざすものであることも認められるようになってきた。この意味で、東京の土地の過去を探り、将来を案ずることは、単に東京の話にとどまらない意味をもっている、ということができるのである。

3　人間による東京の変貌

一八世紀にすでに人口一〇〇万に達し、当時としては世界第一の大都市であった江戸では、それ相応の土木工事がおこなわれた。築城・上水道工事・埋立工事など、いずれも大規模なものであり、上水道工事などは、当時の西欧のレベルをしのぐものだったといわれている。東京の自然は、このような都市づくりによって、変貌をつづけ、ことに二〇世紀後半の変化は著しい。

東京の自然を調べるに当って、人為による土地の変貌には、あらかじめ注意を払う必要がある。そのためには古文書、古地図などの資料が用いられるのは当然であるが、これらが人間による土地の変化をすべて記録しているわけではないから、土地そのものに残された記録から人為的な変貌を読みとらねばならない場合も少なくない。ここには、人為による東京の土地の変化の主要なものをとりあげることとしよう。

地球上の自然を構成する、大気、水、動植物、岩石、土壌、地形などのうち、もっとも人間にとって改変するに容易なものは植生であろう。東京の場合もその例外ではなかった。人為の加わらない東京付近の植生は、現在見ることもできず、また文献にもない。自然植生は、歴史時代〔文字による記録のある時代〕以前に大きく変更されたであろう。

川ぞいの湿地などは別として、武蔵野の自然植生は、シイやカシなどの照葉樹林（常緑広葉樹林）であっただろうと推定されている。もっとも、それは海岸ぞいのことで、武蔵野内部では必ずしもそうでなかったとする意見もある。武蔵野の自然林はその後農耕のため、あるいは牛馬を飼うために焼かれ、草原化したといわれている。このような植生の変更は、当然動物相をかえ、また土壌の性質も変えたであろうが、ここではこれ以上は立入らず、次には地形や水系の改変についてみよう。

東京のなかで、もっとも古くから土木工事が加えられ、かつその記録があるのは、江戸城の付近である。太田道灌が一四五六年から五七年にかけて城を築いたのは、現在の皇居の北東部、江戸城本丸のところである。

道灌時代の地理は、記録によると、城の南東方、今の新橋《しんばし》あたりから日比谷《ひびや》・丸《まる》の内《うち》にかけては「日比谷入江」が入りこみ、その東には東京駅付近から有楽町《ゆうらくちょう》付近にかけて、江戸前《えどまえ》島《じま》と呼ばれた半島状の州があって、そこには社寺や村落や松林があった。なお、鈴木尚《すずきひさし》によれば、東京駅付近の地下鉄や建築工事場からは、しばしば一五世紀ごろの人骨や板碑《いたび》が発見され、この付近に墓地があったこともわかっている。城の北東には今の日本橋《にほんばし》川の前身の平《ひら》川があり、その河口に近い南岸の低地、今の千代田区大手町《おおてまち》付近と推定されるところに城下町があった。

道灌時代以後、城や城下はさびれたが、このような地勢は、家康《いえやす》入国の一五九〇年（天正一八年）ごろにもほとんど変らなかったようである。当時の記事（『岩淵夜話別集』）によると、城下の有様は、「東の方平地の分は、ここもかしこも潮入《しおいり》の茅原《かやはら》にて、町屋侍屋敷を一〇町と割付くべき様もなく、さてまた西南の方は、平々と萱原《かやはら》武蔵野へつづき、どこをしまりというべき様もなく……」とある。２図はその当時の地理を推定して描かれたものである。

さて、家康は入国の直後にこの潮入の茅原を埋立てて町をつくり、また運河をひらく工事をおこなった。運河の一つは、平川河口より城に通ずる道三堀《どうさんぼり》であり、また別の一つは行徳《ぎょうとく》の塩を江戸に運ぶ目的で掘られたという小名木《おなぎ》川である。これよりあと、一六〇三年（慶長八年、開幕の年）には手ぜまな城下を拡大するために、神田《かんだ》山（今の駿河台）南部を切りくずした土で外島《そと》（中世の前島）の海岸や日比谷入江が埋立てられ、築港工事もおこなわれた。一六二〇年には駿河台を深く切割って運河をつくり、平川の水の一部を東に落す神田川ができた。それは、江戸城下の洪水を防ぐとともに、江戸城防禦のための工事であったといわれている。

このようにして、現在の東京駅を中心とする地域の造成がおこなわれる一方、周辺地域で

2図　徳川家康入国前後の江戸（千代田区史より）

も湿地や海岸の埋立て、ならびに利根《とね》川をはじめとする諸河川の治水・利水工事がおこなわれた。利根川についていえば、よく知られているとおり、かつては古利根《ふるとね》川筋をとおり、荒川（元荒川）を合せて隅田川となり東京湾にそそいでいた。また、渡良瀬《わたらせ》川も、その下流は太日《ふとひ》河といって今の江戸川筋を東京湾に入っていた。それが、利根川と渡良瀬川がむすばれ（一六二一年）、さらにこれらは鬼怒《きぬ》川に落ちるように流路を大きく変更された（一六五四年）。一方では荒川は入間《いるま》川と合せられ（一六二九年）、また中川《なか》が開鑿《かいさく》され（一七二九年）、東京付近の水系はほぼ現在の姿に近づいた。

隅田川・中川・江戸川などの流れる三角州地帯、すなわち東京低地は、これらの河川が上流山地から運びだした土砂によって作られてきたのであるが、この三角州の東京湾よりの土地が耕地あるいは市街地と化したのは埋立てや干拓による。隅田川以東で小名木川以南の地、すなわち江東区の大部分は、一六五七年（明暦三年）の大火の後の復興計画によって埋立てによる市街化、あるいは干拓による新田造成がおこなわれたところである。

東京の下町が、このように埋立てられて面積をひろげていった一方、山の手台地は江戸城の濠の構築や埋立て土の採取などによって、いくらか削られ、あるいは凹地が平らにならされるなどの変更が加えられた。しかし、江戸城の堀も神田川のお茶《ちゃ》の水《みず》の切割りも、もとの谷筋《たにすじ》を巧みに利用しているので、山の手台地の地形が大きく変えられたわけではない。

江戸時代の山の手市街は、五つの台地に社寺や武家屋敷をひろげていた。その五つの台地とは、北からいって、赤羽・田端《たばた》から上野《うえの》につづく台地、本郷《ほんごう》・小石川《こいしかわ》の台地、麴町《こうじまち》台地、赤坂《あかさか》・麻布《あざぶ》の台地、高輪・品川《しながわ》の台地である。

そして、これら五つの台地を分けるものは、不忍池《しのばずのいけ》を下流部にもつ藍染《あいぞめ》川（谷田《やた》川）の谷、平川（神田川）の谷、溜池《ためいけ》の谷および金杉《かなすぎ》川（下流は古《ふる》川、上流は渋谷川）の谷である。これらの谷底は下町低地の続きとして台地の間に入りこんでいる。今日ではこれらの谷底低地の川は下水を集めているが、もともとは、台地のすそから湧き出る地下水によって養われており、その水は谷底低地の下流部でしばしば、湿地や池をなしていた。藍染川の谷でのその名残りは不忍池となっているが、家康入国以前には、今の水道橋《すいどうばし》・飯田橋《いいだばし》付近に「小石川大沼」があり、国会議事堂の南の谷には「溜池」の池があり（2図）、古川下流部の一《いち》之橋《のはし》付近にも沼があった。これらの、池があったとされるところには、現在も盛土の下に泥《でい》炭《たん》があり、そこは、関東地震のときに山の手としてはもっとも震度の大きかったところ（1図）とほぼ一致する。

もともと、山の手台地をきざむ谷底低地は湧水《ゆうすい》があって、小さい集落を養うぐらいの水には困らないところである。しかし、谷底低地の下流部に当る神田・丸の内付近が城下町としてひらけると、当時の井戸掘技術で掘れる程度の浅井戸は水質が悪いために、上水道を設けないわけにはいかなかった。家康は早くも江戸入城のころに上水道工事をおこない、「神田上水」を開発した。それは井《い》の頭《かしら》池・善福寺《ぜんぷくじ》池の湧水から発する神田川（江戸川とも高田川ともいった）の水を旧小石川区（文京区西部）の関口《せきぐち》にもうけた堰から神田一帯に引いたものである。関口町・関口水道町・小日向水道町・水道端町・水道橋などの地名は神田上水に由来する。なお、江戸の下町南部の上水源としては「溜池」の水が用いられた。

開幕以後約五〇年をへ、江戸の人口が増加すると神田上水の給水量では不足をきたし、四代将軍家綱《いえつな》の時代、一六五三年に玉川《たまがわ》上水の工事が始められた。この工事は、多摩川べりの羽村《はむら》より四谷大木戸《よつやおおきど》まで延長約五〇キロメートルの水路を掘る大工事であったが、起工よりわずか七ヵ月余で完成したと伝えられる。

この玉川上水は、東西に長くのびる武蔵野台地のやや南よりを通っているが、そこは台地の尾根筋とでもいうべきところである。すなわち、武蔵野西部の羽村より三鷹《みたか》までは、南の多摩川水系と、北の荒川水系の分水界を通り、武蔵野東部では、甲州《こうしゅう》街道ぞいの、神田川水系と古川・目黒《めぐろ》川水系の分水界を通っている。このような重要な位置に玉川上水が引かれたことが、のちに多くの分水を南北に派出することを可能にし、武蔵野開発に貢献したのである。玉川上水路の選定は、当時の土木技術の高い水準を物語っている。

玉川上水の開鑿に続いて、承応《じょうおう》年間（一六五二―一六五五）には、その北東への分水である野火止《のびどめ》用水（伊豆殿《いずどの》堀）が、一六六〇年と一六六四年には江戸南部の青山《あおやま》および三田上水が、さらに一六九〇年代には江戸北東部への千川《せんかわ》上水が設けられた。さらに下って一七二〇年代・三〇年代（享保年間）には、武蔵野台地の中・西部の開発のために、玉川上水よりの分水が各所に設けられ、多数の「武蔵野新田」がひらかれた。それまでの武蔵野台地は、地下水が深くて当時の技術では水を得難いことが大きな障害となって、開発がおくれていたのである。

明治以後の東京の水道事業については、淀橋《よどばし》浄水場（現在は新宿副都心）の完成（一八九八年）、村山《むらやま》貯水池（多摩湖）と山口《やまぐち》貯水池（狭山《さやま》湖）を武蔵野西部の狭山丘陵内に谷をせきとめて造成（それぞれ一九二四年と一九二八年に完成）、さらに小河内《おごうち》ダムが多摩川上流に作られた（一九五七年に完成）などいう歴史がある。そして、さらに一九七〇年代までには、利根川水系の上流に貯水池をつくり、はるかに東京まで給水する事業がすすめられてきた。

東京のための自然の改変は、宅地造成や水道あるいは水力発電事業のように川の上流の丘陵地や山地へと移ってゆく例がある一方、臨海工業用地や港湾の造成は東京湾を埋立て、湾岸の海岸線の形態をいちじるしく変えた。日本でこれほど海岸線の形が変わったところは他にないし、世界にも類が少ないであろう。また、荒川放水路・新中川放水路などの掘鑿などは下町低地の水系をかえてきた。

しかし、以上にのべた自然の改変にくらべ、もっと広範囲であり、問題の大きい自然の改変は、地盤沈下のために生じた東京0メートル地帯の形成である。

もし、防潮堤がないとすれば、東京湾の平均満潮位には、東京低地の大部分、約一三〇平方キロメートルが海になってしまう（都内は昭和四七年、千葉県側は昭和四六年の測量による）。この水没面積は、国電環状線がかこむ面積の二倍余であり、そこには約一八〇万の住民が生活している。このように広い0メートル地帯が形成されたのは、主として二〇世紀に入ってからの約六〇年にわたる地下水の過剰揚水《ようすい》の結果である。のちに記すように、東京低地は、過去約一〇〇〇ないし二〇〇〇年の間に、主に自然の運びだす土砂で埋立てられ陸となったのであるが、それがわずか六〇年ぐらいの間に、人工的に再び海面以下の土地となってしまったのである。江戸時代以降の埋立てによる土地のプラスも少なくなかったが、地盤沈下による土地のマイナスはさらに大きいといわねばならない。

この一例は、東京の開発には、土地の性質に対する知識と、長期の見通しのもとでの配慮が必要であったし、今後も必要なことを痛烈に訴えるものである。

II　武蔵野台地の土地と水

武蔵野台地の西端、青梅を扇頂とする開析扇状地
と関東山地および多摩川（左端）

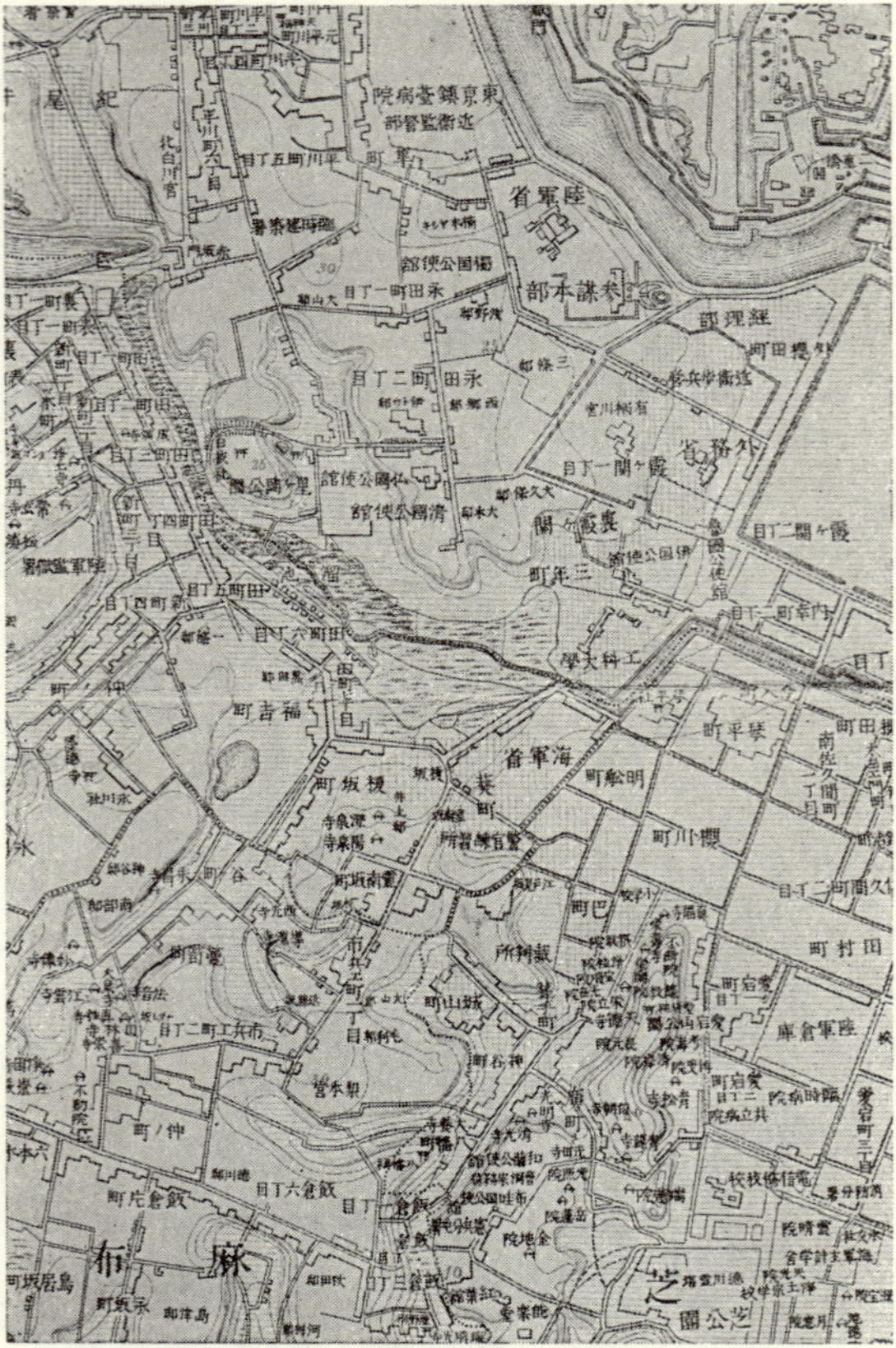

霞が関・溜池・愛宕山付近の地質図
農商務省地質局（明治21年発行）２万分の１ 「東京地質図」（鈴木敏調査）より

1　武蔵野台地概観

東京の山の手を含み東京西郊に広くひろがる武蔵野台地は、わが国の洪積《こうせき》台地の中では、下総台地・十勝《とかち》平野・根釧《こんせん》原野などとともに最大級の一つである。そこには、約八〇〇万人が居住している。

武蔵野台地の範囲を限るのは、北西では入間川、北東は荒川、南は多摩川の沖積《ちゅうせき》低地である。西端の関東山地山麓から、東端の山の手台地まで、その東西の長さは約五〇キロメートル、西端の青梅《おうめ》から東端のお茶の水までを国電〔現・JR、以下同〕に乗ると、ほぼ一時間半を要する。この武蔵野の広さを、太田道灌は次のうたによんだ。

露おかぬかたもありけり夕立の空より広き武蔵野の原

武蔵野台地の高さは、西端の青梅で約一八〇メートル、これより東の方へは、立川《たちかわ》約九〇メートル、吉祥寺約五〇メートル、新宿約四〇メートルと順次低下して、山の手台地の東縁《とうえん》部では二〇〜四〇メートルとなっている。また、青梅から北東の方へは、所沢《ところざわ》約八〇メートル、川越《かわごえ》約二〇メートルと下り、低い崖で荒川ぞいの沖積《ちゅうせき》低地にのぞんでいる。このように、おおざっぱにみると青梅より、東ないし北東へ低下する武蔵野台地であるが、詳しくみると新旧・高低・構成層を異にした幾つかの台地に分けることができる。なお、狭山湖と多摩湖のある木の葉形の狭山丘陵は、平坦な台地面がなく、波状の起伏があって、多摩川南岸および西岸の多摩丘陵・加住《かすみ》丘陵・草花《くさはな》丘陵などとほぼ共通の地形・地質をもっている。

武蔵野台地の研究

武蔵野台地にかぎらないが、台地とか段丘のような土地の構成や成因・形成史を調査する場合には、形態（地形）の側からと物質（地層・岩石）の側からとの探究がおこなわれるのが常である。

地形とそれを構成する地層・岩石とは深い関係があるが、地形の性質とそれを構成する地層・岩石の性質の対応関係がはっきりしている場合と、それほどはっきりしていない場合とがある。一般的にいえば、対応関係がはっきりしているのは、堆積《たいせき》作用によってできた地形（堆積地形）の場合で、それほどはっきりしていないのは侵食《しんしよく》作用でできた地形（侵食地形）の場合である。なぜならば、堆積によってできた地形とそれを作る堆積物は、同じ堆積作用の産物だから関係がとくに深いわけである。他方、侵食地形では、その地形を作った侵食作用とその産物である地形とは原因と結果の関係にあるが、けずられる岩石と侵食作用とは因果の関係にはない。しかし、同じ侵食作用——たとえば流水の作用——が働いても、けずられる岩石のちがいによって、できる地形にはちがいが起こるから、侵食地形のちがいから地質の推定がおこなえるのである。たとえば、透水性のよい砂層の侵食地形では谷が少なく山の形が丸みを帯びるのに対して、透水性の悪い泥岩《でいがん》の侵食地形は谷が密に入り、尾根がやせ尾根となるといった具合で、逆にこのような地形からそれぞれの地質が推定される。

武蔵野のような台地あるいは段丘の地形では、台地面や段丘面はたいてい堆積物の表面であり、地形と堆積物の対応関係がみとめられるはずである。したがって、武蔵野台地の地学的研究は、地形の側からの研究と、地層の側からの研究が共におこなわれるのが有効である。

しかし、実際の研究史をみると、武蔵野台地の初期の研究、たとえばブラウンス（1881）、鈴木敏《すずきさとし》（1888）をはじめ、一九一〇年ごろまで、すなわち明治年間の研究は、地形を軽視したわけではないが、崖に露出する地層や化石の研究に重点がおかれた。それというのは、地形に関する学問の体系が整いはじめたのが一九世紀の末であり、日本に本格的な地形研究が輸入されたのは大正時代になってからであったという事情によるものであろう。日本で最初の地形学教科書は一九二三年に出版された、辻村太郎《つじむらたろう》の著『地形学』である。なおブラウンスや鈴木敏の時代には等高線式の地形図が整えられていなかったことも、地形の側からの武蔵野研究が、地層の側からの研究におくれた理由といえるかもしれない。地形図にもとづいて武蔵野台地の地形が観察され、記述されるようになった最初のものも上記の『地形学』の中の武蔵野の項であろう。

武蔵野台地のような台地あるいは段丘の地形の研究は、まず地形図あるいは野外の観察にもとづく、「地形面区分」（「地形分類」ともいう）からはじめられるのが常である。この分析的な手法というのは、画家のセザンヌが、すべてのものの形を面の集合体としてみた、あの分析的観察に通じるものである。

武蔵野台地を含む日本各地の台地・段丘・低地について、はじめて地形面区分をおこなったのは地理学者の東木竜七《とうきりゅうしち》であった。一九二〇年代に東木によって、武蔵野台地の平坦な台地面は、崖(段丘崖《だんきゅうがい》)によって境《さかい》される新旧いくつかの平坦面(台地面または段丘面)に区分され、また、それらの平坦面にほりこんだ小谷《しょうこく》の谷系《こくけい》が図示された。

今日、日本の各地の地形分類図が国土地理院などの手で作られ、説明書を付して刊行されているが、東木の地形面区分はその先駆をなしたものである。

3図は、武蔵野台地の地形面区分をおこなった図に、台地面の等高線を記入したものである。ただし、この等高線は、台地面にほりこんだ幅五〇〇メートル以下の谷は、埋立てても との台地面を復元したものが描いてある。武蔵野の小さい谷や凹地《おうち》のことは後にふれるとして、まず、この図が示す武蔵野台地の概形についてみよう。

武蔵野の地形区分

おおざっぱにみると、武蔵野台地の等高線は、青梅を中心とする同心円状をなすから、青梅を扇頂《せんちょう》とする旧多摩川の扇状地《せんじょうち》のようにみえる。そしてこのことは、後にのべるように、武蔵野の西部一帯には表層をなす赤土《あかつち》の下に旧多摩川の河床礫《かしょうれき》層が分布する事実と符合し、地形の側からの推定は、地質の側からの裏づけをえている。もっとも、等高線が同心円状であるといっても、武蔵野台地は、3図のようにほぼ等高線に直交する方向――すなわち流線方向の段丘崖を境とする新旧の段丘面の集合である。そして、これらの段丘崖を境として、旧河床礫層やその上をおおう赤土の厚さにちがいがあり、地形の側からの、台地面の新旧に関する推定――相接する段丘では高い段丘は低い段丘より古いという原則からの推定――も、地質の側からの事実によって支持されている。そして、さらに、新旧の扇状地面は、その表層の赤土の重なり方によって、3図に示されているように、時代的に、多摩面（頭文字をとった略号はT面）、下末吉《しもすえよし》面（S面）、武蔵野面（M面）、立川面（Tc面）等に区分されているのである。

多摩面、下末吉面、武蔵野面、立川面などという段丘面の区分は、たとえてみれば明治生まれ、大正生まれ、昭和の世代といったようなもので、日本の段丘面にひろく用いられる時代区分である。なお、これらの時代区分の名称は、それぞれの模式地の地名をとったものである。

多摩面とは、多摩川の南、東京都と神奈川県の境あたりにひろがる丘陵の稜線をつらねる平坦面の分布地域を模式地とするもので、多摩丘陵北部では西部のT_1面と東部のT_2面に分けられる。

下末吉面の模式地は、鶴見・横浜の山の手をなす台地――すなわち下末吉台地にある。

武蔵野面の模式地は、武蔵野台地の武蔵野面であり、3図に示す吉祥寺付近に広くひろがる台地面がそれである。本書では武蔵野台地の中の武蔵野面の部分を「武蔵野段丘」と呼ぶ

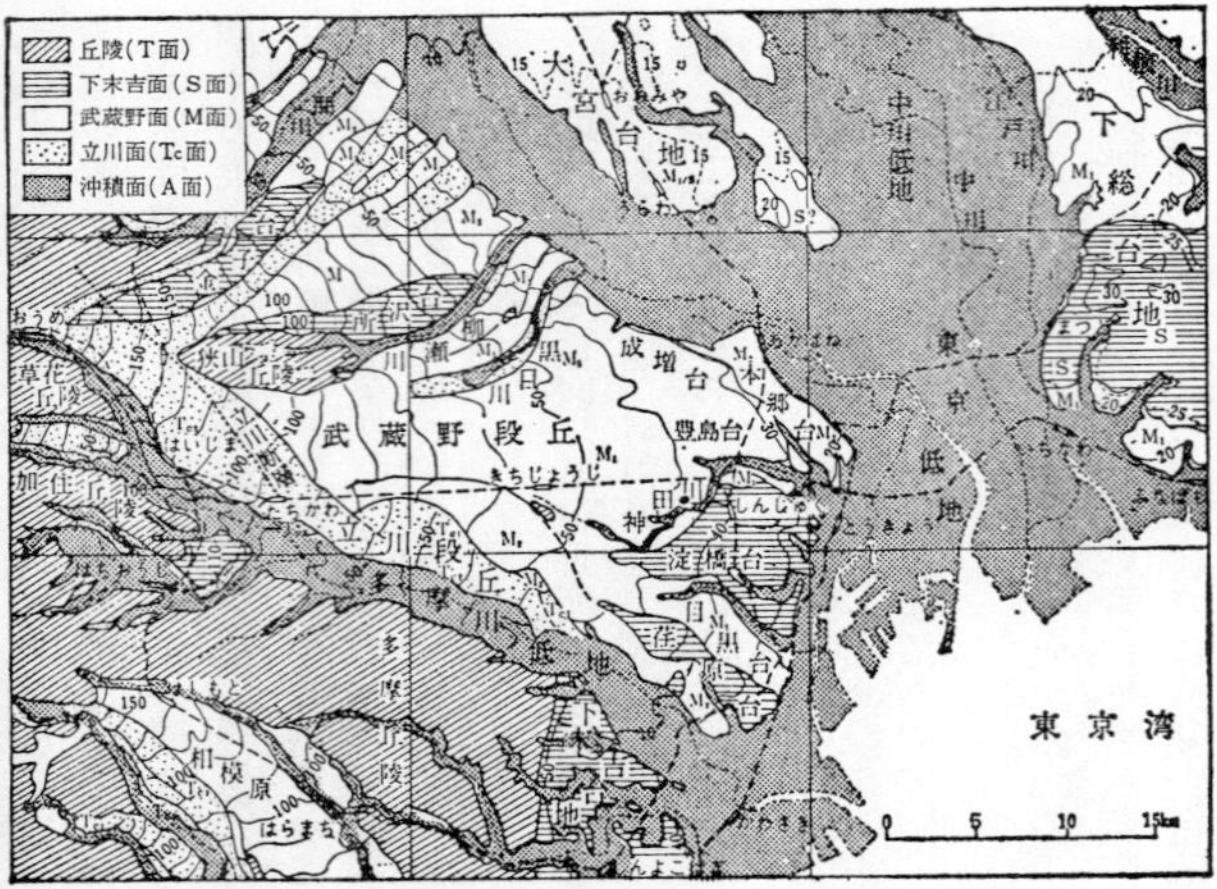

３図　東京付近の地形面区分（原図）
太い実線は地形区界、細い実線は等高線（間隔10ｍ)、経緯線は５万分の１地形図の境を示す。

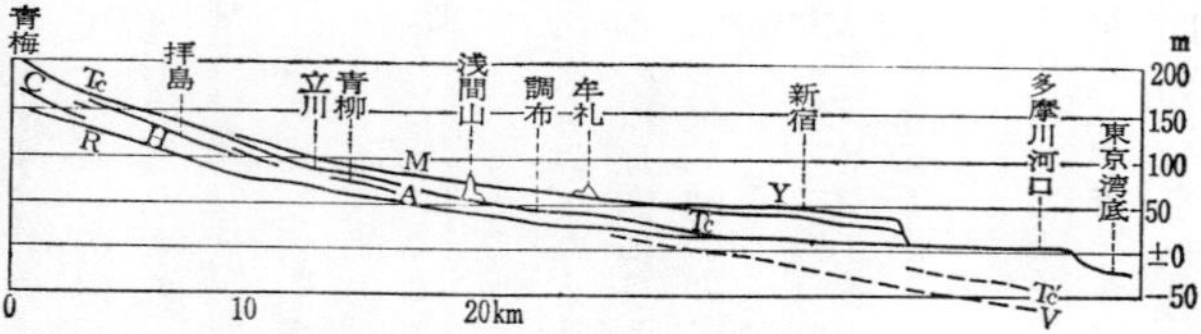

４図　武蔵野台地南部ならびに多摩川の縦断面図
Ｙ：淀橋台（Ｓ面）　Ｍ：武蔵野段丘（Ｍ面）　Tc：立川段丘（Tc面）　Tc′：埋没立川段丘（Tc面）　Ｖ：沖積層に埋れた谷底　Ａ：青柳段丘　Ｈ：拝島段丘　Ｃ：千ガ瀬段丘　Ｒ：現多摩川河床　この順は時代の古いものから新しいものへの順。

ことにする。

立川面の模式地は、武蔵野台地の西南に、青梅から、立川・府中《ふちゅう》・調布《ちょうふ》方面にのびる「立川段丘」にある。

3図でみると、武蔵野台地には、下末吉面に当る台地面が狭山丘陵の北側に二つ、武蔵野台地の東部に三ヵ所と分かれ分かれになっていて、北西のものからそれぞれ、金子《かねこ》台、所沢台、淀橋台、荏原《えばら》台、田園調布《でんえんちょうふ》台と呼ばれる（田園調布台はせまいので、3図には名前が記入されていない）。

ここで再び3図の等高線に注目しよう。武蔵野の等高線は同心円状をなすけれども、扇頂から東南の方向には東北の方向よりも等高線がはりだし、扇状地としては異常である。このことは上記の『地形学』の中ですでに指摘されており、その後の研究によって、この異常は、地殻変動によるものであると考えられている。この考えの根拠については後にのべるが、結論だけを先にいうと、武蔵野台地の北東部は相対的に沈降《ちんこう》してきたため、武蔵野の北部では扇状地の勾配が段丘面形成当時よりも大きくなったとみられる。

武蔵野台地の勾配を縦断面図（4図）によって調べると、武蔵野南部の武蔵野段丘は、現在の多摩川の縦断面形とよく似た勾配を示している。ところが、この縦断面図でも、また3図の等高線からもわかるように、淀橋台・荏原台は武蔵野段丘の勾配にくらべてよりゆるい勾配を示し、立川段丘はより急な勾配をもっている。このことは、淀橋台・荏原台、武蔵野段丘ならびに立川段丘が、それぞれ異なる作用のもとに形成されたことを示し、それはそれぞれの段丘を構成する堆積物の側からも裏づけられている。

次には、武蔵野を東部と西部にわけてやや詳しく眺めてみよう。ほぼ吉祥寺付近を通る南北の線を境として、武蔵野台地の東部と西部では地形や地質がやや異なるからである。この武蔵野台地東部、すなわちほぼ東京区部の武蔵野台地を、前記のように山の手台地と呼ぶことにして、先ずとりあげる。

2　山の手台地をつくる二つの段丘

東京のような市街地は、実地で地形を観察しようとしても、建物がじゃまな上に、地形図もまた家屋などのために等高線が続かず、地形研究上の盲点のような観さえある。大都市の再開発のためにも都市内部の正確な等高線は、水準点とともに必要だと思うのだが、現実にはそうではない。下水道はあるが、勾配がなくて流れないなどという話をきくと、それもとは地形がよくわからないせいなのではないか、と思う。とにかく、東京の地形を正しく知ることは容易でない。建造物の基礎地盤としての東京の地質の構成や土の性質を書いた『東京地盤図』の著者たちは、東京の古地図を片手に地形をみて歩いたとのことであるし、筆者も東京の等高線式地形図としては、おそらく最初にできた明治一六〜一七年（一八八三、一八八四年）測量の五〇〇〇分の一の銅版地形図以後のたいていの地形図を調べたつもりでも、東京の地形にははっきりわからないところがある。

さて、武蔵野台地東部の台地面を、いくつかの段丘面に区分した最初の仕事は、前記東木竜七のものであった。それは、すぐれた区分であったが、その当時は地層との関係を明らかにし、地形の成因を説くには地層の材料が不足であった。戦後、吉川虎雄《よしかわとらお》は、武蔵野東部の等高線、なかんずく四〇メートル等高線の示す高まり――すなわち、神田川・目黒川間の「淀橋台」と、目黒川・多摩川間の「荏原台」――に注目し、この高い台地面は、武蔵野礫層を堆積した古多摩川がけずり残したもので、海底堆積層である東京層の堆積表面であろうとのべた。この考えは、その後、貝塚・戸谷（1953）によって、さらに『東京地盤図』によって確かなものとみとめられ、『東京地盤図』を通じて土木・建築技術者にも広く知られるようになった。

かくて、現在の知識によれば、山の手台地は、以下にのべる二つの台地面に大別される（5図）。このように分けられるのはそれらの地形・地質の性質がちがうからである。台地面は、⑴淀橋台・荏原台・田園調布台など下末吉面に属するものと、⑵武蔵野段丘とそのつづきの豊島《としま》台・本郷台・目黒台・久《く》が原《はら》台など武蔵野面に属するものよりなる。

淀橋台は、武蔵野東部ではもっとも大きい二つの谷――井の頭池に発する神田川の谷と目黒川の谷――にはさまれた台地で、高井戸《たかいど》付近より東にひろがり、渋谷区・港区の大部分と、新宿区・千代田区・世田谷区の一部などを含む。荏原台は、小田急の祖師ヶ谷大蔵《そしがやおおくら》付近より東南にのび、自由が丘《じゆうおか》、大岡山《おおおかやま》を含んで、池上本門寺《いけがみほんもんじ》付近におわっている。田園調布台は、東横線田園調布駅の西にある小さい台地である。

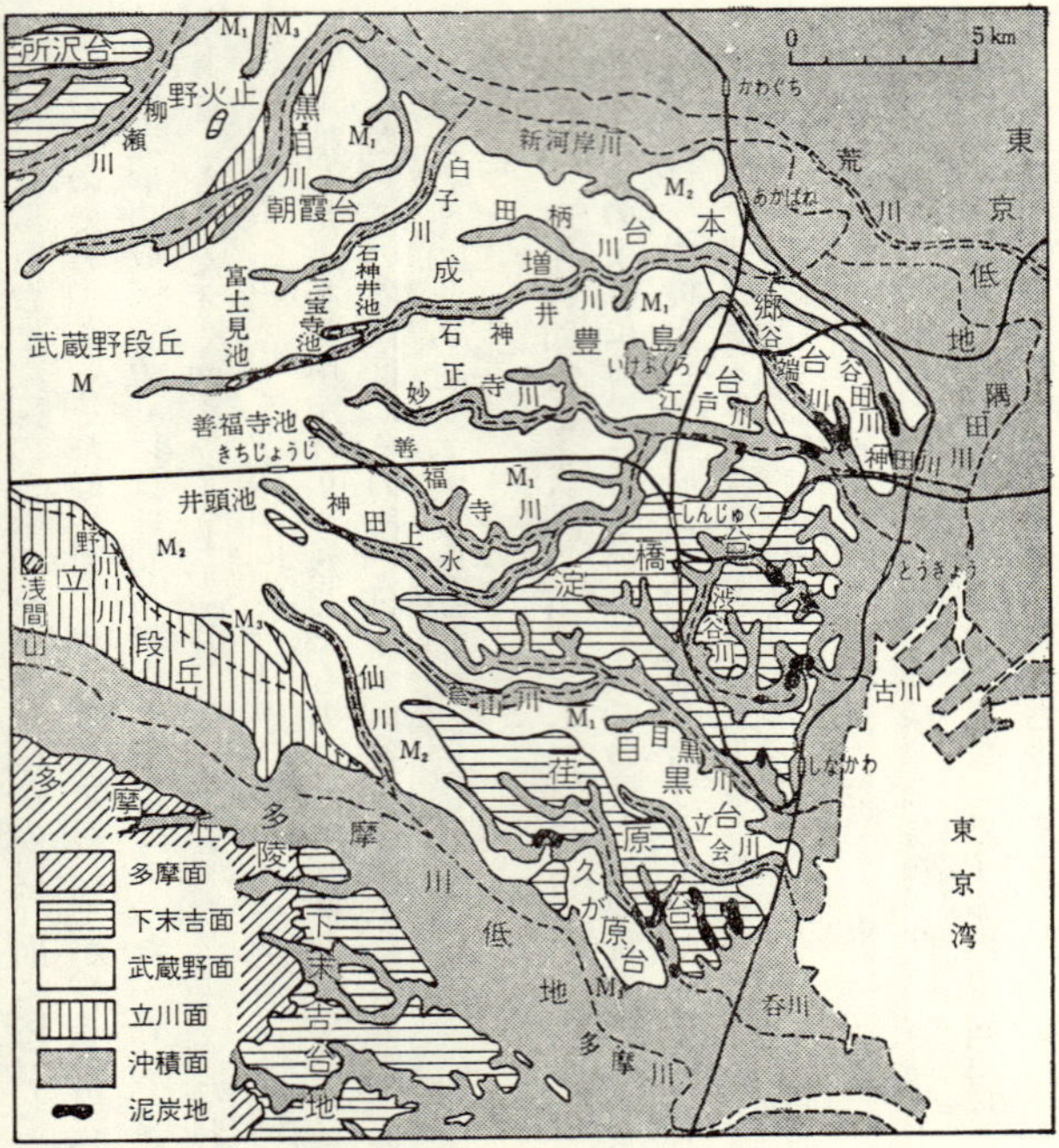

5図　山の手台地を開析する谷と泥炭地

一方、武蔵野面に属するものでは、豊島台は、ほぼ神田川以北、池袋を中心とする台地であり、その東方の、ほぼ谷端川《やばた》（小石川）の谷以東の台地、すなわち上野から赤羽に至る台地や本郷の台地は一括して本郷台と呼ぶ（この北部、石神井川《しやくじい》以北の台地を赤羽台と呼ぶこともある）。目黒台というのは、淀橋台と荏原台にはさまれた北西―南東にのびる目黒川右岸の台地を呼ぶものである。また、久が原台とは、荏原台の南側、多摩川低地の北にある台地に対する名称で、世田谷区・大田区の一部をしめる。さきの田園調布台は、この久が原台からぬきんでている。

では、淀橋台・荏原台など下末吉面（S面）に属する台地と豊島台・本郷台・目黒台などの武蔵野面（M面）に属する台地とのちがいをみよう。はじめに、高さに関して、次に侵食《しんしよく》谷《こく》（開析谷《かいせきこく》）に関して、最後に地層に関してのべることとする。

(a)　S面台地は海抜三〇～六〇メートルであり、西に高く東に低い。M面台地も西に高く東に低いが、S面台地の方が数メートル高い。両者の比高は、淀橋台でも荏原台でも、東部で大きく（約一〇メートル）、西部で小さい（淀橋台では西端高井戸付近では比高はなく、ほとんど一連で区別がつかない）。このことはすなわち、淀橋台・荏原台などS面台地の勾配はM面台地の勾配より小さいことを意味している。

(b)　淀橋台・荏原台などの侵食谷とM面台地の侵食谷をくらべると、一般的にいって、M面台地の谷は傾斜の方向（ほぼ西から東）に長くのびているが、淀橋台・荏原台の谷は、シカの角のように支谷《しこく》がたくさん分かれているものが多い。そして谷の密度は淀橋台・荏原台

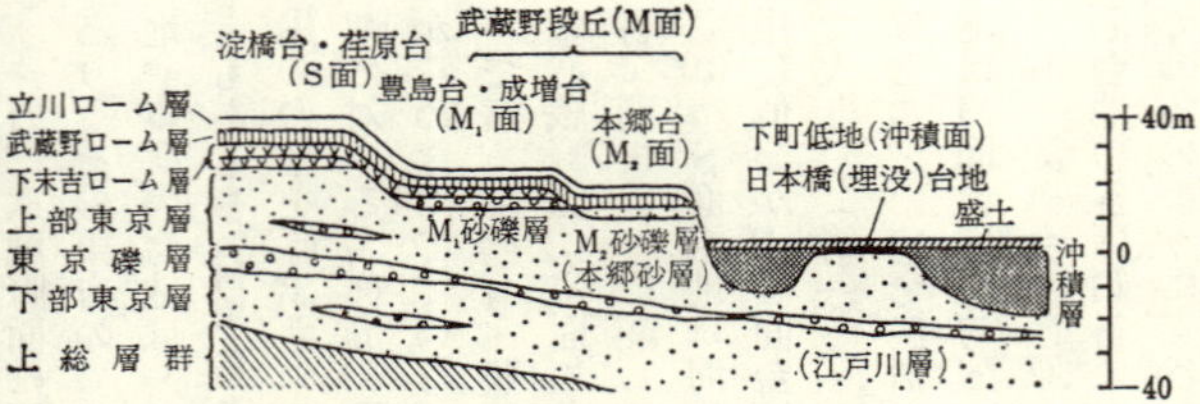

6図　山の手台地から下町低地にかけての模式的な断面

が高い。これとは逆に、谷と谷の間の台地面は、M面台地の方が広く、したがって、同じ山の手でも、淀橋台・荏原台はM面台地にくらべて、起伏にとみ、坂が多いということになる。

(c)　これらの高・低両台地の地層の構成をみると、6図に示したようになっている。この図のように、S面台地ならば、国会議事堂の付近でも、新宿でも、下北沢《しもきたざわ》でも、地面をほってゆけば、上からローム層（いわゆる赤土、関東ローム層のうちの立川ローム層と武蔵野ローム層）、粘土質火山灰（下末吉ローム層、しばしば粘土質で渋谷粘土層ともいわれる）、砂・泥・礫《れき》よりなる東京層、それから岩というほどではないが、かなりかたい上総《かずさ》層群（三浦《みうら》層群ともいった）が順にあらわれるはずである。

このうち、ローム層は、空から降って陸上に積った火山灰で、以前からある地表をおおった地層である。だから、淀橋台や荏原台の平坦な台地面はそれ以前に作られていた。それは浅い海に堆積した東京層の堆積表面、つまり昔の海底にほかならない。

M面台地では、やはり6図のように、目黒であれ、本郷であれ、池袋であれ、どこでも上からローム層（立川ローム層と武蔵野ローム層、ところによっては下末吉ローム層の上部）、砂礫層、東京層、上総層群という順に重なっている。ここでも、赤土は、平坦な台地面を作った地層ではなく、この平坦さを作ったのは、東京層をけずった河川の堆積物である砂礫《されき》層の堆積表面、すなわち昔の河床や氾濫原である。

M面を形成したこの砂礫層は、古くから武蔵野（砂）礫層と呼ばれ、その山の手台地におけるものは山の手砂礫層と呼ばれてきた。しかし、一九六〇年代以降、M面はさらに細分されるようになり、古い方からM_1面（成増《なります》面とか小《お》原《ばら》台面とも呼ばれる）、M_2面（本郷面、赤羽面、三崎《みさき》面）、M_3面（中台《なかだい》面）などの略号や名前がついている（5図にM_1・M_2・M_3面の位置を示す）。このような細分の根拠は地形の高低や砂礫層の上をおおう関東ローム層の重なり方の違いにある。また、細分された各面の段丘堆積物もそれぞれ異なる名称で呼ばれるようになってきた。本書では、6図にも示したように、M_1面の段丘砂礫層をM_1砂礫層、M_2面、M_3面のそれらをM_2砂礫層、M_3砂礫層などの名称で記すことにする。M_1砂礫層は武蔵野台地北部の成増台では成増礫層と呼ばれ、M_2砂礫層は本郷台では山（の）手砂礫層・本郷（砂）層・赤羽砂層などと呼ばれるが、地層の名前の付け方は研究者によって異なることがあり、統一されていない。なお、M_1・M_2・M_3などの区別も武蔵野全域にわたっては必ずしもはっきりと区別できるものとは限らず、中間的なものもある。そこで、本書ではM_1面・M_2面・M_3面をまとめてM面（武蔵野面）と呼び、M_1砂礫層・M_2砂礫層・M_3砂礫層をまとめてM砂礫層（武蔵野砂礫層）と呼ぶことにする。

ところで、6図からも明らかなように、S面台地でも、M面台地でも、地形の形成時代を考えるときには、東京層の堆積表面やM砂礫層の堆積表面とそれらをおおう火山灰の堆積表面とを区別しなければならない。S面とか、M面とかいうのは正確には、それぞれローム層の下の東京層（横浜方面では下末吉層）やM砂礫層の堆積上面のことをいうのである（表2、六一ページ参照）。

ところで、以上のべたa、b、c、三つの性質は、成因的には次のような関係にある。淀橋面・荏原面など高い台地面はもとはひとつづきの海底面であって、ゆるい勾配をもっていた。これにくらべると、この海底が陸化したとき、ここを流れる川がきざんだ河成《かせい》面である、豊島台・目黒台等の台地面は勾配が大きかった。そこで、これら両台地面上の谷は、勾配の大小によって前者がシカの角状になり、後者が長くのびる形になったのだろう。また、淀橋台・荏原面などの高い台地面は、低い台地面より形成時期が古く、したがって、古い台地面ほど長く侵食作用にさらされていた筈であるから、谷が密になるのは当然であり、また、古い時代から台地面が成立していたのだから、空から降った火山灰により厚くおおわれているのも自然であろう。

山の手台地の地形のあらましは以上のとおりであるが、さらに一、二の地域についてくわしくみてみよう。

山の手南部の地形

山の手台地の地形が、高い台地・低い台地ならびにこれをきざむ谷底低地よりなることは

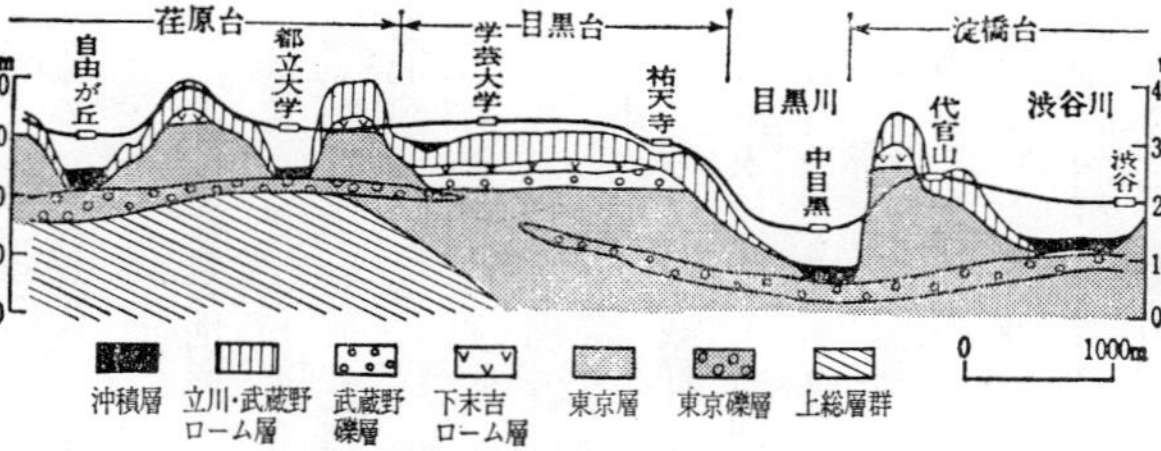

７図　東横線にそう地形と地質断面図

上にのべた通りであるが、東京の地形を乗物の中からなんとなく見ているぐらいでは、平坦なところと坂のところがあるといった程度の区別しかつきかねる。ことに、高い台地と低い台地のちがいがはっきりとわかるルートはそう多くない。この数少ないルートの一つは渋谷から多摩川低地に至る東横線であろう（７図）。

渋谷から多摩川までの東横線は、まず、淀橋台をきざむ渋谷川の谷の中ほどにある渋谷駅に始まり、淀橋台―目黒川沖積地―目黒台―荏原台（この中に呑川《のみ》のいくつかの支谷がある）を横切り久が原台と田園調布台の境目を通って多摩川沖積地にでる。このように、いくつかの台地と谷を横切る上に、そのレールは、だいたい武蔵野段丘の高さに近い海抜二〇～三〇メートルを通るので、地形の高低を車窓から観察するのに具合がよい。すなわち、M_1面台地である目黒台上の祐天寺《ゆうてんじ》―学芸大学《がくげいだいがく》駅間では平坦地の上を走るが、それより高いS面台地である淀橋台と荏原台では代官山《だいかんやま》のトンネルと柿《かき》の木《き》坂の切通し（学芸大学―都立大学《とりつだいがく》駅間）を通り、それより低い、渋谷川・目黒川・呑川などの侵食谷では、谷底の沖積低地を見おろして走る。同じような関係は、目黒—田園調布間の目蒲線〔現・東急目黒線〕でも、五反田《ごたんだ》—蒲田《かまた》間の池上線でもみられるものである。

山の手北部の地形

次に、淀橋台以北の山の手台地についてみよう。そこは文京区・豊島区・板橋区・練馬区・中野区・杉並区のほか、新宿区・北区・台東区の一部がしめる台地であり、北の端には赤羽が、東の端には上野がある。この武蔵野北東部の台地は、神田川（江戸川）とその支谷である善福寺川・妙正寺川《みょうしょうじ》・谷端川（小石川）ならびに石神井川・谷田川などに開析されている。これらの谷によって台地面は、上野の台地（東京低地・谷田川間）、本郷の台地（谷田川・谷端川間）、小石川の台地（谷端川・江戸川間）などに分かれている（5図）。

ところで、武蔵野台地東部の川は、たいてい東に流れているのに、谷田川と谷端川の下流部は南東に流れ、方向がおかしい（5図参照）。なお、石神井川もその下流部（滝野川《たきの》、または音無川《おとなし》ともいう）は南東に流れ、王子《おうじ》からは台地をはなれて東へ流れている。この石神井川は、かつては王子付近より今の谷田川に続いており、ここには谷端川と、それに並行して南東に流れる一河川があった。この故に、上野・本郷・小石川の諸台地は南東にのび、また、赤羽から上野へと続く山の手台地北東縁の崖線《がいせん》は、ここに開口する谷が少なく、山の手台地南東縁にくらべると非常に連続性のよい崖をつらねているのである（8図）。

さて、武蔵野台地北東部の台地面の高度分布をみると、おおむね西から東に低下し、目白

8図　山の手台地の北東縁の長く続く崖線
日暮里駅付近。この崖より右手は下町低地。

付近で約三五メートルであるが、谷端川の谷の西側から、中仙道にそって北西にのびる斜面で五メートルほど急に低くなり、以東は二〇～二五メートルの台地となっている。この比高約五メートルの斜面が、ちょうど上記の、水系が東から東南へと方向を変換する線に当っているのである。さきに、淀橋台以北の台地を豊島台と本郷台よりなるとした、両者の境がこの斜面なのである。すなわち、豊島台と本郷台は、台地面の高度と水系によって区分せられたものである。両台地の差は、S面台地とM面台地の間の差とはちがい、開析度や地層の構成はほぼ同じであるから、M面台地の中でのこまかな差を示すと考えられる（6図）。

ここで、谷の方向というものについて考えてみよう。谷は一般に、地表を流れる川の下方侵食によって作られるから、谷の系統は、谷ができはじめたときの地表の傾斜の方向によってできるのが普通である。そして、いったん谷ができると、よほどのことがない限り、川の流れの方向が変えられることはない。谷系はいわば保守的な性格をもっている。よほどのことというのは、断層運動や火山活動などによる川の堰止めや、隣接の川の侵食作用による河川の争奪などである。故に、谷の系統をみれば、その谷の形成されはじめた頃の傾斜の方向が推定される。

さて、武蔵野の谷系は、ほぼ勾配の方向に、すなわち、等高線に直交する方向に走っていることは3図でも明らかであり、豊島台では、台地面が西から東へ低下するのに対応して、神田川の諸支流や石神井川はほぼ東へ流れている（必従谷《ひつじゅうこく》）。ところが、本郷台の滝野川–谷田川・谷端川は、本郷台の台地面の高度分布に必ずしも必従的ではなく、それどころか、本郷台の北部は台地面がむしろ北下りになっているくらいだから、そこでは傾斜方向と谷の方向が逆むきである。

本郷台の地形は、豊島台との境の方向ならびに谷系の方向から判断すれば、台地面の原地形は北西から南東に傾き下っていて、おそらく入間川か荒川のような南東に流れた川の氾濫原ないし三角州として形成されたものであろう。このことは、古く東木竜七によって地形から推定され、また本郷台を構成する地層からみても、そのように考えて差支えないことが認められている。それならば、現在、本郷台の表面が逆に北西に低下している部分すらあるのは、台地面形成後に北が低下するような地殻変動を受けたと考えねばならない。このことは、前にちょっとふれた武蔵野台地の等高線異常が示す、武蔵野北東部の沈下現象の本郷台におけるあらわれと解釈したらよいのだろう。

3　山の手台地の地層

東京オリンピックを契機として一九六〇年ごろから始まった都市再開発の波により、また急速な都市域の拡大に伴って、地下鉄、高速道路、高層ビルなどの工事場では、ボーリングによる地盤調査がおこなわれ、ついで地面が掘られて、地下に埋もれていた地層が日の光をあびることが多い。しかし、これらの露出は、短時日のうちに再び目にふれぬようになってしまう。工事現場での調査結果や観察が蒐集されれば、東京の地質に関する膨大な資料が集まって新しい事実が明らかにされるにちがいない。

しかし、現在の土木工事では、土木機械に人が使われているといった有様で、たとえ貴重な考古学的遺跡や地質学的な資料があったとしても、パワーシャベルが容赦なくそれを砕いてゆくのがむしろ実状である。過去の文化的遺産あるいは自然の遺産が工事場で調査・研究されることなく、永久に失なわれてしまうことを防ぐためには、土地は過去・現在・未来の住民の共通財産であるという観点からの施策が必要である。

もっとも、東京の地層の重なり方といった大まかなことは、ナウマンやブラウンス以来の約一〇〇年にわたる研究によって、ほぼ明らかになっており、地下の深いところを除いては、今後、大変更はおこらないであろう。

武蔵野台地東部の地層の重なり方の大綱ならびに、それと台地面との関係はすでに上にのべたが、ここでは、さらにくわしく地層を眺めよう。まず、淀橋台・荏原台などのS面台地について、ついで本郷台・目黒台などのM面台地についてのべ、さらに地質時代順に、地層を解説しよう。表2は地形区分別に東京の地層の重なり方や地層のおよその年代を示すものである。

山の手諸台地の地質

淀橋台：淀橋台における代表的なところとして、千代田区永田町《ながたちょう》、国会議事堂付近をあげる。ここは海抜約二八メートル、淀橋台の東端部にあたる。以下の記述は、国会図書館新築のさいの観察のほか、衆議院議員会館付近の崖や建築工事の根切り穴の観察などより綜合したものである。

この付近の地表は、人工的に盛土《もりど》によって平坦にされたところが多いが、その下には、いわゆる赤土、地層名としては立川ローム層および武蔵野ローム層と呼ばれるものが六メートルほどある。それらローム層の中には暗色帯があったり、下部に黄橙色の軽石《かるいし》（東京軽石層）があったりするが、これらについては、項をあらためてのべるとし、さらに下位をみよう。

ローム層の下には、灰色・灰褐色などの、シルトや粘土が四〜五メートルある。この部分には、火山灰質のところがあり、浅い水中に堆積した火山灰（下末吉ローム層）を主とする

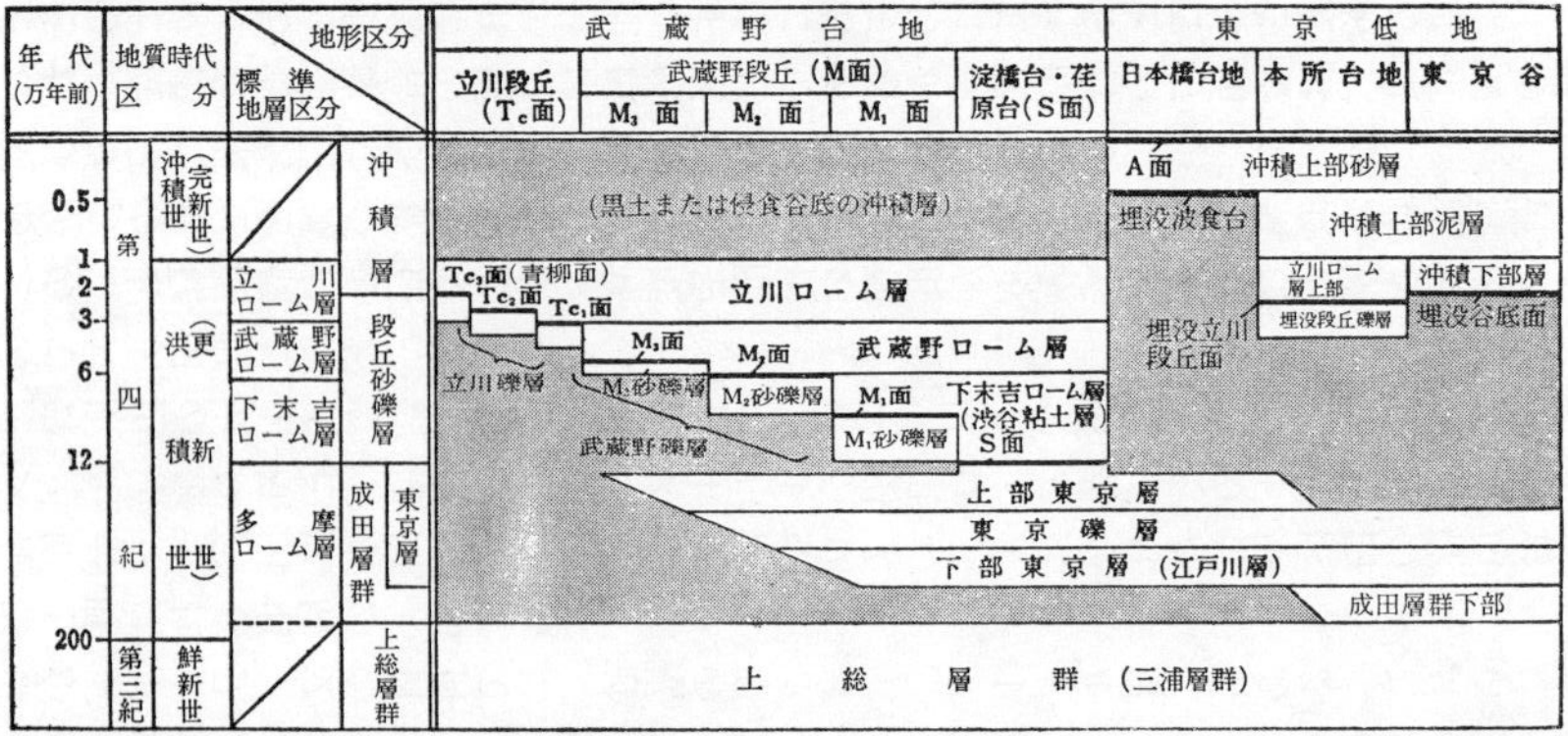

表2　東京の地層

注①　うすずみは標準地層区分欄の地層（左側は火山灰、右側は水成層）を欠くところ。ここには堆積しなかったところと、堆積したが後に侵食されたところがある。

②　太線は地形面を示す。

③　M_1砂礫層（M_1面）・M_2砂礫層（M_2面）・M_3砂礫層（M_3面）をはっきり区別したが、これらの中間の時代の段丘堆積物や段丘面の存在が考えられる。Tc_1・Tc_2・Tc_3についても同じ。

④　沖積下部層は七号地層、沖積上部層は有楽町層とも呼ばれる。東京での成田層群に相当するものは東京層群とも呼ばれる。

地層と考えられる。これは、渋谷粘土層とも呼ばれるものである。この下には漸移的に、黄色ないし褐色の砂を主とする地層があり、ときには小さい礫もまじる。この下には、この砂層の上から三〜四メートルに貝化石を多量に含むところがあり、国会議事堂付近でみられるものは、かつて英国大使館前（今の千代田区一番町《いちばんちょう》、当時の麹町五番町《ごばんちょう》）でも発見され、それを研究した大塚弥之助《おおつかやのすけ》（1932）により五番町貝層と名づけられた。これらの貝は、いずれも浅海性《せんかい》・内湾性《ないわん》の貝であるから、この砂層は浅い入海《いりうみ》に堆積したと判断される。台地の縁の露頭《ろとう》〔地層・岩石などが地表に露出している部分〕では、この砂層の下までは見えないが、ボーリングの資料では、砂層の厚さは二〇メートルほどもある。これらはすべて東京層と呼ばれる地層の一部である。

荏原台：千代田区永田町から南西に約八キロメートルはなれた目黒区内の荏原台でのボーリング記録をみると、地表から約八メートルが関東ローム層、その下四〜五メートルが黄灰色〜青灰色の火山灰質粘土層（下末吉ローム層）、以下が暗青緑色の細砂《さいさ》（東京層）となっていて、永田町とほとんど変らない。

このことは淀橋台と荏原台が、高度や開析の程度からみて、もとひと続きであったとする地形からの推定を裏づけるものである。さらに地形ならびに層序の類似から淀橋台・荏原台は、ひろく関東一円にひろがるS面台地の一部をなすこともわかっている。

なお、淀橋台と荏原台の構成はほぼ同じであるが、荏原台の方面では、東京層の厚さが薄く、その下位にある上総層群が台地のすそにあらわれているところさえある。

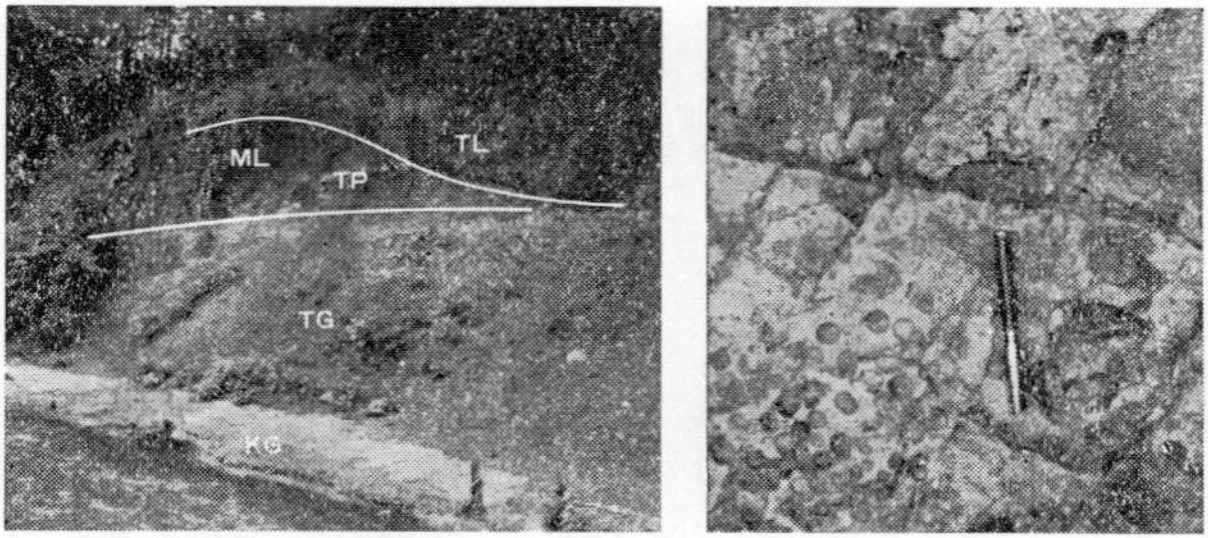

９図　呑川べりの地層(左)と上総層群の表面にみられる穿孔貝の穴(右)
目黒区緑が丘の東京工大寮の下の露頭。
TL：立川ローム層　ML：武蔵野ローム層　TP：東京軽石層
TG：東京層　KG：上総層群

９図の呑川べりなどがその例であるが、ここでは上総層群の直上、東京層の最下部には厚さ二メートルぐらいの礫層がある。この礫層の礫は、径二〇センチメートル以下の水磨されてやや丸くなった砂岩《さがん》・粘板岩《ねんばんがん》・ホルンフェルス・安山岩《あんざんがん》・チャート・緑色《りょくしょく》の凝灰岩《ぎょうかいがん》などよりなっている。この礫の岩石種は礫がどこから運ばれてきたかを推定させる証拠物件となる。

上記の礫種のなかで、安山岩と緑色の凝灰岩以外は、現在の多摩川の河床に普通にみられるし、武蔵野段丘を構成する武蔵野礫層にもありふれたもので、関東山地より運ばれてきたと推定される。ところが、安山岩礫と緑色凝灰岩礫を東京付近で求めると、現在の水系ならば、相模《さがみ》川に普通にみられ、丹沢《たんざわ》山地に由来する礫種ということがわかるのである。これによって、荏原台方面の東京層基底礫層堆積当時は、現在と相当ちがった水系があったことが推定される。

ところで、この基底礫層が堆積したところは、河底だったのであろうか、海底だったのであろうか。これについては、この礫層直下の上総層群の侵食面上には、穿孔貝《せんこう》の巣孔がみられるので（9図）、波打ぎわの海底であると推定される。礫層の礫の丸さや、礫層の間をうめる砂の相をみてもこの推定を支持するものばかりである。

以上によって、この礫は、相模川系統の川が海に運びこんだものと考えられるのであるが、これまでの研究では、相模川系統の川がこの方面へ礫を運びだした旧河道には二つが考えられる。その一つは、桂川《かつら》（相模川の上流）の谷から八王子《はちおうじ》南東の多摩丘陵を横切って武蔵野の方へでたものである（多摩丘陵西部稜線の御殿《ごてん》峠礫層にて示される）。もう一つは、帷子川《かたびら》ぞいに相模野方面から横浜にでたものである。現在のところ、いずれからのものか明らかではない。

本郷台…次は、武蔵野台地の東端、本郷台の構成層を、上野から赤羽に至る崖線《がいせん》でみることにしよう。この崖線は京浜東北線の車窓からみえるとおり、現在は殺風景な石垣やコンクリートでおおわれているが、ブラウンス以来、多くの観察と記述がある。

この台地は海抜二〇～二五メートル、その最上部に淀橋台や荏原台でみるのと同じ、厚さ五～六メートルの立川・武蔵野ローム層がある。この下部に一枚の軽石をはさむ点もまったく同じである。赤羽の地名は、赤褐色の関東ローム層の崖が連なって見えたところから、赤バッケ（赤い崖の意）と呼ばれたのに由来するといわれる。また赤いハネ（粘土）つまり関東ローム層が見えるところという意味だともいわれる。いずれにしても赤羽は関東ローム層に由来する地名らしい。

関東ローム層の下位には、本郷台の平坦な台地面を形成した地層がある。それは厚さ四〜八メートル、上部は灰色を帯びる粘土質層よりなり、下部は褐色の砂を主とする砂礫層（6図・表2のM_2砂礫層）よりなるものである。上部の粘土質層はないこともあるが、砂礫層はこの台地に広く認められ、本郷（砂）層あるいは赤羽砂層と呼ばれている。上部の粘土質層は赤羽粘土層と呼ばれることもある。

本郷台のM_2砂礫層からは化石がほとんど発見されていないので、化石によって海成《かいせい》・河成の区別ははっきりとはつかないが、層相《そうそう》からみて、河口に近い浅海ないし河川堆積物と考えられている。このことは、さきに本郷台の地形から推定して得た、この台地面がかつての荒川か入間川の氾濫原ないし三角州であるとの考えを支持している。なお、小石川の台地やその西方では、明治時代には砂利取場が方々にあってM_2砂礫層の砂礫を採掘していた。小石川の名は、台地を開析する谷底の小川にこの砂礫層の小石が洗いだされていたことに由来するのだそうである。

さて、M_2砂礫層の下位の地層は、王子・田端《たばた》付近では青灰色の粘土であるが、上野公園西《さい》郷《ごう》像下では砂層となっている。王子・田端の青灰色粘土の下部には、貝化石がたくさん出る層があるので、古くから研究され、王子貝層・田端貝層などと呼ばれているが、要するに、上記の東京層につづく地層の一部である。

本郷台の地層は以上のようであるが、豊島台・目黒台においても地層の重なり方はあまり

10図　武蔵野台地と荒川低地
林があるのが段丘崖。低地側は高島平（板橋区）。

変りない。しかし、関東ローム層の厚さやその下の砂礫層にちがいがあるので、6図に示したように豊島台や目黒台は本郷台とは区別されている。まず、本郷台のすぐ西にある豊島台・成増台（5図）の構成層についてみよう。成増台の北は比高一五メートルぐらいの崖で荒川低地と境されている。崖下の高島平《たかしまだいら》はかつて徳丸ケ《とくまるが》原《はら》と呼ばれ、幕末に高島秋帆《たかしましゆうはん》が、はじめて洋式の軍事教練をおこなったところである（10図）。

　豊島台と成増台：豊島区・練馬区・板橋区にまたがるこれらの台地は石神井川の谷で南の豊島台と北の成増台に分けられているが、地層の構成は同じである。すなわち、地表から七〜九メートルの厚さの関東ローム層（立川・武蔵野ローム層と下末吉ローム層の上部）があり、その下に厚さ五メートル前後のM_1砂礫層がある。本郷台の地層構成とちがっている一つの点は、厚さ三メートル前後の、下末吉ローム層上半部があることで、この中には、風化した軽石が少くとも二層含まれる。その一つは御岳《おんたけ》第一浮石層（略号Pm－I）と呼ばれるもので、その名の通り、はるか木曾の御岳山から噴出し、風に運ばれてきてこの地に堆積したものである。この軽石（浮石）層は灰白色の軽石質粘土であることが多い。そのこともあってこの軽石を含む下末吉ローム層の部分は、板橋《いたばし》粘土とか池袋粘土とか呼ばれることがある。この粘土質層は下位の武蔵野砂礫層（M_1砂礫層）にひきつづいて堆積したので、地層の境は漸移的である。

豊島台や成増台はこのように厚い関東ローム層におおわれているが、本来、これらの台地の平坦な地形を作ったのは、ゆるやかに東～東北に傾き下っているM_1砂礫層である。これは古多摩川の河床堆積物にほかならない。M_1砂礫層の下位には、しばしば貝の化石や浅海に棲む動物の巣穴の化石を含む、泥層や砂層からなる東京層がある。東京層と武蔵野砂礫層の境は明瞭で、古多摩川は東京層をけずってM_1砂礫層を堆積させた。このような関係は、6図に模式的に示してある。次には山の手台地南部の目黒台と久が原台の構成層をみよう。

目黒台と久が原台：昔は江戸からの日帰り行程の行楽地として知られていた目黒不動の境内には、湧水があって、そばには厚さ五メートル前後のM_1砂礫層が露出している。不動の湧水は、この砂礫層中の地下水が、その下位の東京層との境から湧き出すものである。

この砂礫層の礫は、径一五センチメートル以下で、荏原台の東京層基底礫よりも小さく、また角ばっている。礫種は、砂岩・粘板岩・チャートなどで、安山岩や凝灰岩はほとんどない。この礫種は、今の多摩川の河床礫と異ならないし、角ばり具合もよく似ていて、これを多摩川の旧河床礫と考えるのに躊躇しない。

なおこの砂礫層の上部は、豊島台・成増台の板橋粘土と同じ様な厚さ一〜二メートルの灰青色〜灰褐色の粘土・シルトあるいは砂があり、火山灰質である。この火山灰質層は下末吉ローム層の上部と考えられており、ところによっては軽石層もある。下末吉ロームの厚さは二メートルぐらいで、その上に武蔵野ローム層と立川ローム層が七メートルほど重なって地表面を作っている。このようなローム層の重なり方も豊島台・成増台（M_1面台地）とよく似ている。しかし、久が原台では下末吉ローム層がなくて、砂礫層のすぐ上に武蔵野ローム層がのる。それ故、久が原台は本郷台と同じM_2面台地と考えられている。

目黒台では、M_1砂礫層の下に東京層があるが、久が原台西部のほぼ東横線付近以西では、M_2砂礫層の下に東京層が薄く、ところによっては欠如していて、すぐに上総層群の砂岩や泥岩がある。そのもっともよく観察できるのは等々力《とどろき》渓谷である。

等々力渓谷（谷沢《やざわ》川のつくる谷）は世田谷区の南部、田園都市線（現・東急大井町線、以下同）の等々力駅の近くにある。この谷は、11図に示すように、久が原台の西のつづきであるM_2面台地をほりこんだ谷である。かつては渓谷の名に恥じない野趣のあるところであったが、今の谷沢川は下水路となって、渓流とはお世辞にもいえなくなっている。しかし、谷壁には、上から立川・武蔵野ローム層、M_2砂礫層、粘土層（東京層の一部といわれているが、あるいは別の地層かもしれない）、凝灰質泥岩（上総層群）がみえ、東京区部としては比較

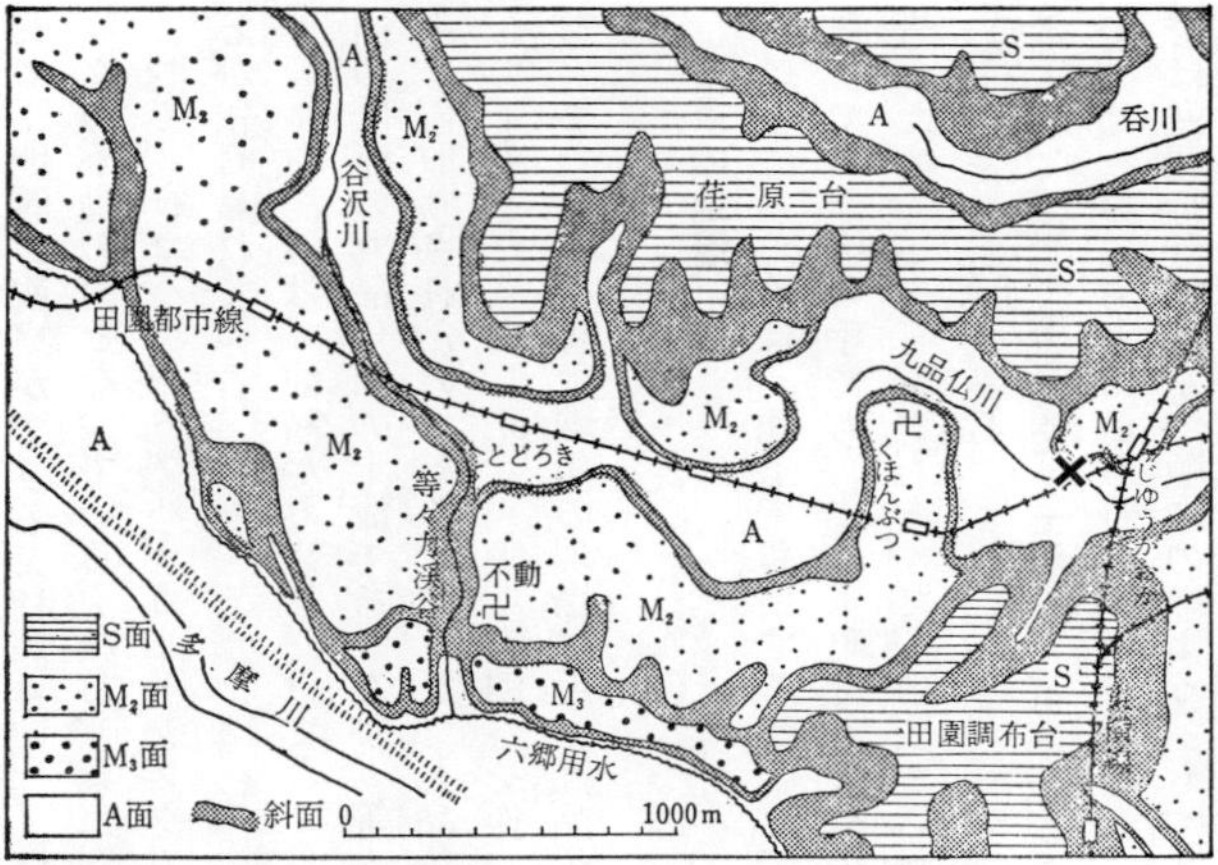

11図　等々力付近の地形分類図

谷沢川の沖積面（A）と九品仏川の沖積面が一連の谷底であること、谷沢川が九品仏川上流を争奪したことがよくわかる。自由が丘駅のすぐ西の九品仏川北岸の×印は昭和35年に地盤沈下をおこしたところ（96ページ参照）。

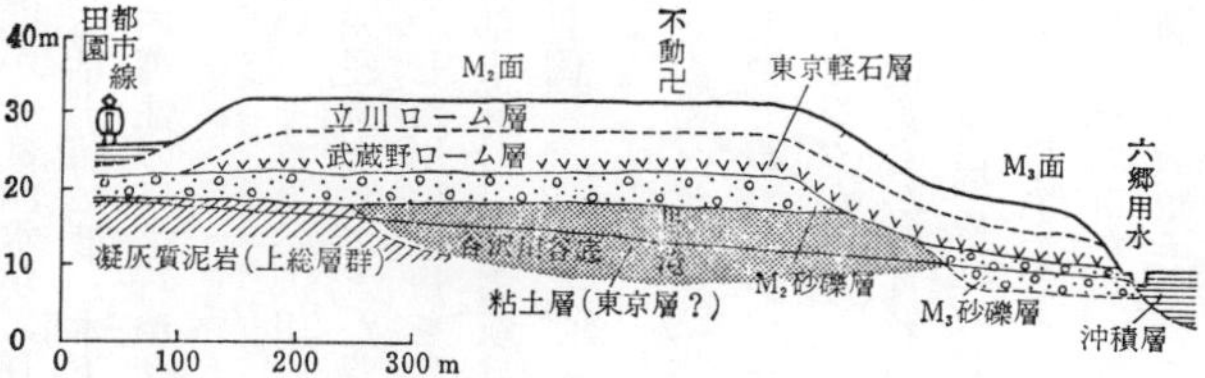

12図　等々力渓谷付近の南北断面図

等々力渓谷の谷壁にみられる地層をもとに模式的に描いたもの。木下邦太朗などの資料による。

的よく地層の観察ができる（12図参照）。段丘礫層と粘土層の間からは湧水があり、それは等々力不動の滝となっている。なお、東京層の一部と推定される粘土層には、木下邦太朗《きのしたくにたろう》によって、ヨコハマチヨノハナガイ・シズクガイその他の暖流系内湾性の貝化石が含まれることが報ぜられている。

等々力渓谷は、地層がみえるだけでなく谷地形としても面白い。それは谷沢川はもとは呑川の支流の九品仏《くほんぶつ》川の上流であったが、等々力付近に南から谷頭侵食《こくとうしんしょく》をしてきた谷沢川に流水を横取りされたのである。こうして九品仏川の上流を「斬首《ざんしゅ》」した川は水量をにわかに増して下刻をたくましくし、等々力渓谷を作ったのである。田園都市線の等々力駅はこの「斬首」または「争奪」現象の現場に近い九品仏川の谷中にある（11図）。

東京の地層

以上にみたのは、地上で観察することができる山の手台地の地層であったが、一九七〇年代までに、山の手でも、また下町でも多数の深井戸のためのボーリングがあり、また地盤調査のためのボーリングもあって、地表から見られるところ以下の地質もかなりわかってきている。それらの資料は、復興局建築部の報告（1929）や東京都建築局の地盤調査報告書(1955)、『東京地盤図』（1959）、『東京都地盤地質図』（1969）などにまとめられているので、それらをもとに武蔵野台地東部の地層について、古いものは上総層群から、新しいものでは武蔵野砂礫層まで順にのべよう。もっと新しい関東ローム層や沖積層についてはⅢとⅣ

で記すことにしたい。

上総層群（三浦層群とも呼ばれた）[*1]：多摩川以南の多摩丘陵や房総《ぼうそう》半島方面ではひろく地表に露出しているが、東京付近以東および以北では地下深くもぐって、東京の基盤をなしている。第三紀鮮新世《せんしんせい》ないし洪積世前期に海湾に堆積した砂岩・泥岩・凝灰岩よりなり、厚さは一〇〇〇メートルをこえる。武蔵野台地でも南縁の台地下部に露出することは上にのべたとおりである。東京の地下での上総層群までの深さは詳細にはわかっていないが、目黒川沿岸で海面下一〇〜二〇メートル、新宿区・千代田区・中央区付近で海面下五〇〜一〇〇メートル、豊島区・文京区・台東区・墨田区・江東区で海面下一〇〇〜二〇〇メートル程度といわれている。

地盤調査には必ずおこなわれる標準貫入試験の打込回数（N値）をみると、上総層群では三〇以上、五〇をこえるのがふつうで、武蔵野南縁部では重量建造物のもっとも信頼される支持地盤となっている。

東京層[*1]：武蔵野台地東部にひろくひろがり上総層群の上に重なる海成層で、一九一一年に矢部《やべ》長克《ひさかつ》によって命名された。やや固結した砂層を主とし、礫層・粘土層・火山灰質粘土層を伴なう地層である。

山の手台地に露出する本層は、ブラウンスによって第三紀鮮新世の地層とされ、その後、復興局建築部の報告に至るまで、これを第三紀層とする見解があった。一方、徳永《とくなが》重康《しげやす》(1906) が東京層産貝化石を研究し、その絶滅種と現生種の比ならびに田端産の象化石によって本層を洪積層として以来、洪積層とする見解も表明されてきた。こうして一九〇六年より一九二〇年ごろまでは両説が対立しており、その間に東京層の貝化石や、千葉県の館山《たてやま》に近い沼のサンゴ層の時代が、それらの化石が示す気候とともに論ぜられた。東京層を鮮新世層とし、沼サンゴを洪積層とみた横山又次郎《よこやままたじろう》は、洪積世には今とちがって北極の位置がヨーロッパに近く、ヨーロッパで氷河が発達したときに日本は赤道に近くて暖かかったと説いた。この説に対して矢部長克は、東京層は洪積層、沼サンゴは沖積層であり、日本でも洪積世には寒い時期があり、気候は欧米と平行したのであるとのべた。

一九二〇年代以降になると、東京層が第三紀層であるとする説はほとんどなくなった。それは一つには、東京層より産する象の化石を研究した人達がいずれも象化石により東京層を洪積世であるとしたことにあろう。

東京層からは、田端駅構内・台東区上野松坂屋・中央区日本銀行などから象の臼歯《きゅうし》や牙が発見されていたが、それらは、いずれもナウマン象（*Palaeoloxodon naumanni*）であるとされ、これと、大陸の象化石との比較によって時代論が進展したのである。

このようなわけで、東京層は、洪積層と考えられるようになっても、しばらくは洪積世の前・中期とされていた。その後、一九三八年に高井冬二《たかいふゆじ》は、象化石の研究から東京層は、洪積世後期のモナスチリアン、すなわちリス—ヴュルム間氷期に当るものと推定している。これと同じことは、後にのべるように、海面変化という観点から考えられるようになってきている。

復興局の報告以後、約三〇年をへて、建築の基礎地盤としての東京の地層をとりまとめた『東京地盤図』では、東京層を上部と下部に分けた。それというのは、東京の地質柱《ちゆうじよう》状図を並べて、地層のつながりをみている間に、かなりよく連続する、厚さ五〜一〇メートルの礫層（東京礫層）をみいだし、また、その礫層の上位と下位では、下位の方がはるかに硬く、かつ弾性波速度も上位の一三〇〇〜一五〇〇メートル/秒にくらべて、下位では一八〇〇メートル/秒と速くなっていたからである。

東京礫層の深さは、渋谷・新宿付近では海抜約一〇メートル、これより東に低くなって、赤羽・上野・東京駅あたりでは海面下約二〇メートル、江東区では海面下約六〇メートルというぐあいになっている。

東京礫層がどのような環境で堆積したのかは、はっきりしていないが、おそらく下部東京層が堆積した海が浅くなり、河川が礫をはこびだすようになって堆積したものと考えられる。上部東京層は、その後海が再び深くなった時期の堆積物であろう。下部東京層を江戸川層、上部東京層を単に東京層と呼ぶこともおこなわれている。東京礫層以上の上部東京層は、おおざっぱにみると、下から砂・シルト層・砂礫層の順に重なっていて、一つの堆積のサイクルを示し、東京礫層以後に、海が浅↓深↓浅と変ったようにみえる。このような海進《かいしん》と海退《かいたい》の状況からみると、上部東京層は横浜方面の下末吉層に対比できると考えられている。

なお、上部東京層の上部は砂礫質であるが、M面台地をつくるM砂礫層の砂礫にくらべると、粒径が小さく、かつ後者のように基底がはっきりとした不整合関係を示さないから、武蔵野台地東部では両者の区別は比較的容易である。

上記のように、東京都内の地下からは、ナウマン象の牙や臼歯が発見されているが、現在までに発見箇所は約二〇におよんでいる（長谷川善和《はせがわよしかず》、1972）。その多くは上部東京層よりのものである。しかし、中には池袋駅西口の地下一六メートルから発見された下顎骨《かがくこつ》と臼歯のようにM1砂礫層基底部からのものもあり、中央区日本橋小伝馬町《こでんまちょう》で、沖積層の基底付近（海面下約一七メートル）で発見された大腿骨《だいたいこつ》もある。

ナウマン象は、洪積世中期から後期にかけて、およそ三〇万年前から二万年前まで日本にいた象であるが、上記小伝馬町のものが沖積層基底部からのものならばそれは約二万年前であり、先土器時代人とナウマン象が共存したことになる。一九七一年四月にはこの象のほぼ一頭分の骨が、国電山手線〔現・JR山手線、以下同〕の原宿駅《はらじゆく》のすぐ南、神宮橋《じんぐうばし》直下の線路下二一メートル（海抜約一六メートル）から地下鉄工事のさい発見された。層位は東京礫層より一メートルほど上の上部東京層のシルトであった。もしこの骨が完全に発掘されていたなら、都民は、かつて東京に住んだ象の骨格の全貌を見ることができたであろうが、残念なことに、骨や牙の多くが土木機械に粉砕され、復元不可能になってしまった。しかし、千葉県印旛沼《いんば》のほとりの成田層《なりた》（ほぼ上部東京層に当る地層）から発掘されたナウマン象の復元骨格は、上野の科学博物館で見ることができる（13図）。

ナウマン象のほかにも、東京層からは珍らしいものではセイウチの犬歯・臼歯つき頭骨が

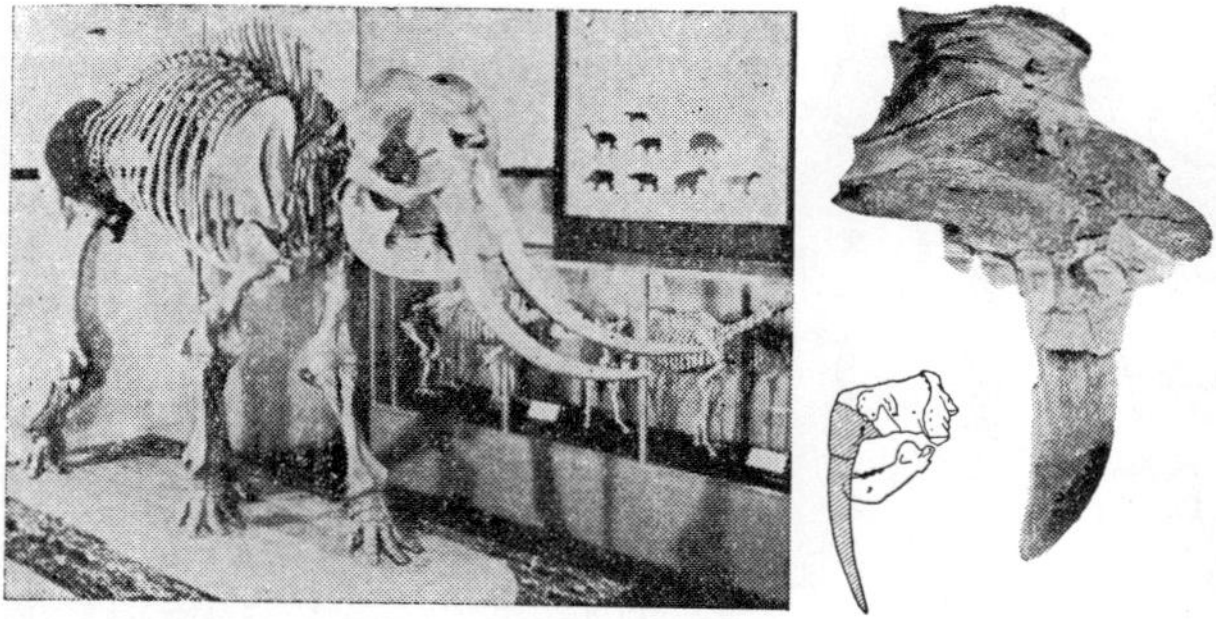

13図　千葉県印旛郡より発見されたナウマン象の骨格（左）および文京区護国寺前で発掘されたセイウチ化石とその部位を示す頭骨左側面図（右）（国立科学博物館ニュースより）

出土している。それは文京区護国寺《ごこくじ》月光殿斜め前、不忍通りの地下二五メートル（海抜約六メートル）の、上部東京層の砂質粘土層から出たものである。セイウチは北洋に住み、冬には若干南下するが、本州では岩手県沖に来たという話はあっても、現在は関東まではとても来ない動物である。当時は現在より親潮《おやしお》の南下がいちじるしく、水温が今より冷たかったのであろう。上部東京層の貝化石群集には、王子・白山《はくさん》・田端・滝野川・江戸川公園の諸貝層のように、親潮要素の強いものと、徳丸・五番町・品川などの諸貝層のように親潮要素の弱いものとがあり、後者はより上位のものと考えられている（関東第四紀研究グループ、1969；栗本義一《くりもとよしかず》、1973）。セイウチは前者の諸貝層と同じ頃のものであろうか。

　渋谷粘土層（下末吉ローム層）：武蔵野台地東部では、淀橋台・荏原台・田園調布台の、東京層の上に整合に重なり武蔵野ローム層におおわれている厚さ四～五メートルの粘土質の地層である。この地層は、上記のように火山灰質であり、また軽石を斑点状あるいは層状に含むので、浅海か湿地、または陸上に堆積した火山灰（下末吉ローム層）と考えられる。灰白色・淡黄色・淡褐色などの色調を示すが、ところによっては茶褐色である。鶴見・横浜の下末吉台地では、この層に当るものが茶褐色のいわゆる赤土で、何枚かの軽石層をはさみ、下末吉ローム層と呼ばれてきた。鶴見・横浜の下末吉台地はさきにものべたように、荏原台と同様の構成をしめし、ここではほぼ上部東京層に当るものが下末吉層と呼ばれている。

なお、研究史の上からいうと下末吉という字名から下末吉層という地層名がつき（昭和の初期）、その地層が作る台地という意味で戦後になって下末吉台地という名称が使われるようになった。土地の人が下末吉台地という名称を使っているわけではない。多摩丘陵の名も同じで、大正の末期にここを研究した浅井《あさい》治平《じへい》によって名付けられたものであるが、これは今日一般に広く用いられるようになっている。渋谷粘土層は水を透しにくく、また一般に水を含むと軟弱になり、これが辷《すべ》り面となって切取りの崩壊がおこるなど、土木工事上問題のある地層である。

M砂礫層（武蔵野砂礫層）：M面を構成する砂礫層で、前記のようにM_1・M_2・M_3の各砂礫層に区分されている。本郷台のM_2砂礫層をのぞく大部分は古多摩川系の河成砂礫層で、厚さは二～一五メートル、ふつう五メートル前後である。礫の大きさは武蔵野段丘の西部ほど大きく、東部ではこぶし大以下となり、かつ砂を多く交えるようになる。普通のビルの基礎にとってはよい支持層である。

M砂礫層の上部は一般に砂質または粘土質の地層で色は灰白色・灰褐色のことが多く、火山灰質のこともあり、炭質物を交えることもある。その厚さは五メートル以下であるがM_1・M_2・M_3の各段丘面により、また場所によって変化がある。M_1砂礫層上の粘土質層は池袋粘土層とか板橋粘土層と呼ばれ、その起源は、一部は氾濫原に洪水のとき堆積した河川堆積物と思われるが、一部は下末吉ローム層上部に当る火山灰の風化物である。ところによってはそれは粘土質でなく、ローム様であり、軽石層を挟む。本郷台のM_2砂礫層（本郷〔砂〕層・赤羽砂層）の上の粘土質層は上記のように、赤羽粘土層と呼ばれる。

これまでに記した、渋谷粘土層、池袋粘土層、板橋粘土層、赤羽粘土層は、いずれにしても水を透しにくい。したがって、山の手台地ではこれらの地層をおおう関東ローム層（主に立川ローム層と武蔵野ローム層）が第一帯水層《たいすいそう》、すなわち、最上位にある地下水を含む地層となり、ここにかつて浅井戸地帯を形成していた。第二帯水層はこれら粘土質層以下にある、M砂礫層や東京層上部の砂礫質部分である。上水道が普及する以前には浅井戸地帯の存在は飲用水供給の点で重要なことであった。次にみるように、武蔵野台地中西部のM砂礫層（武蔵野礫層）上部には、板橋粘土のような粘土層は薄くなり、したがって不透水性がなくなるために、地上に降った雨は武蔵野礫層まで容易に浸透し、それが第一帯水層になる。つまり、そこは浅井戸地帯ではなくなるのである。武蔵野台地における東部の浅井戸地帯と西部の深井戸地帯の分布は、吉村信吉《よしむらしんきち》によって図示されている（23図）。

市街地が拡大し、建造物が増え、道路が舗装された現在では、不透水地表の全面積にしめる率が増加してきた。一九七二年度の調査では、日本橋・京橋《きょうばし》で一〇〇パーセントに近く、新宿付近で六〇～八〇パーセント前後、吉祥寺付近で平均約五〇パーセント、世田谷区・目黒区の目黒川流域で二五～四〇パーセントとなっている。もちろん、地表の不透水化によって、武蔵野台地での地下水涵養はさまたげられ、大雨のときの水の出足は早くなってきた。

M砂礫層上部の粘土質層の起源を、筆者は少くとも一部は氾濫原堆積物と考えているが、それが武蔵野東部で厚くかつ粘土質なのは、武蔵野西部にくらべてより古多摩川の下流に当り、勾配もゆるいために細粒物質が堆積しやすい環境にあったからであろう。武蔵野段丘は、荻窪《おぎくぼ》付近以東では、それ以西の勾配（一〇〇〇分の二・五以上）よりやや急に勾配を減じて一〇〇〇分の二以下となっている。

4　武蔵野台地西部の地形と地質

ほぼ東京区部の西縁を境として、それより西の武蔵野台地は、山の手台地とちがういくつかの点がある。

その一は、西部の方がより勾配が大きく、扇状地の性格がはっきりしていることである。それとともに台地面をつくる武蔵野礫層もまた粗く、東京層のつづきも海成層ではなく河成層となっている。

その二は、武蔵野台地東部は、主に二つの台地面すなわち、下末吉面（S面）と武蔵野面（M面）から構成されていたが、西部では新旧幾段かの段丘よりなることである。古い方からいえば、多摩面（T面）に属する狭山丘陵、次いで金子台、所沢台などのS面台地、次に武蔵野段丘、立川段丘があり、さらに、多摩川ぞいには、青柳《あおやぎ》段丘、拝島《はいじま》段丘、千《ち》ガ瀬《せ》段丘等の諸段丘があげられる。

その三は、武蔵野台地東部には、台地の中に谷頭をもつ、樹枝状の侵食谷が多いが、台地西部には、そのような谷は少なく、平坦な台地面が広く連なっていることである。もっとも、武蔵野台地の北西部には、黒目《くろめ》川、柳瀬《やなせ》川あるいは不老《としとらず》川などの流れる侵食谷があるが、これらの谷は、浅く幅の広い樋状の谷で、支谷はほとんどない。こういった谷は、淀橋台と荏原台の間の目黒台と同じような性格のものであって、つまり古多摩川がきざんだ侵食谷である。現在の川は、このような古い侵食谷の中の川で、いわゆる「名残《なごり》川」である。

ところで、武蔵野台地の西部は、戦前に、矢嶋仁吉《やじまにきち》や吉村信吉らによって浅層地下水の調査がくわしくおこなわれ、また藤本治義《ふじもとはるよし》らによって地質調査がおこなわれてきたところである。戦後には、関東ローム研究グループなどによって地形や第四紀《だいよんき》層が調査され、そのほか地質調査所〔現・独立行政法人産業技術総合研究所地質調査総合センター〕や新藤静夫《しんどうしずお》らによる地下水や地下地質の調査があって、地形・地質・地下水の様相がかなり明らかになった。[*2]

武蔵野段丘・立川段丘・青柳段丘

それでは、武蔵野台地西部でもっとも広い面積をしめる武蔵野段丘からみてゆこう。

武蔵野段丘は、さきに目黒台でみたのとほぼ同様な構成をもっている。すなわち、地表から順に、厚さ五〜七メートルの関東ローム層、厚さ数メートルの武蔵野礫層があり、その下には、狭山丘陵以南では上総層群がある。しかし、狭山丘陵以北の武蔵野では、段丘礫層の下に東京層のつづきの砂礫層とか、狭山丘陵をつくる芋窪《いもくぼ》礫層のつづきの砂礫層、さらには上総層群に属する砂礫層（三《み》ツ木《ぎ》礫層）がある。このような地下構造は、ボーリングの資料でわかることであるが、武蔵野段丘の南縁を画する段丘崖線（国分寺《こくぶんじ》崖線）のところどころでは、それを目でみることもできる。

この国分寺崖線とは、3図に示したように、北西端は、立川の北東にはじまり、中央線を国立《くにたち》駅の東で横切って、国分寺、東京天文台（現・国立天文台）、深大寺《じんだいじ》を通り、成城学園《せいじょうがくえん》をへて二子《ふたこ》玉川《たまがわ》へとつづく高さ一〇〜二〇メートルの崖である（14図）。この崖の南には、武蔵野段丘より一段低い立川段丘がある。立川段丘の北縁、つまり国分寺崖線の直下には、野《の》川という流れがある。これは、国分寺崖線の、武蔵野礫層から湧き出す湧水に養われる川で、立川段丘を浅く掘りこんでいる。この川は、側方侵食によって、国分寺崖線を形成した古多摩川の名残川と考えられる。

国分寺崖線にそっては、古くは先土器文化時代からの先史時代遺跡があり、野川谷頭の近くには武蔵国の国分寺が営まれ、また野川ぞいには古くから水田が作られたなど、この崖線

14図　野川と国分寺崖線
府中市都立武蔵野公園付近、前景は立川段丘と野川、林におおわれた斜面が国分寺崖線。その向うは武蔵野段丘。

ぞいはいわば古代武蔵の銀座通りであった。

この崖の高さをみると、成城以東では二〇メートルぐらいあるが、国分寺—天文台付近で約一五メートル、立川北東では数メートルと比高を減じ、武蔵村山市では立川段丘との比高がほとんどなくなる。このことは、武蔵野の縦断面（4図）に示したとおり、立川段丘の方が武蔵野段丘より勾配が大きく、立川段丘の段丘堆積物は、上流では武蔵野段丘をおおい、下流では武蔵野段丘を切る関係にあることを意味している。

立川段丘の段丘堆積物を立川・府中・調布あたりでみると、いずれも最上部は厚さ二〜四メートルの赤土（立川ローム層）で、その下には厚さ三〜

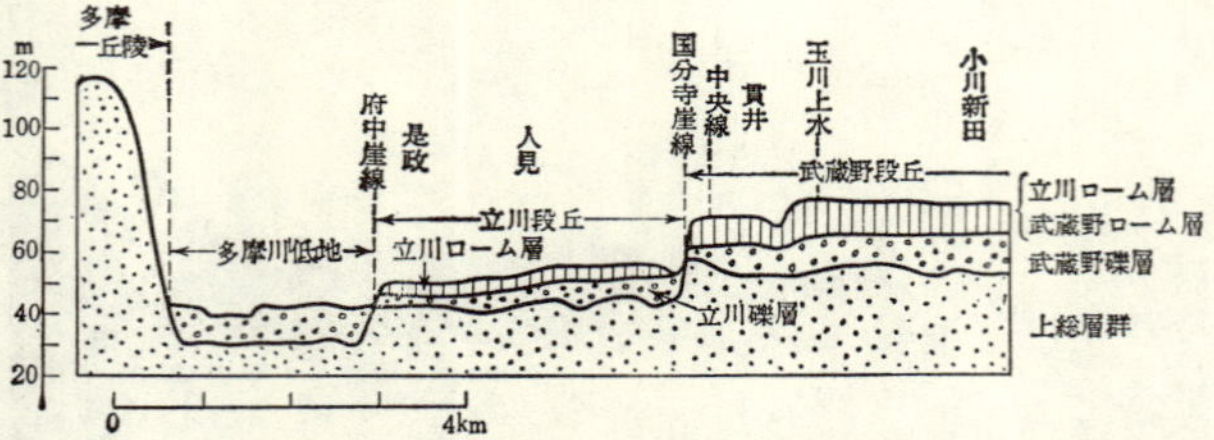

15図　小金井をとおる武蔵野の南北断面（東京都建設局の資料により作成）

五メートルの段丘礫層がある（15図）。これを立川礫層とよんでいる。立川礫層の礫の種類は武蔵野礫層のそれとよく似て、かつての多摩川の堆積物にほかならない。礫層の厚さは、立川付近より下流ではこのようにうすいから、立川段丘は武蔵野段丘を侵食して作られたものと考えられる。立川段丘面（Tc面）はその上に立川ローム層全層をのせるTc_1面と、立川ローム層の上半をのせるTc_2面に区分できる。分布が広いのはTc_2面であり、Tc_1面は府中付近より下流の国分寺崖線寄りに限られる（3図参照）。

立川段丘の南の縁はやはり段丘崖におわる。これは府中崖線とよばれる。府中崖線は、南は小田急線の狛江《こまえ》のあたりで沖積地との比高がなくなり、これより下流では立川段丘は多摩川の氾濫原の下にもぐってしまう。府中付近では立川段丘の多摩川低地からの比高は約一〇メートル、立川西方では一五メートルと西方ほど大きくなる（4図参照）。

府中付近以東では、立川段丘の南側には、多摩川ぞいの氾濫原があるが、それより上流では、両者の間に小規模な段丘が数段ある。そのうちもっとも高位のものが立川南東の青柳段丘（Tc3面）である。

立川付近より、上流の青梅西方にかけては、青柳段丘より低い数段の段丘がある。これらは、青柳段丘より高位の段丘とちがって、関東ローム層におおわれていないので、一括して後関東ローム段丘と呼ばれる。そのうちでもっとも高位にあり、かつひろく長くつづく段丘は拝島付近の拝島段丘である。

段丘と関東ローム層

これまでにのべた拝島段丘以上の段丘、すなわち武蔵野・立川・青柳の諸段丘は、いずれも段丘礫層の上に関東ローム層がおおい、いわゆるローム台地となっている。そこで、一九三〇年代にはこれら関東ローム層におおわれた台地をひとまとめにして武蔵野面と呼んでいたことがある。

ところが一九四七年に、多田文男《ただふみお》は、武蔵野段丘と立川段丘とをくらべると、その上をおおう関東ローム層が前者では厚く後者では薄くなっていることを明らかにし、かつ、立川段丘上の関東ローム層は、武蔵野段丘上の厚い関東ローム層の上部に当るものであると考えたのである。これは、それまで考えられていたように、関東ローム層を一枚の地層とみるのではなく、次第に降りつもった火山灰とみる見解の表明であった。

それ以後の関東ローム層ならびに段丘の研究は、この見方によって発展した。つまり、より古い段丘はより多数の火山灰層におおわれていることから、段丘との関連で火山灰の層序を考え、火山灰の層序区分が確立すると、今度は区分された火山灰によって段丘の時代の対比をおこなうというやり方である。

一九五〇年代になると、関東ローム研究グループによって、武蔵野台地とその周辺の関東ローム層は立川ローム層・武蔵野ローム層・下末吉ローム層・多摩ローム層に四大別され、これとの関係において段丘面や段丘堆積物が研究されることになった。そして、武蔵野では関東ローム層によって下末吉面、武蔵野面、立川面、青柳面などの時代区分が確立したのである。この関東ローム層と段丘との関係は、6図、15図や表2に示されている。このような火山灰による編年方法は、火山国日本では第四紀層や土壌の研究法として各地で用いられている。

なお、同じ方法は、火山国アイスランドでも用いられ、その研究を発展させたソラリンソン(S. Thorarinsson)によって、一九四四年以来、テフロクロノロジー(tephrochronology)つまり、火山灰編年学と呼ばれている（tephra はギリシヤ語で火山灰の意)。一九六一年には、日本からの提案によって、国際的な第四紀の研究組織である国際第四紀学連合（ＩＮＱＵＡ）にテフロクロノロジーの研究委員会ができ、この方法は世界の火山地域で用いられるようになり、一九七〇年代には深海堆積物やグリーンランドの氷河の研究にさえも応用されつつある。

では次に、このような方法によって対比されるようになった、武蔵野の下末吉面（Ｓ面）に属する諸台地についてみよう。

武蔵野台地の西部には、所沢台・金子台と呼ぶS面台地があり、これらは、テフロクロノロジーによれば淀橋台や荏原台とほぼ同時のものである。しかし、それらを構成する地層は、淀橋台・荏原台が、海成層よりなるのとちがって、扇状地性の砂礫層よりなっている。したがって、武蔵野台地東部が海域となっていて、そこに上部東京層が堆積しつつあった頃、所沢付近およびそれ以西では、多摩川が扇状地を作っていたという古地理が知られるのである。

なお、立川ローム層におおわれる立川段丘のつづきは、青梅駅のある段丘面をつくり、またこれと一連のものは、狭山丘陵と金子台の間の不老川にそって川越の方にのびていることなども、関東ローム層の調査で明らかになった。このことは、立川ローム層が堆積したころに、多摩川は、立川・府中・調布方面にも、また川越方面にも流れていたことを示すものである。

5　武蔵野台地の地殻変動と東京周辺の活断層

武蔵野台地の傾動運動

武蔵野台地の地形を等高線でみると、北部は南部にくらべて傾斜が大きく、一つの扇状地としては形がおかしいことはすでにのべた。扇状地は、扇の要《かなめ》に当る扇頂から川が左右に流路をかえながら、堆積作用あるいは側方侵食作用によって作った地形であるから、同時にできた扇状地面では、扇頂からどの方向にも同じ勾配をもつ筈なのである。

武蔵野台地は、扇状地といっても、新旧いくつかの扇状地が段丘化したものからできている。狭山丘陵は一番古い扇状地の残片で、次いで金子台と所沢台の扇状地、次に武蔵野面の広い扇状地、さらに立川面の扇状地となっていることはすでにみた。新しい扇状地は、古い扇状地を侵食してできたところもあるし、古い扇状地をおおいかくす堆積作用でできたところもある。これは、それぞれの段丘堆積物の厚さをくわしく調べないとわからない。すでにのべたように、武蔵野の南部では、武蔵野段丘も立川段丘も段丘礫層が数メートルていどで、これでは堆積作用でできたというより、側方侵食作用でできた扇状地だといった方がよい。しかし、青梅に近い立川段丘や金子台・所沢台などでは、段丘礫層が厚く、主に堆積作用によって扇状地が出来たようである。

このように、武蔵野台地を、新旧いくつかの扇状地に分類した上で、それぞれ同時代の扇状地面をとりあげてみても、武蔵野の形はやはり異常であり、北部の勾配が南部にくらべて大きすぎる。これは、武蔵野の北部は扇状地ができてから、勾配が大きくなるような地殻変動を受けたことを物語っている。そこで、次にこの変動の様式を探ってみよう。

まず、武蔵野の縦断面を、南部と北部で作ってみると、16図のようになる。この図には、T面に属する狭山丘陵、S面に属する淀橋台、金子台、大宮台地、それにM面に属するものを狭山丘陵の北と南で一つずつ描いてある。この図によって、次の二つのことを読みとることができる。

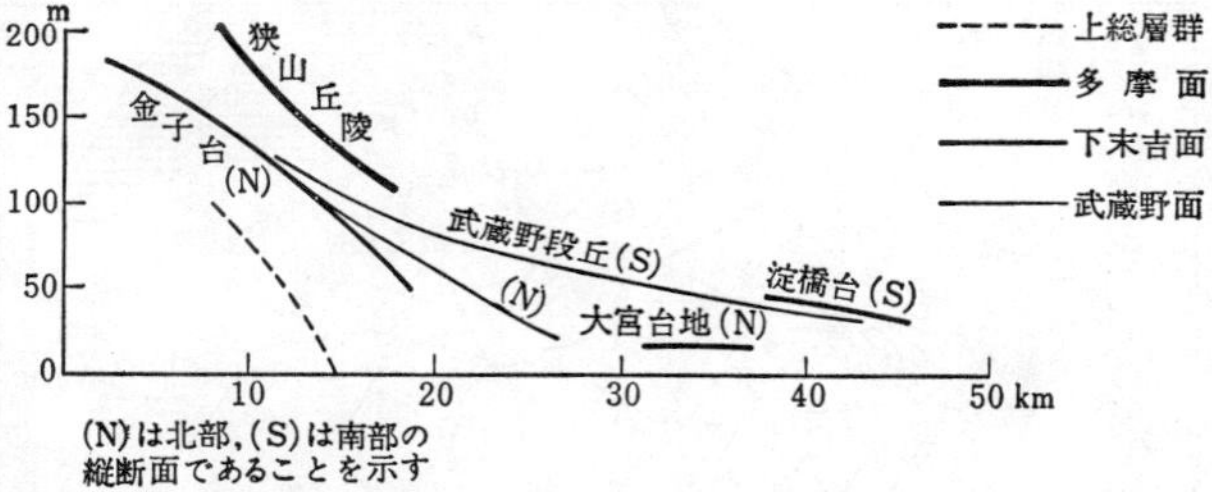

16図　武蔵野南部と北部の台地面・丘陵面と上総層群の勾配の比較

(1) 武蔵野の扇状地は、古いものほど傾斜が急である。

(2) 武蔵野の扇状地は、北部のものが南部のものより傾斜が急で、武蔵野の北東部は相対的に沈降している。

古い扇状地ほど傾斜が急であるということは、もしそれぞれの扇状地のもとの傾斜が同じだとすれば、傾斜を大きくするような地殻変動の継続を意味する。現在のところ、もとの傾斜が同じであったかどうかはよくわかっていないが、増傾斜運動が継続した可能性が強い。それは、図中に示した上総層群がやはり同じ方向に大きく傾いていることなどから地殻変動の継続性がわかっているからである。

(2)の事柄をさらに具体的にみるために、変形をうける前のM面を復元し、それと現在のM面の形態とを比較してみた。それには、もとのM面の勾配がわかっている必要がある。しかし、現在のところ、それはわかっていないので、武蔵野南部の、等高線がもっとも東に張出しているところ（ほぼ玉川上水ぞい）は変形をうけないもとの勾配を示すと仮定してある。

さて、この仮定した勾配によって、形成された当時のM面

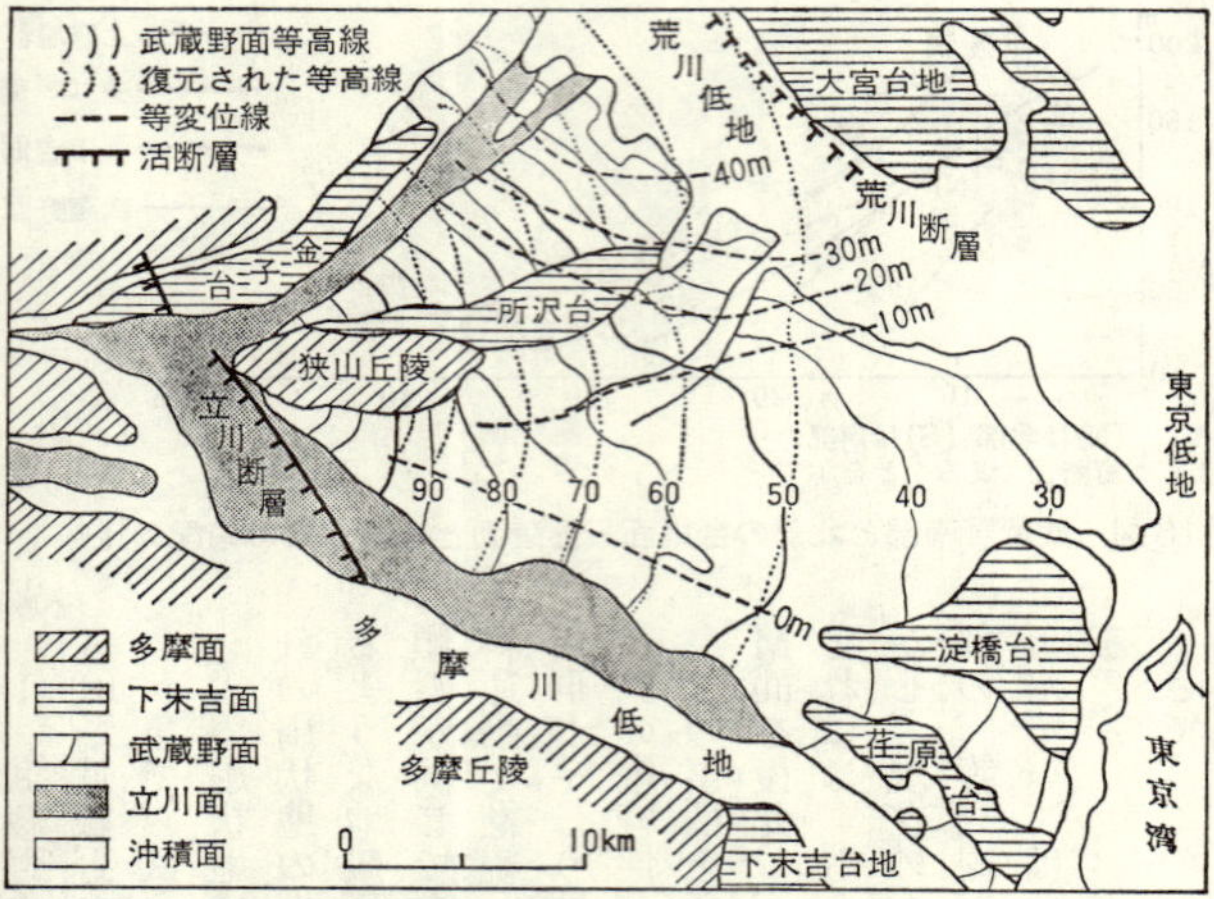

17図　武蔵野段丘の地殻変動（貝塚、1957）

の等高線を作図によって描いたものが17図の「復元された等高線」であり、これと現在の等高線の差を読んで描いたのが図の「等変位線」である。この等変位線は、武蔵野の南部にくらべると、川越付近は四〇～五〇メートルの沈降をうけたことを示している。この沈降量は、M面形成以後の数万年間のものであるから、同じような変動がより古くから継続しているならば、S面やT面の変位量はもっと大きい筈である。

ところで、ここで気になるのは、武蔵野の北東部にある大宮台地は、ほとんど水平なことである。大宮台地は、堆積物からみると淀橋面と同様、浅海《せんかい》性の砂泥《さでい》層からできているから、もともと平坦な地形をもっていたにちがいない。したがって、17図の等変位線が示すような地殻変動が大宮台地にも及んでいるのなら、大宮台地の等高線は、この等変位線に平行するようなものでなければならないのである。

しかるに、現実には大宮台地はいくらかは北東部が低下しているものの、ほぼ水平に横たわっているのだから、武蔵野でみられる地殻変動は、荒川どまりで、これ以北には及んでいないといえる。これは、武蔵野台地と大宮台地は別の動きをするブロックにのっており、ブロックの境に当る荒川ぞいに、断層があることが推定される。この推定断層は荒川断層と呼ばれている。

東京付近の活断層

荒川ぞいに、一本の断層があるとすると、その断層の落差がどれ位になるかを検討してみた。それには、武蔵野台地から大宮台地へかけて何本かの断面線をとり、武蔵野台地面の断面の推定延長と大宮台地面の落差をとればよい。このようにして得られた結果は、M_1面に関して、およそ一〇〜一五メートルの落差（南西側落ち）があることになった。M_1面の時代は後述のように約九万年前であるから、一万年当りの変位量は一〜二メートル程度ということができよう。

このような断層が荒川低地の地下にあるなら、それは活断層《かつだんそう》と呼んでよい。活断層の定義は、研究者により必ずしも一致していないが、一般には第四紀、とくにその後期に活動した証拠があり、将来も活動する可能性のある断層、とされている。地形から推定される荒川断層が、実際に地下の地層にみられるかどうかは、まだ確かめられていないが、いずれボーリング資料の解析によって明らかにされるだろう。[*3]

ところで、この荒川ぞいの推定断層の北西への延長方向には、埼玉県北部の寄居《よりい》付近や深谷《ふかや》付近に、同じく北西―南東方向の活断層が知られており、それらの垂直変位の速さも一万年当りでは一～三メートルと似ている（東京都防災会議、1974、1975）。このような活断層は、それが活動すれば地震をおこして被害を与えるから、防災上注目される存在である。

歴史上、東京に多少とも被害を与えた地震の震央の分布を示した図（68図、二七八ページ）をみると、ほぼ荒川低地にそうように震央が並んでいる。これらの地震が、荒川ぞいの推定断層の活動によるものかどうかは断言することはできないが、地震予知に関連して注目すべきことである。これらの地震の中には、東京の歴史上、最大の震度（Ⅶ、激震）をおこし、また江戸に大被害を与えた地震が入っている。それは、亀有《かめあり》～亀戸《かめいど》付近に震央をもつと推定されている安政《あんせい》二年（一八五五年）の江戸地震（マグニチュード6.9）である。

安政江戸地震は、大正一二年（一九二三年）の関東地震（マグニチュード7.9）より規模は小さかったが、関東地震が相模湾でおこったのに比べ、いわゆる直下型の地震であったから、震度や被害が大きかったのである。この地震災害の記録が佐山守《さやままもる》によって克明に調査され、東京都から『安政江戸地震災害誌』上下二巻（1973）として出版された。この災害誌などによると、安政江戸地震の概要は次のようなものであった。

被害は江戸とその東方で大きかったが、山の手台地では小、下町で大という差がみられた。江戸の被害は壊家焼失一万数千。出火点は約五〇ヵ所。奉行所に届けられた町人の死者約四七〇〇、武家方の死者は、各藩でひかえめに届けたらしいが約二〇〇〇。有感半径の最大は五四〇キロメートル（弘前《ひろさき》）に達したが、被害範囲は狭いので震源はやや深く、四〇〜五〇キロメートルぐらいと推定されている。この地震は、関東地震とは震源を異にするが、両地震とも火災が被害を大きくしたことや、地盤の悪い下町低地や山の手の侵食谷底で震度が大きく被害が大きかった点で一致している。これらは将来の地震対策上の貴重な教訓であろう。関東地震による災害については、Ⅳで述べることにしよう。

安政江戸地震のような直下型地震に対する関心は、一九七一年サンフェルナンド地震（カリフォルニア）、一九七二年マナグア地震（ニカラグア）、一九七四年伊豆半島沖地震、川崎付近に地震のおこる可能性が一九七四年に指摘されたことなどによって高められた。

こうして、東京付近の活断層や地盤を改めて検討することがおこなわれているのであるが、一九七四年には、国土地理院の松田博幸《まつだひろゆき》らによって立川断層の存在が気づかれた。この断層は、立川市街を通り北西―南東にのびるもので（3図参照）、もと一連であった立川段丘面がこの線にそって二〜三・五メートルほど南西落ちに低下している。低下しているといっても急崖ではなくゆるい斜面をなしているので、地形の表現としては撓曲崖《とうきょくがい》であるが、地下には断層が存在すると推定される。この断層の北西の延長では、金子台のS面が約一〇メートルの落差をみせ、南東の延長では青柳段丘面が約二メートルの落差を示している。これらのことから、この断層の平均変位速度は一万年当り一メートル前後であると推定できるのであるが、一万年ぐらいの間隔で一メートル前後ずつ動いたのか、一〇〇〇年ぐらいの間隔で〇・一メートル前後ずつ動いたのかという周期の問題については今後の研究を待つほかはない。何らかの方法でこの問題を明らかにして、この断層の活動、つまり地震の予知にまでこぎつけたいものである。

実はこの断層ぞいの斜面そのものの存在は古くから気付かれており、本書の17図はこれを段丘崖と解した図となっている。断層崖《だんそうがい》とは思い及ばず、詳しい検討がされていなかったのである。活断層の多いわが国にあっては、直線的にのびる崖や凹地列は、活断層の疑いをもって検討する必要があることを今更ながら知らされたというわけである。東京とその周辺には、ここに述べたもの以外にも今後活断層が発見されるかもしれない。その調査は一九七〇年代以降に行われた。[*3]

6　武蔵野の川と谷

洪積台地の上面は水に乏しいのが常であるが、武蔵野台地のなかでもその中西部はことに水に乏しいところであった。江戸時代の中期以降に玉川上水の分水によって台地面の開発がすすめられてきたが、一方では用水の便がなく、深い井戸を掘ることによって台地面を開拓した農民もいた。青梅の東の新町《しんまち》や、所沢北方の三富《さんとめ》新田などはそのような開拓の集落である。

18図　羽村のまいまいず井戸
羽村駅東口近くにある鎌倉時代に作られたと推定される井戸。すりばち形に5.3m掘り下げ、それより4.6mの井戸を掘ってある（1976年3月角田清美測定）。当時の技術ではこの深さを垂直に掘れなかった。もと村落の共同井戸であったが、今では東京都文化財史跡となっている。(1964年撮影)

武蔵野に水が乏しかったことを伝える話はいろいろある。歌枕になっている逃水《にげみず》もその一つである。逃水というのは、前方をみると水溜りがあるようにみえるが、近づいてみると何もない現象で空気の屈折率の局部的異常によるものである。しかし、一説には一時的な降雨による野水《のみず》であるともいう。

またむかし、「嫁にやるなら所沢にやるな」といわれたのは、所沢は井戸が深くて、井戸くみを仕事とさせられる嫁が可哀そうだという意味だとのことである。昭和一〇年（一九三五年）に二つの深井戸によって所沢町営水道ができるより以前の話である。

この所沢付近から北、あるいは西の方の武蔵野台地では、地表から一〇～二五メートルも掘らないと地下水面に達しないところが多い。所沢の北を流れる不老川というのは、こういう地下水の深いところの川だから、冬の渇水期になると、川の水がすべて地下に伏流して、春までは流れがなくなって、川は年越をしない。こういう川の姿が不老川の名となったものである。

武蔵野台地に地表水が乏しく、また地下水も得難いのは、この台地には水を透しやすい関東ローム層と段丘礫層があり、ここにしみこんだ雨水は段丘礫層をつたい、あるいはそれよりさらに下位にある砂礫層をつたって下流へと流れるからである。

同じ武蔵野台地の中では、ことに西部や北部ほど地下水位が低いのは、この方面ほど関東ローム層下の砂礫層が厚く、かつ砂礫が粗く、また、地表の傾斜が急なのに伴なって地下水面の勾配も急で、地下水の流れが速いからである。

以下に、このような武蔵野の水に関係のある問題をいくつか取上げてみよう。

武蔵野東部の谷

武蔵野台地のやや東より、海抜約五〇メートルの南北線上には谷頭《こくとう》が沢山あって、これより東にむかう谷の源となっている。それらの谷頭には、地下水が湧き出して、池をたたえているところが多い。北からいえば三宝寺《さんぼうじ》池と石神井池・善福寺池・井の頭池などがこれである。

ここに湧水が多いのは、さきにもふれたように、武蔵野段丘はこの付近で勾配がゆるくなり、段丘礫層を帯水層《たいすいそう》とする地下水も地下水面勾配がゆるくなって湧出しやすいためかと考えられる。

武蔵野東部の侵食谷では、これら谷頭の泉だけでなく、谷壁《こくへき》の下部に湧水が多く、それがかつては谷底低地の水田の灌漑水になっていた。

ところで、武蔵野東部の谷の平面形をみると、比較的長いものは、台地表面に必従的であるが、それより枝分かれしている谷は、台地面に必従的ではなく、支谷も少ない。このような小さい支谷は、地表の水流でできたとは思われず、地下水の湧出による谷頭侵食によってできたと考えられる。

次にこれらの谷の横断面をみると、谷底は平らで、谷壁は概して急だから樋状をなしているといえる。この樋の深さは上流ではおおむね五〜一〇メートルぐらいであるが、山の手台地東縁では二〇〜三〇メートルと深い。

この樋状の谷底には、砂泥、ところによっては泥炭《でいたん》よりなる沖積層がたまっている。その厚さは上流では一般にごく薄いが、下流では厚くて、一〇メートルをこえるところも少なくない。そして、このように、沖積層が厚い谷底は、東京低地と同様に、地盤沈下がおこったり、震害が多かったり、地盤が弱いので構造物の基礎をないがしろにできないなどといった問題のある土地である。昔なら、このような谷底は水田で、台地は畑だったから、そこが谷底の地盤の悪そうな土地だぐらいはだれにも気付かれたのであろうが、少々盛土がされて、水田もなくなっている今日ではそういうことは素人にはピンとこないのも無理はない。そこで、土地は買ったものの、いざ家をたてようとしたら基礎に金がかかりすぎて建築を見合せたという話もある。

ところで、このような軟弱な沖積層が堆積している山の手台地の谷底を、ボーリングの資料で調べた竹山謙三郎《たけやまけんざぶろう》は、沖積層で埋められている谷底も沖積層の上面である谷底に似て、やはり樋形の谷であることに気づき、そして、その谷底がほぼ東京礫層に当ることを見出した。このことは、侵食谷を作った流水は、関東ローム層、武蔵野礫層、上部東京層を掘り下げて、東京礫層に至ったが、その礫を侵食するだけの水勢がなくて、ここで側方侵食に勢力をついやして、樋状谷をつくったとみられるのである。呑川、目黒川、渋谷川、神田川などの下流部はそのような例である（7図参照）。ところが、これらの谷も、上流の方では沖積層が薄く、東京礫層に代って、武蔵野礫層が、谷底のすぐ下にあるところが少なくないようである。もっとも、東京礫層と呼ばれるものは、49図（二一一ページ）のように、東下りになっていて、山の手台地東縁では海面下にあるが、吉祥寺あたりでは武蔵野礫層と接しているらしいから、東京礫層を谷底とする谷も西では谷底が浅くなっている。なお、谷底への湧水には、武蔵野礫層からのものとともに東京礫層からのものもあるのだろう。もっとも、一九六〇年代には、武蔵野の侵食谷底の川は、下水パイプの代りとなっているものが多く、湧水の存在などはほとんどかえりみられなくなってしまった。

自由が丘の地盤沈下

ここで、山の手台地を開析する谷の中でおこった地盤沈下の例を一つだけ紹介しよう。ところは東横線自由が丘駅付近であり、昭和三五年（一九六〇年）の一月から二月にかけてのことである。この地盤沈下はごく狭い面積でおこったものであるが、そのからくりは、後に述べる東京低地の大規模な地盤沈下と同じであった。

自由が丘駅西口（現・正面口）を降りて左手正面には、M銀行自由が丘支店があり、さらに左手に行くと田園都市線の踏切りがある。この踏切りの手前を右に曲った通りは左右にいろいろな商店があるのだが、地盤沈下の被害を受けたのは、ほとんどこの通りの左側（南側）の三〇軒ばかりに限られていた。被害というのは、床が傾いたり、戸障子が閉らなくなったり、壁に亀裂が入ったりであった。一軒の風呂屋では、タイルに割目ができて漏水し、休業を余儀なくされるという羽目になった。

ところで被害がでてからの調査によると、地盤沈下の原因は、前年の暮れからM銀行支店ビルの新築基礎工事がはじまっていて、そこで湧出す地下水をくみ上げたことによるものであった。ここで奇妙に思われるのは、銀行支店ビル敷地と、被害が出た所とは、四〇メートル以上はなれていて、ビル工事の近隣の家には被害がなく、被害がでたのは限られた細長い地域だけだったことである。

この付近のボーリング資料を集めて地下の構造を推定すると、19図の通りであって、これをみれば、上記の一見奇妙に思われる現象の原因が理解できよう。銀行のあるところは、九品仏川の谷底低地より三メートルほど高い段丘（M_2面段丘）で、厚さ約六メートルの関東ローム層がある。これに対して、被害地は、谷底低地のへリにあって、地下は厚さ数メートル

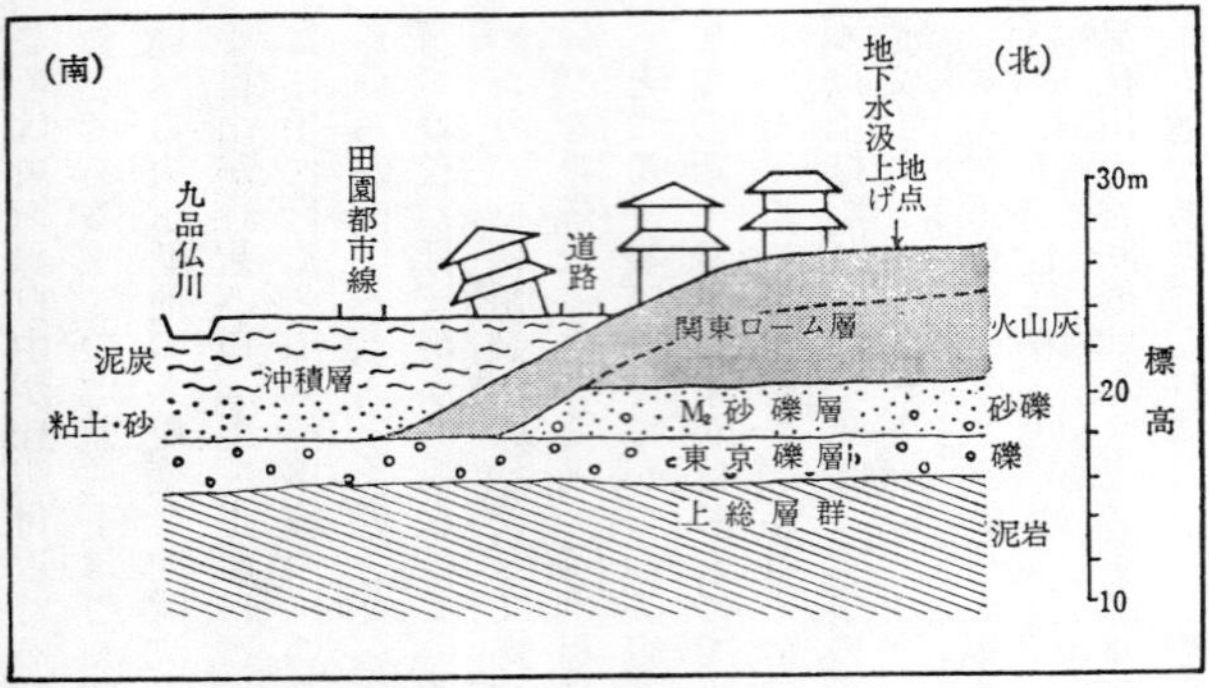

19図　自由が丘駅の西側の南北地質断面

以下の泥炭よりなっている（11図参照）。

　銀行の基礎工事で地下水をくみ上げたのは、関東ローム層中の水であったが、地下水位低下の影響は泥炭地《でいたんち》に及び、ここではふつう地表下五〇センチメートルぐらいに地下水面があるのに、被害が出たときにはそれが地表下二メートルぐらいまでに下っていた。このために泥炭が収縮して地盤沈下がおこったのである。被害が出た所は、泥炭分布のヘリであったために、地盤沈下量が大きいところと小さいところがあったのであろう、いわゆる不等（不同）沈下を生じ、このために家屋の被害がでたのである。19図に書いたように、泥炭の厚い南側の方に傾いた家があったのは上の推定を裏づけている。これよりさらに南の泥炭地では沈下が一様であったためか沈下が及ばなかったためか、被害はでていない。

　この例のように、地盤沈下で建造物に被害があらわれるのは、ほとんど不等沈下による。そして、それは地下の地質に起因する。自由が丘の場合、ここが都市化する昭和初期以前には、九品仏川の低地は湿田《しつでん》であり、このときの被害地域はその湿田のへりであった。このことは、昔の地図をみれば表層に軟弱地盤のある場所や不等沈下のおこりそうな場所が推定できることを物語っている。

この例の場合には、地盤沈下の原因がはっきりしていたので、被害の補償がおこなわれたと聞く。しかし、Ⅳで述べる東京低地の地盤沈下は、不特定多数の深井戸の地下水汲上げによるものであって、原因・結果が個々にはわからない。さきに沈下のからくりが東京低地のそれと同じである、と書いたのは、地層収縮のからくりのことであって、社会的な現象としては大きなちがいがあることに注意したいのである。

武蔵野の水害

水に乏しい武蔵野台地にも水害がおこることがあり、しかも水害の頻度と被害は増大してきている。それは、武蔵野台地に都市が拡大してきたからである。

一九五八年九月二六日、東京は狩野《かの》川台風の豪雨におそわれた。東京での一日の降水量は三九二・五ミリメートルで気象庁開設以来の記録となった。なお最大一時間雨量は七六・〇ミリメートルに達している。

この豪雨により東京都全域では四六万戸の浸水家屋があり、被害額は一〇〇億円に達した。崖くずれも各地でおこった。四六万の浸水家屋の約五分の四は下町低地における内水《ないすい》の氾濫によるものであったが、武蔵野台地でも相当の被害を生じたのである。それは、武蔵野

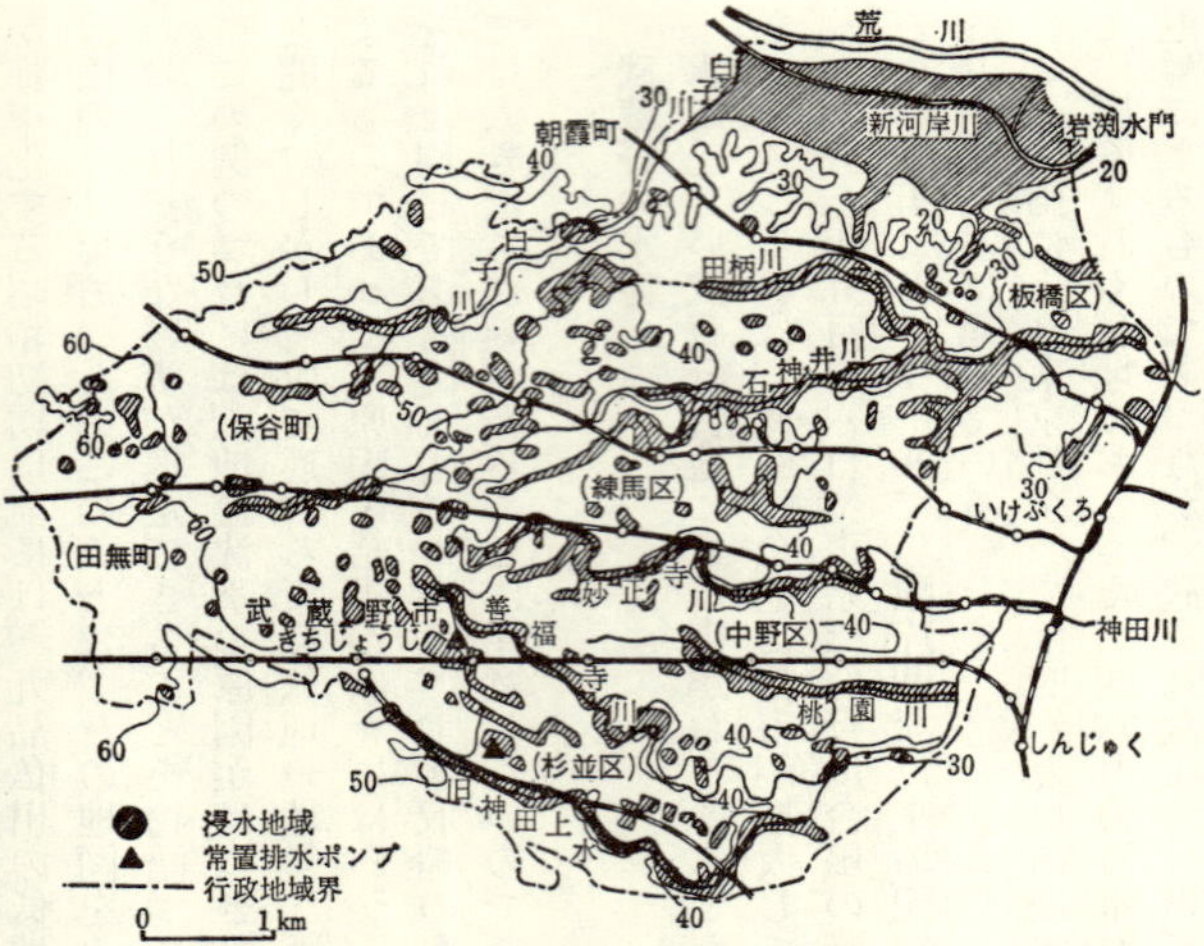

20図　狩野川台風による東京西部の浸水区域（菊地光秋、1960）
等高線は10m間隔

の谷を流れる川の氾濫と台地上の窪地での湛水《たんすい》〔水をたたえること〕という形であらわれた（20図）。この図の範囲だけでも四万四〇〇〇戸の浸水家屋があったほどである。

もともと武蔵野の谷に氾濫がなかったわけではない。もと水田であった谷底ではときどき水害をうけていたが、その時分は、大雨のときでも降水の一部は田や畑に浸透したり湛水したりして、川への水の集中は、地表が被覆《ひふく》された市街地よりはずっと弱かったし、被害も少なかったわけである。昔と同じ川であるかぎり都市化とともに、出水《しゅつすい》は早くなり被害は大きくなるのは明らかである。

山の手台地の中小河川の改修や下水路の拡大は、都市化の早さにおくれをとっていたのである。都の河川は、一時間降水量五〇ミリメートルの雨をさばけるよう改修工事が行なわれてきたが、都市化によってどんどん出足の早くなってゆく出水においつき、おいこすことは容易ではないだろう。この改修工事は河川の通水機能に重点がおかれ、かつての曲りくねった小川は直線的なコンクリートの水路となっている。

いまさら言っても遅すぎるのだが、もし、無秩序な都市開発に先だって、都市づくりのマスタープランがあって、農地が都市化されたときの流量が予測され、それにもとづいて河川計画が立てられたなら、あるいは、さらに一歩すすめて、武蔵野の侵食谷は谷壁・谷底ともに、井の頭公園のような緑地とするといった方策があったならば、都市河川の水害などは全く問題にならなかったばかりでなく、東京の防災・交通・リクリエーションなど多方面ですこぶる好都合であったにちがいない。高橋裕《たかはしゆたか》（1971）によると、「わが国では、つねに開発が先行し、保全的事業はずっと遅れて追いかけるのが原則のようになっていた。それはわが国の治水全体についてもいえるが、特にそれが明瞭かつ集中的にあらわれたのが都市河川だといってよい」ということである。

ところで山の手台地では、比較的最近まで緑の多かったのは、侵食谷の谷壁斜面であった。しかし、そのような斜面さえ、マンションが建つなどによって、自然の斜面は切土《きりど》や盛土によって変形され、コンクリートや大谷石による擁壁《ようへき》によっておおわれ、樹木が減少している。21図はこのような切土・盛土によって人工的に改変された谷壁斜面の分布を一九六六年の空中写真によって示したものであるが、これによると、この年にすでに自然の斜面は残

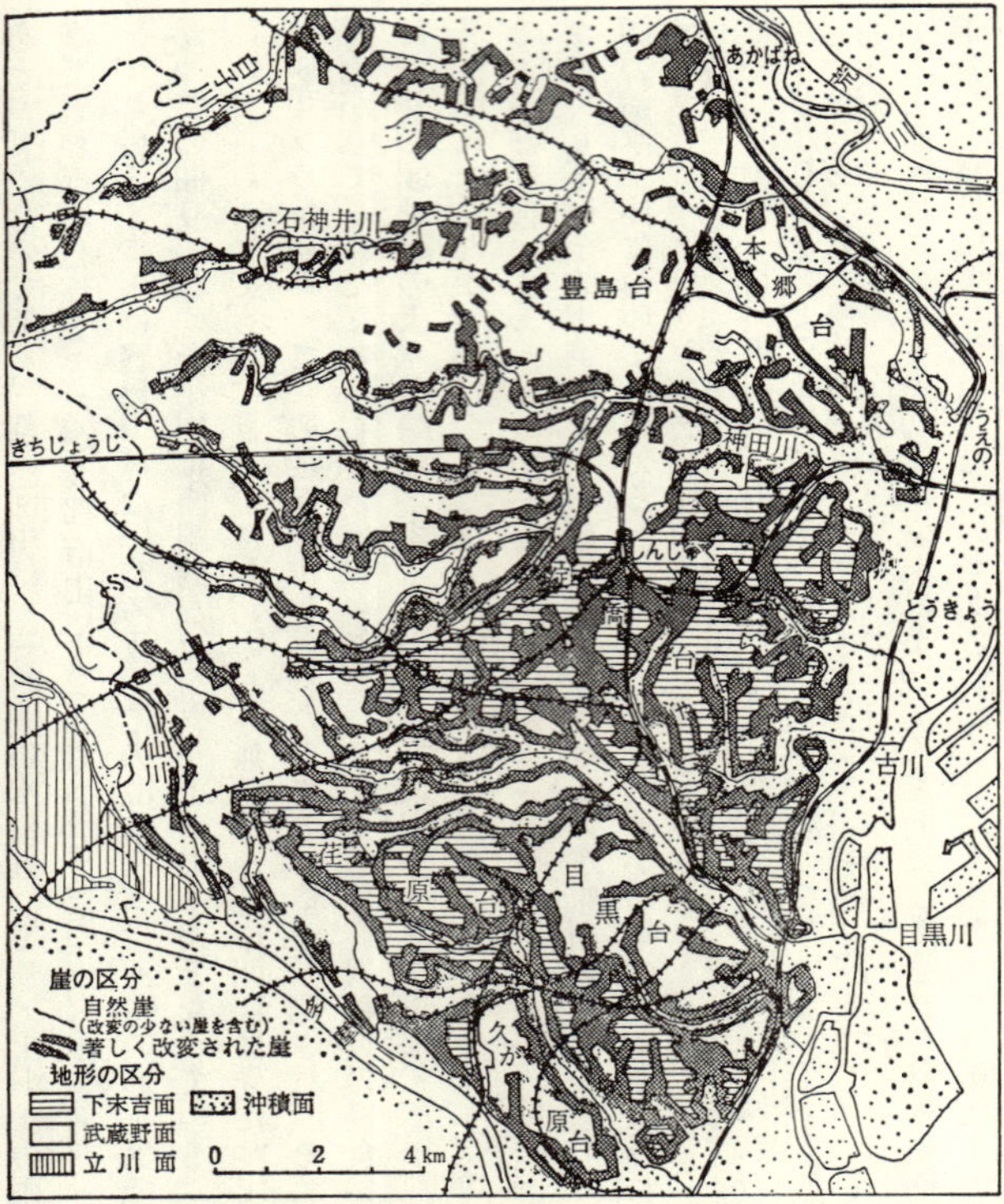

21図　山の手台地における谷壁斜面や崖の人工改変地の分布（中野尊正ほか、1971）

り少なくなっていることがわかる。これら人工的に改変された斜面では、ただ樹木が少なくなったというだけではなく、擁壁には豪雨や地震に際して崩壊しやすいものがあるから、その意味でも環境が悪化している。

山の手台地の区部における崖や擁壁の崩壁危険度の調査（中野《なかの》尊正《たかまさ》ほか、1971）によると、過去の崩壊地を基準として崖・擁壁の総数につき検討すると、危険度大というのが約一〇パーセントになるという。

次に、台地上の水害に目をむけると、窪地での湛水というのが案外多い。もともと武蔵野には〝ダイダラ坊の足跡〟などと称せられる円い窪地や、ほそ長い〝マツバ〟あるいは〝シマッポ〟と呼ばれる窪地が沢山ある。それらのなかには地形図の等高線で凹地として示されているものもあるが、測量をすればとにかく、現地でみてもはっきりわからないような浅い、深さがせいぜい二〜三メートルといったものが多い。こういうところは下水が不備ならば、大雨のときには湛水し（20図の孤立した浸水域）、湛水した水は地下にしみこむか、蒸発しなければ消失しない。

ところで、このような浅い窪地には、地下の浅いところ（関東ローム層の直下）に難透水層があって、次の項でのべる宙水《ちゅうみず》地帯をなしているところが多いから、地下への透水がわるいのである。武蔵野西郊の台地面に家を新築しようという人は、よくよく地形を観察しないと思わぬ災難にあわないとも限らない。昔の住民は、長い経験からそういうことを承知していたとみえ、このような窪地に集落を作ることはなかった。たとえば、千葉市北郊の縄文中・後期の加曽利《かそり》貝塚では、集落を窪地の周りに馬蹄形に作り、窪地の底は空地にして一〇〇〇年以上も住んだ。中世・近世の武蔵野の住民は、窪地は特に地下水が浅いことを知っており、窪地付近に井戸を掘って集落を営んだけれども、窪地の中に家を建てるなどということはなかった。

さて、これらの窪地の成因であるが、それにはいくつかの説がある。一つは石灰岩地帯のドリーネと同じように、関東ローム層が地下に流されるというもの、もう一つは、大雨のときに宙水が地上にあふれだし、その溢流水《いつりゅうすい》が地表を侵食するというもの。さらに、このような窪地では水が溜まりやすいために、関東ローム層が水の作用で収縮したと考えられなくもない。カリフォルニアなどの乾燥地では、日本の地盤沈下が地下水の過剰揚水でおこるのと反対に、灌漑することによって多孔質の泥流《でいりゅう》堆積物が収縮して地盤沈下をおこしているから、多孔質のローム層が収縮する可能性もないではない。さらにまた、隕石落下による凹地だとか、風の侵食作用によってできた凹地ではないか、などとも考えられる。

武蔵野の窪地については、これまで詳しい研究がないが、類似の窪地のある加曽利貝塚の研究では、窪地になっているわけは、そこだけ立川ローム層の厚さが薄く、したがって立川ローム層の堆積中か堆積後に何らかの原因でローム層が薄くなったと考えねばならない。

筆者はいまのところ、宙水があふれ出して地表を侵食するというのがもっとも可能性のある説だと考えているが、確かな原因はまだわかっていないというほかはない。

非対称谷とその成因

山の手台地をきざむ谷の形をみると、左右の谷壁が非対称になっているものがある。とくにはっきりと、そのことがわかるのは、山の手台地の谷のなかで、もっとも大きい神田川と目黒川の谷である。

神田川の谷は、国電山手線でいえば高田馬場《たかだのばば》—目白《めじろ》間にあるが、この谷を国電が高架で走る車窓から、目白側（北側）をみると、かなり急な谷壁がつづいている。この崖の上の台地には学習院大学のピラミッド型の屋根〔二〇〇八年に解体され、現存しない〕がみえる。反対に高田馬場側をみるとだらだらとした斜面になっている。国電からはだいぶ東になるが、早稲田大学はこのだらだら斜面の途中から谷底にかけてキャンパスをひろげている。

目黒川の谷でも地形はまったくよく似ていて、この谷を高架で渡る東横線の中目黒《なかめぐろ》駅付近から、南面する谷壁をみると、大げさにいえば屏風のように崖がつづいているのに対し、反対の北むきの谷壁はだらだらと下りになっている。

どちらかというと、目黒川の非対称谷《ひたいしようこく》の方が神田川の非対称谷よりは、もっとはっきりみえる。それは前にのべたように、目黒川の場合は、北岸の淀橋台は、南岸の目黒台より高度が大きいので、その崖が高く、非対称が強調されるからである。このような次第で、目黒川北岸の台地上、つまり淀橋台の南縁は、切り立った崖上の眺望のすばらしい場所であった（22図）。江戸時代の、富士の信仰のさかんな頃には、この崖上に小形の富士がきずかれ、その中でも元富士（今は目黒区上目黒《かみめぐろ》一丁目のブルガリア公使館庭〔同公使館は大使館に昇

22図　目黒爺々ガ茶屋。広重筆、江戸百景より
目黒のサンマで有名なこの茶屋は目黒川低地の北の急崖の途中にあった。ここは今でも急な坂道である。

格、渋谷区に移転。跡地にはマンションが建っている〕・新富士〔目黒区中目黒二丁目の国際電信電話研究所〔同研究所は埼玉県ふじみ野市に移転、跡地にはマンションが建っている〕は江戸名所に数えられ、本物の富士を小形富士の山頂や山麓から眺めた。今なら東京タワーというところである。

このような非対称谷は、東京山の手だけではなく、関東の台地をきざむ谷にはふつうに見られるものである。台地ではないが、多摩丘陵の谷にもやや類似の地形がある。そして、これら非対称谷に共通するのは、南むき斜面が急で、北むきの斜面がゆるいことである。南むきについで急なのは南西むきの斜面である。

このような非対称谷はどうしてできたのであろうか。この現象に気づき、はじめてその説明を試みたのは東木竜七で、これを地盤の傾動による川の側方移動で説明した。一九三〇年ごろのことである。その説明とは、川が谷を侵食作用によって掘下げているときに、地盤が北下りに傾き、川が北へ移動していったので、北むきの谷壁はゆるくなり、南むきが急になったというのである。そうだとすれば、同じような非対称谷がある関東一円はすべて地盤が北に傾いたとしなくてはならないが、それでは、関東造盆地運動の現象と矛盾する。関東造盆地運動については、後でのべるが、関東平野の段丘の分布や、地層の傾きや、地層の厚さなどから、関東平野は、ちょうどお盆のように、中心部が相対的に沈降するような地盤運動をつづけてきた現象である。

こういう矛盾があるので、筆者は東木説のかわりに、日なた斜面と日陰斜面で谷壁の侵食の受け方がちがうためではないかと考えてみた。

寒さのきびしい冬の日々には、関東ローム層に霜柱がたつ。ときには五センチメートルほどもある見事なものさえみられることがある。霜柱は、火山灰の土地に特にできやすい。それは火山灰土の構造が水分を保有し、霜柱を成長させるのに具合がよいからである。

関東ローム層の切通しでみていると、南むきの日なた斜面では、土が乾いてしまって、霜柱ができないが、北むきの日陰斜面では、土が乾かず水分の量が多いから、霜柱がたち、日中になって気温が上がるとそれがとけてくずれ、それに伴なって土がずり落ちてゆく。次の夜がくるとまた霜柱が立つという具合で、冬の間このようなことがくり返されるのである。日陰斜面では、斜面がゆるくなっており、反対に日なた斜面は急だという所をみかけるのはこのためである。

これを大規模にしたのが、目黒川や神田川の非対称谷ではなかろうか。南むき、あるいは南西むきの斜面というのは、もっとも気温の高い昼ごろから午後にかけて日射をうける関係上、もっとも乾燥しやすく、霜柱のできにくい斜面に当るわけである。

もっとも、神田川の谷にしても目黒川の谷にしても、関東の台地の侵食谷が作られてきたのは、過去の数万年という長い年月を要しており、その間の気候は現在と同じではない。その間の気候については、のちにのべる江古田《えごた》植物化石やその他各地の植物化石および、日本アルプスの氷河地形などからも、あるいは世界各地の資料からも、今より寒冷な時期に当っていたとみられるので、上記の霜柱は今日よりさらに大じかけのものだったのであろう。

ここでは、一応霜柱説で非対称谷を説明したが、非対称谷の説明は、世界の各地で、いろいろなものが提示されている。ソビエト〔現・ロシア〕の大河では、地球自転による転向力（コリオリの力）で川が右にずれるために生じると説明される非対称谷もあるし、雪の積り方によって、説明されている非対称谷もある。

関東平野の非対称谷については、まだ実験的な研究も、くわしい観測もしていないから上の考えの当否は今後の検証にまつものである。

7　武蔵野の地下水

武蔵野の地下水のうち、地下深くにあって一気圧以上の圧力を有する被圧水《ひあっすい》は各地で水道水や工業用水として汲上げられており、その実体は、主として一九五〇年代以後に研究されてきた。一方、地下浅所にある不圧《ふあつ》地下水（自由地下水）については、東京の旧一五区（旧市内）に関しては復興局建築部の報告で大要が明らかとなり、武蔵野の全域に関しては、一九四〇年前後におこなわれた吉村信吉の研究で全貌が知られるようになった。

武蔵野台地の不圧地下水

吉村信吉（1942）は武蔵野台地の地下水調査について次のようにのべている。

……武蔵野台地の地下水はこれまで多くの学者により研究され、殊に地質学者の東京市付近の調査、矢島理学士の西部武蔵野台地の調査などは注意すべきものがあった。しかし中間地区は未調査であったので、著者は昭和十三年五月以来日本学術振興会の援助補助を得て調査中である。或は晩冬砂塵が煙幕のように吹きまくる中を顔を外けつつ自転車を走らせ、或はうららかな春の日和に麦畑を分けて彼方の屋敷林の中の井戸を訪ねて、地下水堆の存在に悦び、或は翠巒連なる西に向い桑畑の中を自動車で疾走したり、苦しく又楽しい幾多の思出を残した。初めて昭和十三年五月廿五日三宝寺池付近の地下水を調査した日の夕方など一日僅かに二キロメートル四方の状態が明かになっただけで、彼方の山麓まで無限に続く武蔵野の地下水全体が分るのは何時の日であろうかと途方に暮れたのであった。しかし漸く半年にして前人の気付かなかった地下水瀑布線を発見し、一年にして地下水堆を発見し、一年半にして宙水の分布を明かにすることができた。最後まで疑問であった野火止や、三富新田の地下水も丁度二年目大渇水に廻り合せて一先ず解釈がつくように思われてきた。やはり落着いて一つの題目を摑んで研究しないと真相をあばき得ないことが今更のように感ぜられた。この間調査した井戸の数は約二千に達した。……（吉村信吉著『地下水』より）

23図は、このような調査によって描かれた武蔵野台地の地下水面の形状である。この図を武蔵野台地の地形図と比較すれば明らかなように、両者は相当の類似を示し、地下水面の形は、第一に地形に支配されていることがわかる。

武蔵野台地の地形が、西方および北西方で勾配が急なのに対応して地下水面の形もこの方面で勾配が急である。また、武蔵野段丘と立川段丘の間の国分寺崖線で、地下水面は不連続的に低下している。この国分寺崖線では、武蔵野礫層とその下の上総層群の間から地下水が湧き出していることはさきにのべた。この崖線の南の地下水面の浅いところは野川の沿岸である。また、狭山丘陵の縁や丘陵中の谷ぞいには、丘陵の水が湧水あるいは流水となってい

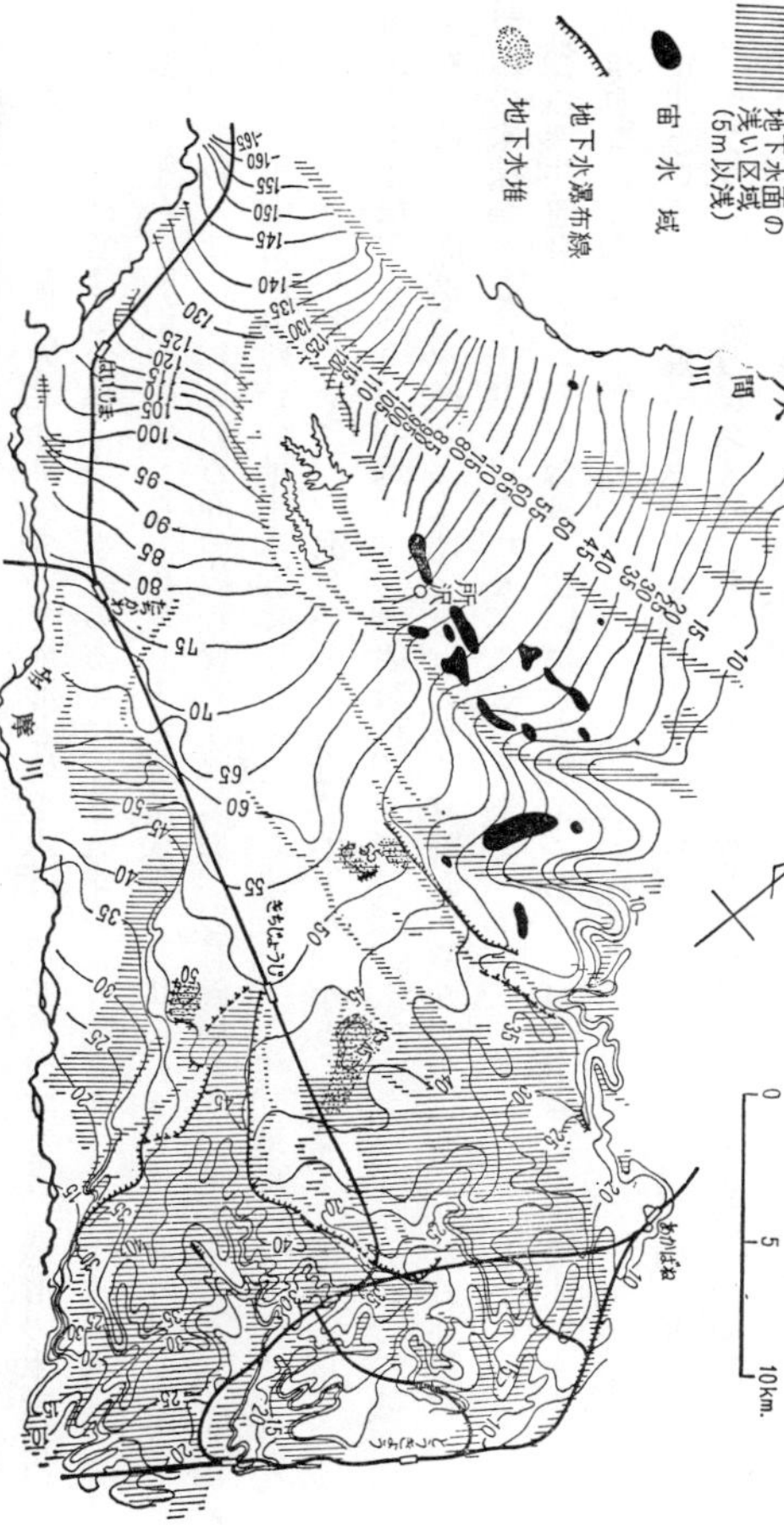

23図 武蔵野台地の冬の低水季における地下水面（吉村信吉、1940）等高線は地下水面の海抜高度（m）。

る地帯があり、ここは古くから集落が営なまれていたところと一致している。また、武蔵野台地をきざむ柳瀬川、黒目川、白子《しらこ》川、不老川などの谷ぞいの低地が浅井帯となっているのも地形との関係において理解できる。

ところで、武蔵野の北西部について地形と地下水面の形を比較すると、地形の上では段丘面が区別されているのに、地下水面の方では、それがあまり明らかでないようである。すなわち、金子台、所沢台のような高い段丘と武蔵野段丘・立川段丘との間で地下水面は差がついていない。これは、この方面の段丘は、すべて厚い段丘礫層をもっているために、高い段丘の地下水面も低い段丘の地下水面につづくところまで低下して、地形の影響が大きくでないのであろう。そのために、所沢台や金子台は、地下水面がとくに深く、地表から二〇〜二五メートルほどもあり、井底《せいてい》までの深さは所沢付近では二七〜二九メートルに達する。もっとも、地下水面は増水期と渇水期とでは大きく昇降し、夏から秋にかけての増水期には、井戸内の水深が一五メートル以上に及ぶことさえある。

この深井地帯である所沢台は、23図に示されているように、武蔵野台地でもっとも宙水が分布するところである。

宙水というのは、連続した地下水面の上方にはなれて、局部的な不透水層《ふとうすいそう》（難透水層）の上にたまった地下水のレンズで、もと民間での中水という名称が、字を改めて術語とされたものである。

24図は、所沢台の南北断面であるが、連続した地下水面の上にいくつかの宙水がみえる。

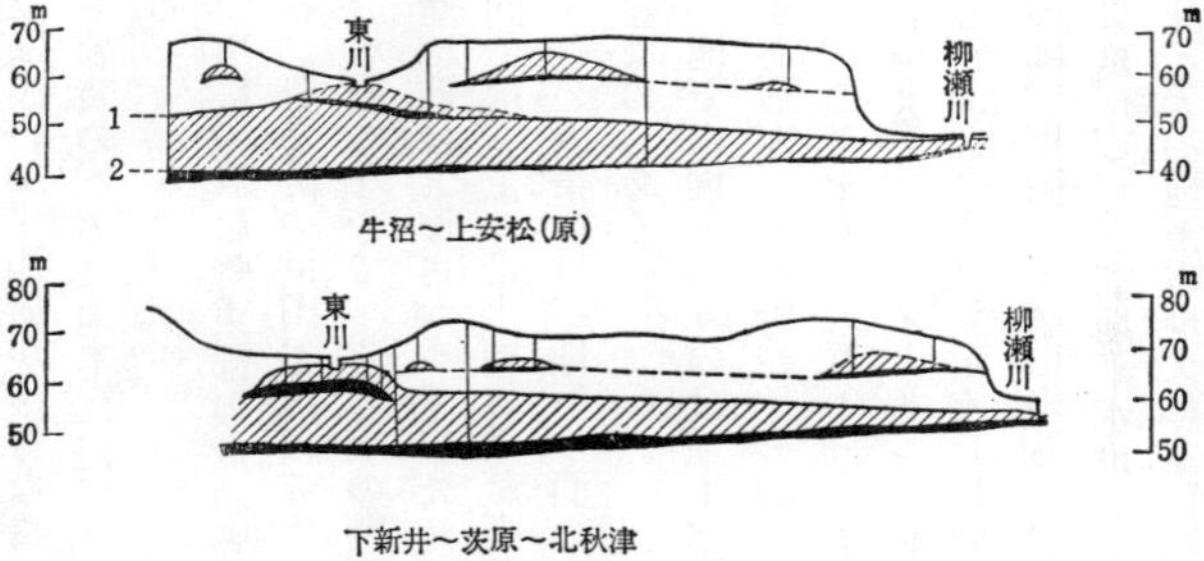

24図　所沢台の地下水、とくに宙水の断面（吉村信吉、1942）
右が南、左が北。1は増水時（1938年9月）、2は渇水時（1940年3月）の地下水面で、斜線は増水時の、黒は渇水時の帯水部。

この宙水は、厚さ約五〜六メートルの関東ローム層（立川ローム層と武蔵野ローム層）の下位の厚さ二〜三メートルの粘土質火山灰を不透水層とし、その上の関東ローム層を帯水層としてたまった地下水である。この宙水を支える粘土質火山灰は山の手台地の渋谷粘土に当るもの、つまり下末吉ローム層に対比できるものである。所沢台に分布するこの粘土質火山灰が、この台地の各地に宙水を作っているわけで、金子台にある宙水も同じ成因のものと考えられる。

武蔵野台地東部をみると、西部とちがって浅井地帯が広い。淀橋台や荏原台では、渋谷粘土層の上に、関東ローム層を帯水層として浅井地帯が発達しているが、この地域では、所沢台とちがって渋谷粘土層の連続性がよい上に、その下の東京層も不透水性のところが多いから、宙水とならずに連続した地下水面を形成しているのである。このようなわけで、淀橋台と荏原台の台地面は地下水位は浅いが、地形が複雑なために、地下水面の形は複雑である。もっとも、近ごろは、人家や舗装のために地下に浸透する水量が減少し、地下水量はへり、また水質も悪くなっている。

次に、武蔵野東部の武蔵野段丘は、地下水面が浅く四～五メートルのところがかなりある。豊島区や世田谷区はそういうところである。これは前にも記したように板橋粘土層が不透水層になって、その上の関東ローム層中に帯水しているものである。ところが、板橋粘土層は西ほど厚さがうすいため、荻窪あたり以西では不透水層となっていない。だからこの方面では、主な帯水層は武蔵野礫層となって、地下水面は深いのである。板橋粘土層がとぎれがちの地帯には、地下水面の形に変化がある。そのあらわれが地下水堆《ちかすいたい》や宙水や地下水瀑布《ちかすいばくふ》線なのである。

地下水堆というのは地下水面がもり上っているもので、一般的にはいろいろな成因のものがあるが、武蔵野台地の場合は本水《ほんみず》を支える不透水層より上にある局地的な不透水層のために、地下水面がもり上ったものである（25図）。ただし、宙水の場合は本水との間に数メートルまたは十数メートルの無水帯があるが、地下水堆の場合は無水帯がなく、本水の地下水面が局地的に四～五メートルもり上った形をなす。そして、局地的な不透水層となっているのは、板橋粘土層に当るものらしい。武蔵野の地下水堆には又六《またろく》地下水堆（保谷《ほうや》市〔現・西東京市〕）、上宿《かみじゆく》地下水堆（保谷市と田無市〔これら二市は合併して現在は西東京市〕）、井荻《おぎ》・天沼《あまぬま》地下水堆（杉並区）、仙川《せんかわ》地下水堆（三鷹市）などがあるが、妙正寺川と善福寺川

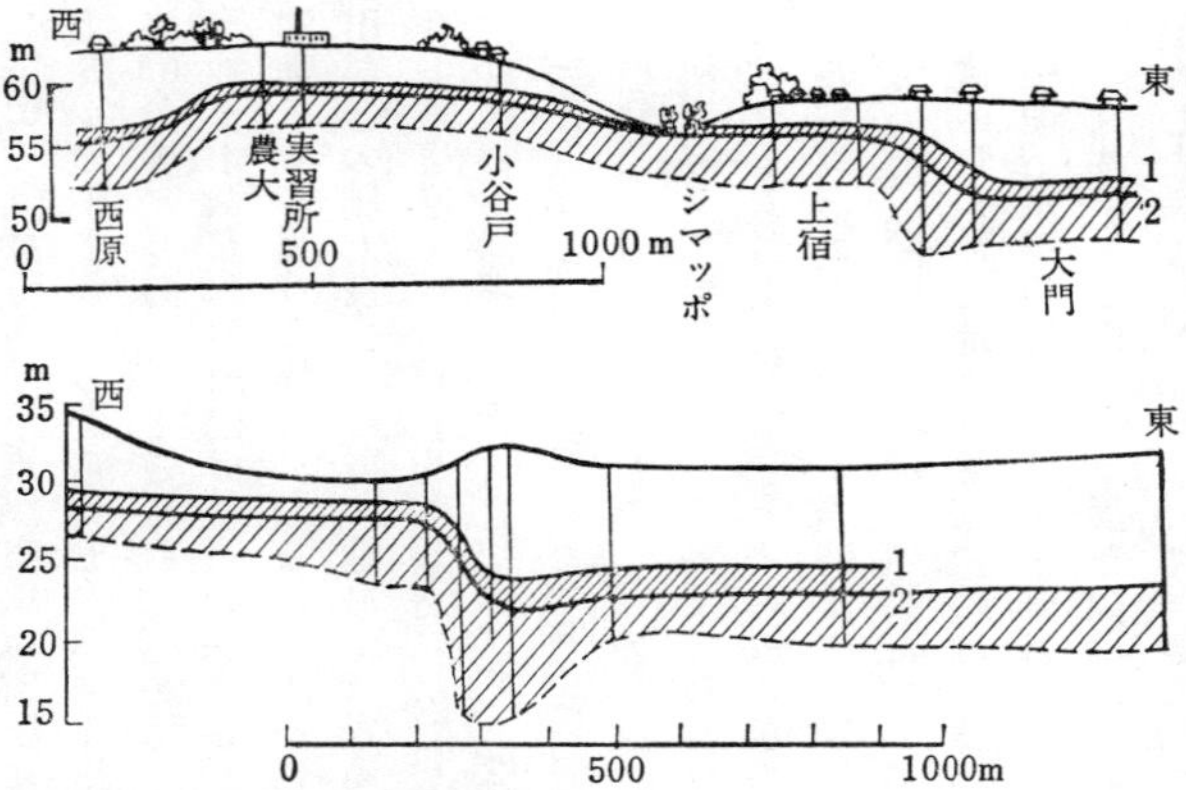

25図　地下水堆と地下水瀑布線の断面（吉村信吉、1940）

上図は上宿地下水堆で、1は1939年11月1日の、2は同11月15日の地下水面。下図は練馬区北町地下水瀑布線に直交する断面で、1は1939年10月の、2は1940年2月の地下水面。

の間にある井荻・天沼地下水堆がもっとも大きく、長径三・五キロメートル、短径一・一キロメートルほどである。天沼の地名は雨後に雨水の溜る湿地の意であって、地下水の浅いことを示している。

地下水堆にしても宙水にしても、その地域は浅い井戸で地下水を得ることができるので、古くから集落ができた、という例が多い。上宿は保谷村の発祥地となった古い集落で、寺や鎮守の社がある。所沢市も宙水に依存した集落から発展したという。深井地帯の中での地下水堆や宙水は砂漠のオアシスのような地域だったのである。

地下水瀑布線というのは、地形とは関係なく、地下水面の勾配が大きく、急流状または瀑布状をなす線である

(25図)。武蔵野の地下水瀑布線は23図に記してあるように、いくつかある。落差は二～三メートルの小さいものから、七～八メートルのものまであり、地下水面の勾配も大小あるが、二〇分の一ぐらい、ときには一〇分の一以上もある。

地下水瀑布線の成因は、その線をさかいに不透水層が消失することであるが、不透水層の消失は次のような場合におこる。(1)不透水層が断層又は撓曲で変位したとき。(2)不透水層が川などの側方侵食で一方の地域ではなくなり、その上を透水性の地層が埋立てて地表を平坦化したとき(埋没段丘崖《まいぼつだんきゆうがい》の場合)。(3)はじめから不透水層が一方だけ堆積したとき。

武蔵野台地では(1)には該当せず、(2)の埋没段丘崖か、(3)の不平等堆積であるが、吉村(1940)は、埋没段丘崖によるものではなく関東ローム層堆積初期における粘土の不平等な堆積によるものと推論した。この粘土というのはすなわち板橋粘土層(ところによっては渋谷粘土層?)である。ところで、板橋粘土層は、氾濫原に堆積した粘土質堆積物(一部は下末吉ローム層上半部)と考えられるから、地下水瀑布線とは、武蔵野段丘面を流れた古多摩川の、関東ローム層降下当時まで礫が地表にあらわれていた河床部分と、粘土や細砂が堆積していた氾濫原部分の境に生じたものではないだろうか。

武蔵野台地の地下水瀑布線には、練馬区北町《きたまち》地下水瀑布線、大泉《おおいずみ》地下水瀑布線、高井戸・淀橋地下水瀑布線、千歳《ちとせ》・祖師谷地下水瀑布線などがある。これらのうち、もっとも長くつづく高井戸・淀橋地下水瀑布線は、淀橋台の北西縁にほぼ一致するけれども、渋谷粘土層を侵食した埋没段丘崖によってできたのではなく、上記のように、板橋粘土層の有無によって生じたものであろう（貝塚・戸谷、1953）。

武蔵野台地の地下構造と被圧地下水

第二次大戦中から、東京区部以西の武蔵野台地へと工場が進出し、一九五五年ごろからは住宅・団地が建設されるようになって、武蔵野西部の人口は急増した。それに伴って、武蔵野西部には工業用・水道用・ビル用の深井戸が多数掘られるようになった。自由地下水の井戸では揚水量が少なくて間に合わなくなったからである。北多摩地区（旧北多摩郡、一八市よりなる〔田無市と保谷市の合併により計一七市に〕）の深井戸数は、一九五五年ごろ三〇本ぐらいだったが、一九六五年には二五〇本ぐらいとなり、一九七〇年代後半では五〇〇本をこえるであろう。これに伴って、これらの井戸による揚水量も増加の一途をたどり、北多摩地区では日平均量で一九六〇年に約一二万立方メートル、一九七〇年には約七〇万立方メートル、一九七二年には七七万立方メートル（年間では約二八〇×10^6立方メートル）となった。井戸の深度も次第に深くなり、深さ三〇〇メートル余に達するものがある。

これらの深井戸の水は、前節の自由地下水ではなく、難透水層におおわれて大気圧以上の圧をもつ水だから、被圧地下水と呼ばれるものである。被圧地下水の人工的な揚水によって、武蔵野台地の地下水は、自然の平衡状態が破られ、大きく変動している。それは地表の変化として目にみえないけれども、地下水の枯渇とか地盤沈下というゆゆしい問題を生じるに至っている。地盤沈下については後に述べるとして、ここでは武蔵野の被圧地下水の人為による変化と、その地下水を含む地下深くの地層とその構造についてのべよう。この方面の研究は、一九六五年ごろから進展した。この節で紹介するのは、新藤静夫（1968, 1970）や南関東地方地盤沈下調査会（1974）によってとりまとめられた成果の一部である。はじめに、地下の構造を概観しよう。

　これまでにも述べたように、武蔵野台地の地下全域にわたっては、上総層群（三浦層群）が厚く分布している。この地層のつづきは武蔵野台地の南側と西側で地表に露出して、多摩丘陵をはじめとする丘陵の主要な構成層となっている。南側の多摩丘陵ではこの上総層群は東ないし北東にゆるく（一〜三度）傾き、西側の加住丘陵（浅《あさ》川—秋《あき》川間）、草花丘陵（平《ひら》井《い》川—多摩川間）、阿須山《あずやま》丘陵（または加治《かじ》丘陵、武蔵野台地—入間川間）では東方にゆるく傾く。武蔵野台地の地下の上総層群は狭山丘陵より西では西側丘陵と同様に東に一〇〇分の一ぐらいの勾配（一度たらず）で傾いているが、狭山丘陵より東では北東ないし北に一〇〇分の一〜二〇〇分の一の勾配で傾いている。地層の厚さは四〇〇メートル以上あって下限はさだかでない。武蔵野西部では主に礫よりなり、中部では、砂層《さそう》・泥層《でいそう》が主体をなし、ここでは海成層である。[*1]

　上総層群の上限は凹凸があり、それは北東に向って流れた多くの河川が上総層群を侵食して作った谷地形と考えられる。それをおおって武蔵野の中・東部では、成田層群（新藤の東京層群、その上部は東京層）の砂・礫・粘土の互層を主体とする地層がある。さきにのべた武蔵野礫層は、東京層を平らに侵食して重なっている。以上の地質構成は、武蔵野をほぼ東

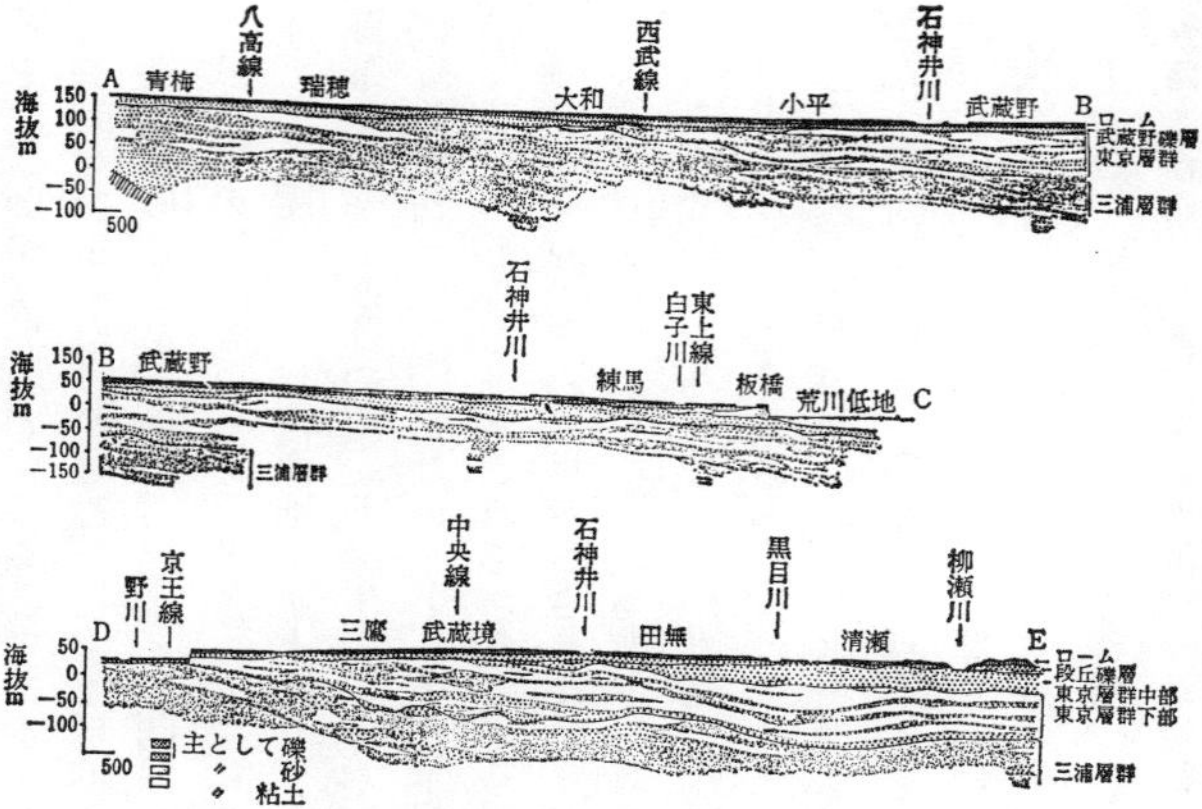

26図　武蔵野台地のほぼ東西（上２段、A－B－C）および南北（下段、D－E）地質断面（新藤、1970による）

西と南北に切る断面（26図）をみると具体的に理解できよう。東京層群は、北東へと厚さを増し、板橋区付近では二〇〇メートルぐらいの厚さになっている。[*1]

　この断面図でみられるように、武蔵野台地の地下には、かなり連続する砂層や砂礫層が何枚もあって、それらが被圧地下水の帯水層（透水層）となり、26図で白抜きで表現した粘土層が難透水層となっているのである。

　ところで、これら透水層中の被圧地下水は、かつては多摩川ぞいの低地の掘抜井戸などでは自噴していたが、揚水量が多くなると、井戸管中の水位（水頭）が次第に低下してきた。

　武蔵野市付近では、一九五五年ごろから、年に二〜五メートルずつの低下をきたしている。このことは、地下水の揚水が補給を上まわっているということである。被圧地下水の補給量の推定はむずかしい。それは、人為的な揚水がなければ被圧地下水は飽和していて動かないが、揚水され、水頭が低下すると補給もはじまるという、揚水との関係がある上に、実態が観測しにくいからである。

武蔵野の被圧地下水の供給源としては二つが考えられる。一つは武蔵野台地に降った雨が地下に浸透して一旦自由地下水となり、それがさらに被圧地下水となるものであり、他は武蔵野の西部や南部の川（多摩川等）の水が河床から上総層群に浸透するものである。武蔵野に降る年約一五〇〇ミリメートルの降水量のうち、自由地下水になる量は、およそ年間三〇〇ミリメートルと推定されており、さらにそのうち二〇〇ミリメートル余が被圧地下水になるのではないかという推定がされている。多摩川からの補給量については少なくとも年四五～六〇×10^6立方メートルという推定がある。

ところで先にみたように、一九七〇年代初頭の北多摩地区での揚水量は年約二八〇×10^6立方メートルで、この地区の面積は二六三平方キロメートルであるから、平均的には年約一〇〇〇ミリメートルの厚さの地下水が揚水されている勘定になる。地層の中で、流動する水を含みうる間隙の率は一〇～二〇パーセントといわれるから、一〇〇〇ミリメートルの厚さの地下水は、五～一〇メートルの厚さの地層中の地下水に当り、水頭低下としては五～一〇メートルに当る。

上の数字からみると、おおざっぱにいって、武蔵野の被圧地下水は、揚水量の二割ぐらいが降雨から、二割ぐらいが河川から補給されているのであろう。それによって、補給がなければ年五～一〇メートルの水頭低下があるはずのものが、実際にはこれより小さく、二～五メートルの水頭低下となっているのだろう。いずれにしても被圧地下水の補給量は、現在の揚水量にくらべて小さい。武蔵野台地のように地下の地層が砂礫が多くて透水性がよくてもこうである。のちにみる東京低地の地下のように粘土の多いところでは、補給はほとんど無いと考えねばならないのである。

III

氷河時代の東京

日本アルプスの立山にみられる氷河の跡（図中央の凹地が山崎圏谷）

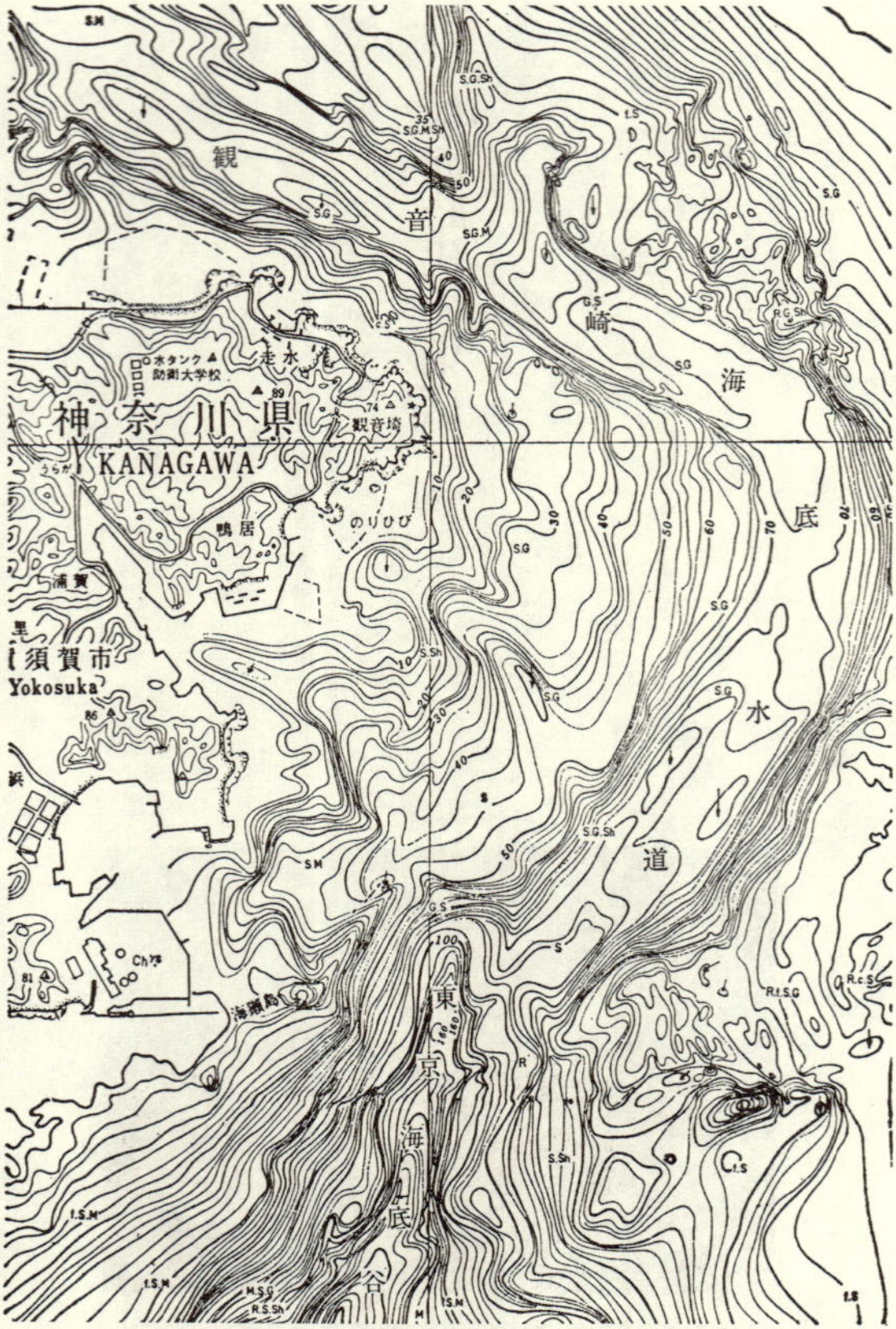

５万分の１海底地形図「浦賀水道」（海図第6363号）にみられる古東京川の谷（観音崎海底水道）と東京海底谷の谷頭部（この縮尺は約1/96000）（海上保安庁承認第510301号）

1　関東ローム層

武蔵野というと、国木田独歩《くにきだどっぽ》の『武蔵野』がよく引き合いにだされるが、独歩の描写した明治三〇年（一八九七年）ごろの、雑木林や野や小川のせせらぎは今の武蔵野では探しだすのは至難となった。しかし、独歩が武蔵野の点景として記し、さらに遡っては広重《ひろしげ》が『名所江戸百景』の中に、しばしば文字通りの点景として描いている富士山は、今でもスモッグのぬぐわれた冬の日など、東京のビルの上からも見ることができる。都心から富士山のみえる日が少なくなったことは、日本の歴史のある時点では工業化・都市化の進んだ証拠として喜ぶべきことだったかもしれないが、今日では、逆に富士山の見える日が多くなることが、東京の住みやすさのバロメーターになるであろう。

ところで、武蔵野の点景である富士山からの火山灰が武蔵野を構成する重要な地層――関東ローム層なのである。関東ローム層は、武蔵野の地表をおおうばかりではない。それは、関東一円の台地・丘陵・山地をおおい、また類似の火山灰は、北海道南部・東北・中部・九州などに広く分布して、日本の土を特徴づけるものとなっている。

関東ローム層の研究

江戸時代には、関東ローム層は赤土《あかつち》または野土《のづち》などと呼ばれていた。大規模な土木工事もあった江戸時代であるが、赤土の性状や成因について記した文書は知られてはいないようである。関東ローム層はまず、地質学者のブラウンスや土壌学者のフェスカ（M. Fesca）など、外人教師によって科学的に観察されるようになった。そして、ローム（loam）と呼ばれ、壚母の字が当てられた。

ブラウンスは、ドイツの地理学者のリヒトフォーヘンが中国のレス（黄土《おうど》）についてのべたと同様、ロームは主に風の作用で堆積したものと考えたが、火山灰であるとは考え及ばなかったようである。ブラウンス門下の鈴木敏《すずきさとし》は東京の地質調査や地下水調査をしたが、このとき関東ローム層をくわしく観察し、それが地形の凹凸にしたがって堆積していることから風による堆積物であり、かつそれは主として西方の火山からの火山灰であるとのべたのである（鈴木敏、1887）。

しかし、この見解に対し、ローム層中に礫《れき》が入っていることから、これは風の作用で堆積したのではなく、河川の堆積物であるという見解も表明された。今日では、関東ローム層は、局地的には河川による堆積あるいは海中での堆積物であるところがあっても、多くは風によって運ばれて陸上に堆積した火山灰であると考えられている。

ところで、ロームという名称であるが、もともとloam（壌土）というのは、砂と粘土がほどほどにまじった粒度組成をもつ土の名称である。またヨーロッパの土壌学者は、粒度組成だけでなく、比較的可塑性をもった土壌ないし、顕微鏡下で平行配列をしめす粘土粒子に対してロームの術語を用いるという。このようにロームが普通名詞であり、また、しばしば粘土含量が多すぎる関東の赤土を単にロームと呼ぶのは適当でない。そこで、矢部長克は赤土の地層名として関東ロームを用いることを提唱したのである。また人によっては関東火山灰層の名称を用いている。なお、上のように、ロームの語には火山灰の意味はまったくないのに、日本語のロームはときに火山灰の意味で用いられることがあるのは本来は誤りである。この本では地層名としては〝関東ローム層〟を、その部分の物質名としては単にロームを用いることにする。

関東ローム層は一九三〇年以降に、原田《はらだ》正夫《まさお》や中尾《なかお》清蔵《せいぞう》によって、鉱物組成、粒度組成およびその中にはさまれる軽石《かるいし》層の分布などが調査された。また関東南西部のものは、津屋《つや》弘《ひろ》逵《みち》や久野《くの》久《ひさし》などによる鉱物や岩石の調査がある。これら調査の結果、関東ローム層の起源は北関東のものは、浅間《あさま》・榛名《はるな》・赤城《あかぎ》・男体《なんたい》などの諸火山に由来し、南関東のものは、富士・箱根《はこね》のものと考えられるようになってきた。しかし、関東ローム層の層序が確立し、分布が明らかにされ、関東の第四紀《だいよんき》の地史の解明の手がかりとして利用されるようになったのは、さきにのべたように、戦後、関東ローム研究グループが発足してからのことである。

この研究グループの発足は、一九五三年に地学団体研究会がひらいた関東ロームに関する講演会がきっかけとなった。そして、地形・地質・土壌・考古学など各分野の学生や若い教師による野外調査が、日曜日を利用してはじめられ、数年ののちには日曜巡検の回を重ねること百数十回に及んだ。この研究はひろい関東平野をほぼおおいつくし、一次鉱物・粘土鉱物・土壌などの研究を含めて、発足後一〇年余の一九六五年にその成果の集大成が『関東ローム――その起源と性状』として刊行された。

この本によって関東ロームの研究は一時期を画したが、さらにその後、関東第四紀研究グループや町田洋《まちだひろし》など多くの研究者によって研究は続行され、とくに古期のローム層（下末吉ローム層と多摩ローム層）や関東ローム層の絶対年代に関する知見が著しい進展をみせた。[*5]

関東ローム研究グループ（1961）によると、関東ローム層は、〝関東地方の洪積世《こうせきせい》火山灰層〟と定義されている。

関東ローム層の構成と起源

南関東の関東ローム層は前記のとおり、立川・武蔵野・下末吉・多摩の各ローム層に分けられており、その分布はおよそ27図のようになっている。すなわち、もっとも古い多摩ローム層は、東京の近郊では、狭山丘陵や多摩丘陵などの古い段丘面（多摩面）の上にあり、さらにその上位には、模式的にいえば、より新しい火山灰である、下末吉・武蔵野・立川の三ローム層がおおう。しかし、実際には、丘陵の斜面に堆積したローム層はのちの侵食作用のために流失している部分がかなりあるので、必ずしも新しいものが順序よく重なっているわけではない。

東京近郊で、交通の便もよく、多摩ローム層が見やすい場所は狭山丘陵と多摩丘陵である。狭山丘陵は山口・村山の貯水池やユネスコ村〔一九九〇年に閉園〕・西武園などもあって、東京からの日帰りの行楽地であるが、この丘陵の東部はほとんど多摩ローム層よりなっ

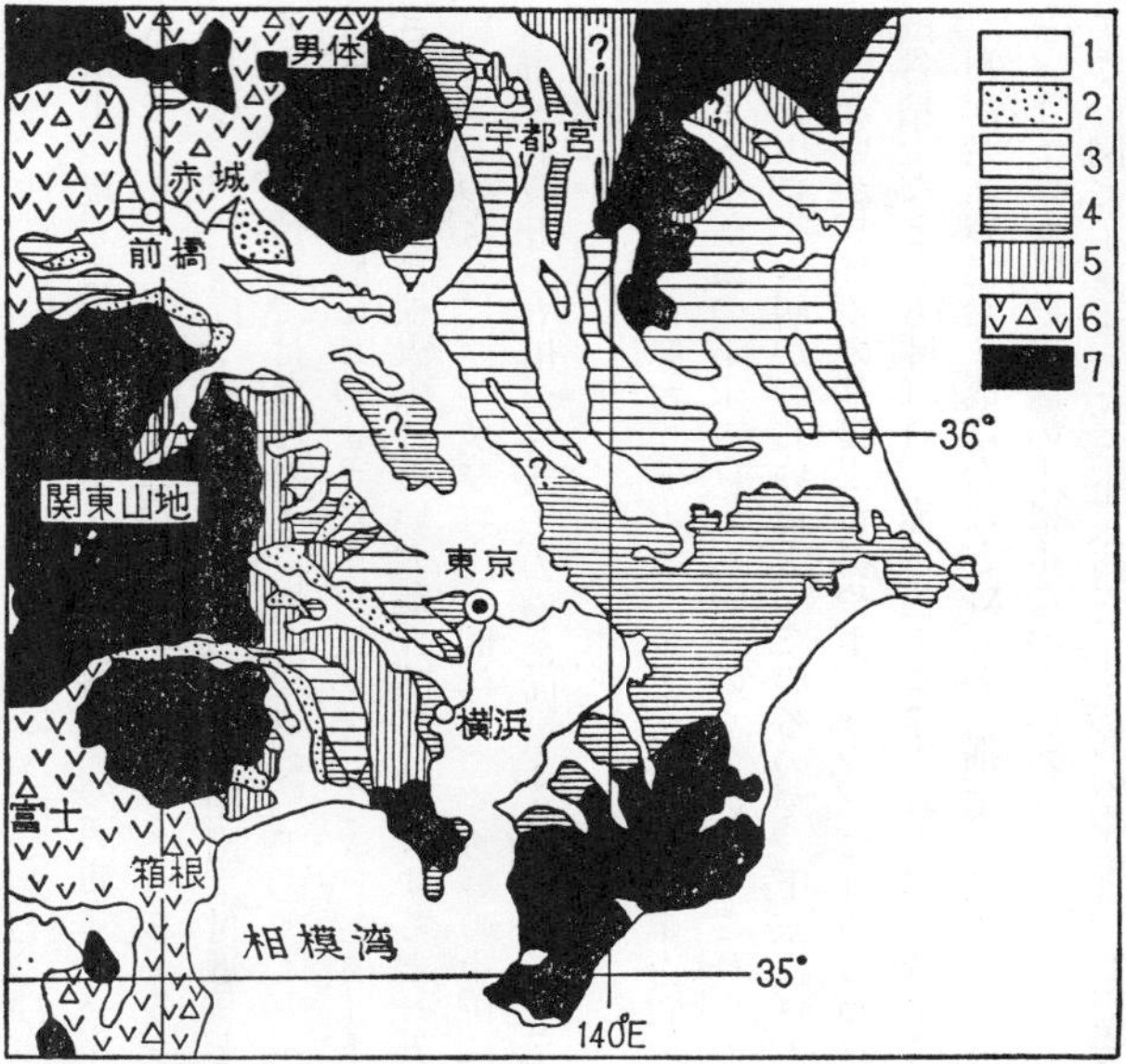

1. 沖積地
2. 立川ローム層と上部ローム層（北関東）
3. 武蔵野ローム層と中部ローム層（北関東）
4. 下末吉ローム層
5. 多摩ローム層
6. 火山
7. 山地

27図　関東ローム層の分布（関東ローム研究グループ、1965）
段丘面上のもっとも古いローム層を示す。それより新しいものは、その上に重なっている。今日では改訂を要する部分があるが、今でも不明のところがあるので、このまま掲載する。*4

ている。西武園の遊園地やユネスコ村にみえる赤土、および両者の間をむすんでいる〝おとぎ電車〔現・西武山口線の区間に相当〕〟の切通しにみえる赤土はほとんどすべて多摩ローム層であり、その厚さは二〇メートルに達している。多摩丘陵で多摩ローム層を見やすいところは、登戸《のぼりと》の向ヶ丘遊園〔二〇〇二年に閉園〕付近、とくにオシ沼集落の北の切通しであろう。この付近では多摩ローム層の厚さは約二〇メートルである。[*6]

多摩ローム層はこのように東京近郊で二〇～三〇メートルの厚さがあるが、横浜付近ではさらに厚く、箱根火山に近い大磯《おおいそ》丘陵では累計すると一五〇メートルをこえる厚さとなっている。このように厚い多摩ローム層は五つぐらいの単位に細分されているが、それぞれが下末吉・武蔵野・立川の各ローム層に匹敵するような厚さと堆積期間をもっているものである。

次に淀橋台・荏原台・所沢台・金子台などの下末吉面（S面）には28図に示すように厚さ五メートル前後の下末吉ローム層がのっている。これらの台地では、その上に武蔵野ローム層や立川ローム層がおおい重なっているので、下末吉ローム層が露出しているところはほとんどないが、ビルの基礎工事場やボーリングにはあらわれる。下末吉ロームは前記のように渋谷粘土などとも呼ばれ、赤褐色のローム状を呈しないことも多い。

目黒台・豊島台・成増台などM_1面の台地では28図のように、下末吉ローム層の上半の二～三メートルがM_1砂礫《されき》層の上に重なっている。

この図に示すように、下末吉ローム層の中には、白色～黄色～橙色の軽石が挟まってい

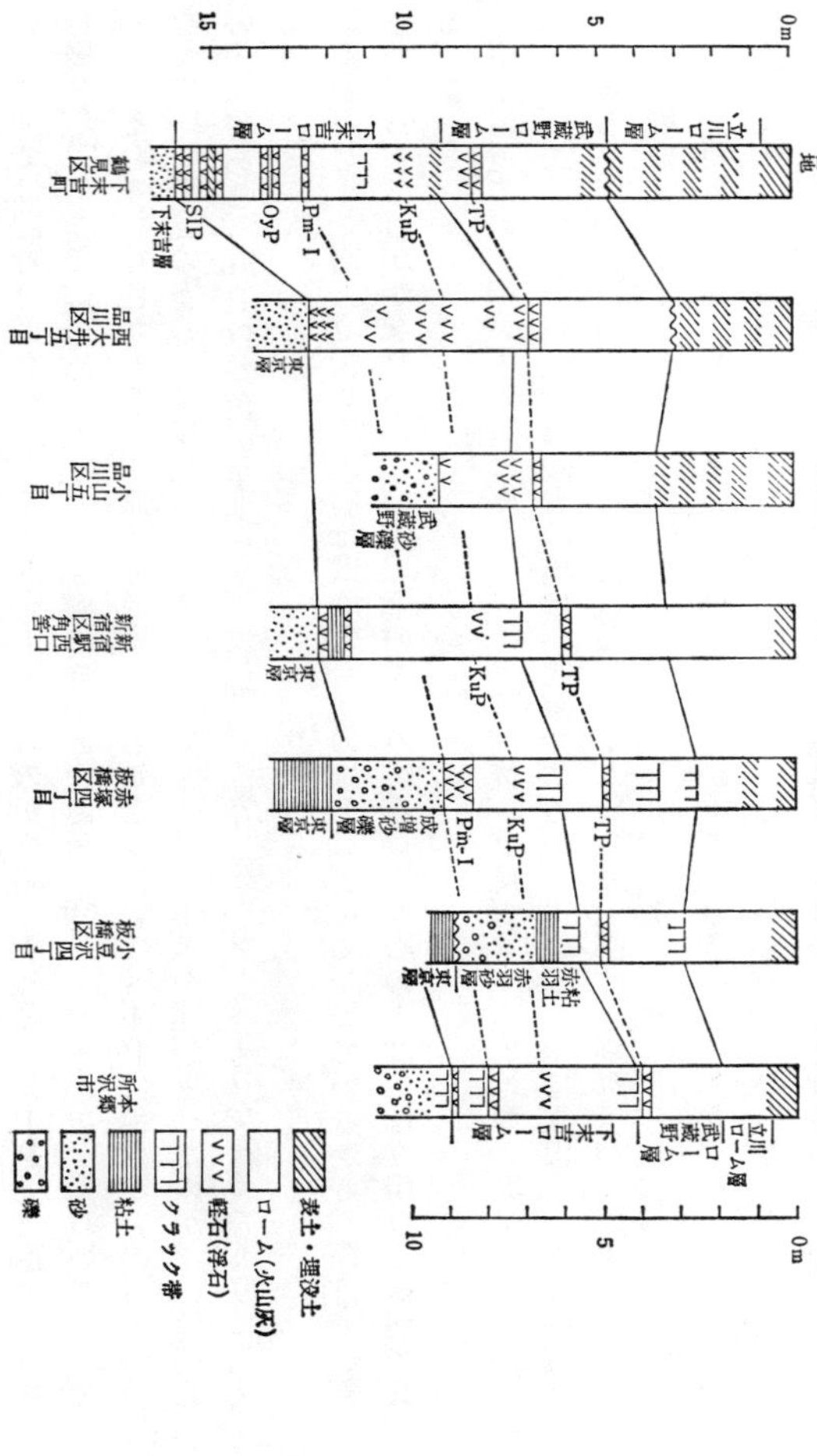

28図　東京付近の諸台地における関東ローム層の代表的な地質柱状断面

て、これが下末吉ローム層の中での層位を示している。軽石にはそれぞれ名前がつけられている。図では記号で書かれている名前を下位のものから紹介すると、SIP（三色アイス軽石層）、OyP（親子軽石層）、Pm－I（御岳第一浮石層）、KuP（栗ようかん軽石層）などである。それぞれ特色があり、肉眼でも識別できることが多い。SIPは色ちがいのものが重なっていて、夏の暑い日に調査したとき、三色アイスクリームを連想させたのがこの地層名の由来である。KuPは茶色の生地に黄色い軽石が塊状に入り、栗ようかんそっくりにみえる。

武蔵野ローム層と立川ローム層は武蔵野台地のほとんどをおおっているから、今日でも観察できるところがかなりある。道路工事の溝にみえるローム層の大部分は立川ローム層である。

東京付近での立川ローム層は厚さ三メートル前後、武蔵野ローム層は厚さ四メートル前後である。ごく新しい露頭《ろとう》では両者の境は不明瞭であるが、古い露頭では立川ローム層の方が色が明るく、割れ目が少ない。ことに武蔵野ローム層の最上部には割れ目が発達するから、両者の境は誰にもよくわかる（29図）。

次に関東ローム層の起源について、今までにわかっている点をのべよう。

立川ローム層や武蔵野ローム層から一塊の土をとり、茶わんのような容器に入れ、水を加えてよくこねる。水を増してかきまぜ、褐色の泥水に浮ぶ細かい泥を、茶わんを傾けて流しさる。さらに水を加えてこね、再び細かい泥を流す。これを繰り返すうちに容器の底に残る

29図　関東ローム層の崖
池上本門寺付近。崖の高さは約 7 m、TL（白っぽい層）：立川ローム層、ML（割目の多い層）：武蔵野ローム層、TP：東京軽石層（武蔵野ローム層はこの下約20㎝まで）。

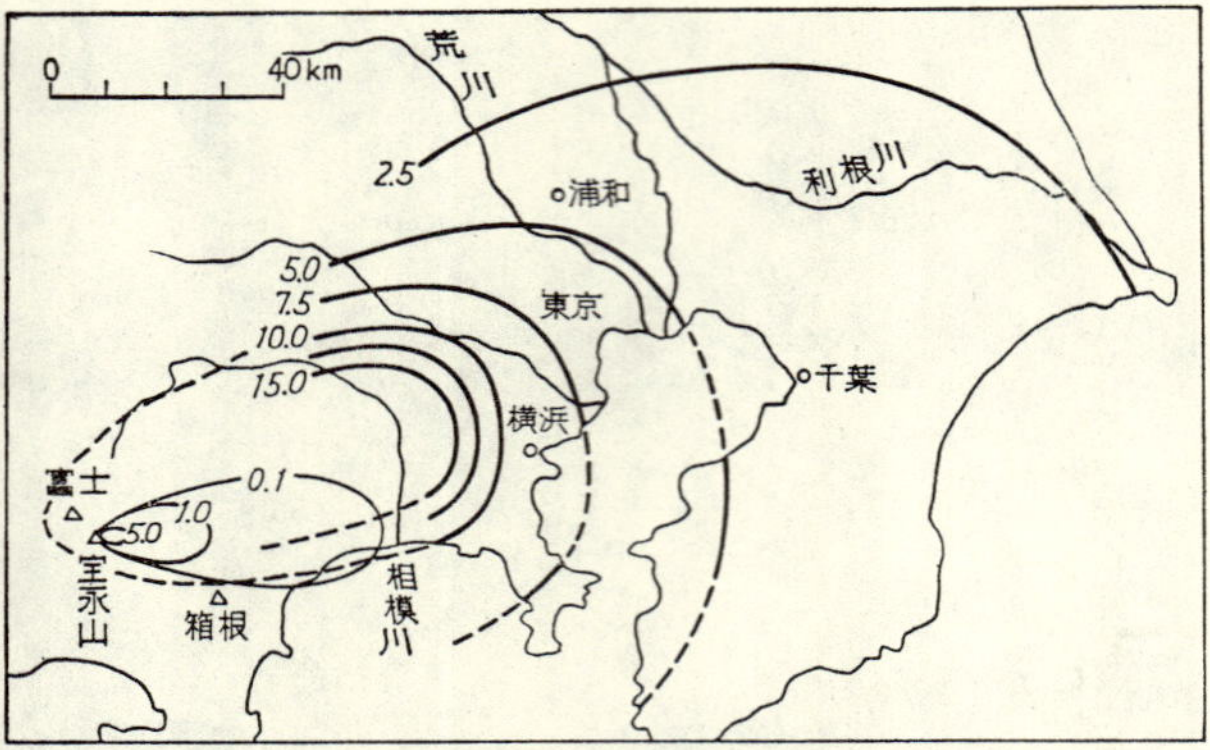

30図　富士山からの火山灰の厚さ（m）
太線は立川ローム層と武蔵野ローム層を合せた厚さ（貝塚、1963)、細線は宝永山の爆発による火山灰の厚さ（津屋弘達、1945による)。

のは、美しい結晶形を示す比較的大つぶの鉱物や岩片となる。この鉱物をルーペや顕微鏡でみると、主体をなすのは、斜長石《しやちようせき》、カンラン石、輝石《きせき》である。ほかに、岩片、火山ガラス、磁鉄鉱《じてつこう》なども見られる。このような鉱物組成は、このローム層が玄武岩《げんぶがん》質の火山灰であることを示している。ところで、東京付近の新しい火山で玄武岩質の熔岩をだしているものは、富士山と伊豆《いず》半島東岸の大室山《おおむろ》火山群と伊豆大島《おおしま》の三原《みはら》山ぐらいであるから、立川・武蔵野ローム層の起源は、富士山の可能性が大きいと考えられる。

さて、このローム層の厚さの分布を南関東各地の28図のような資料から描いた結果は30図のとおりとなった。見られるとおり、富士山の方に厚くなり、富士山を中心として東の方へ楕円形にのびている。この

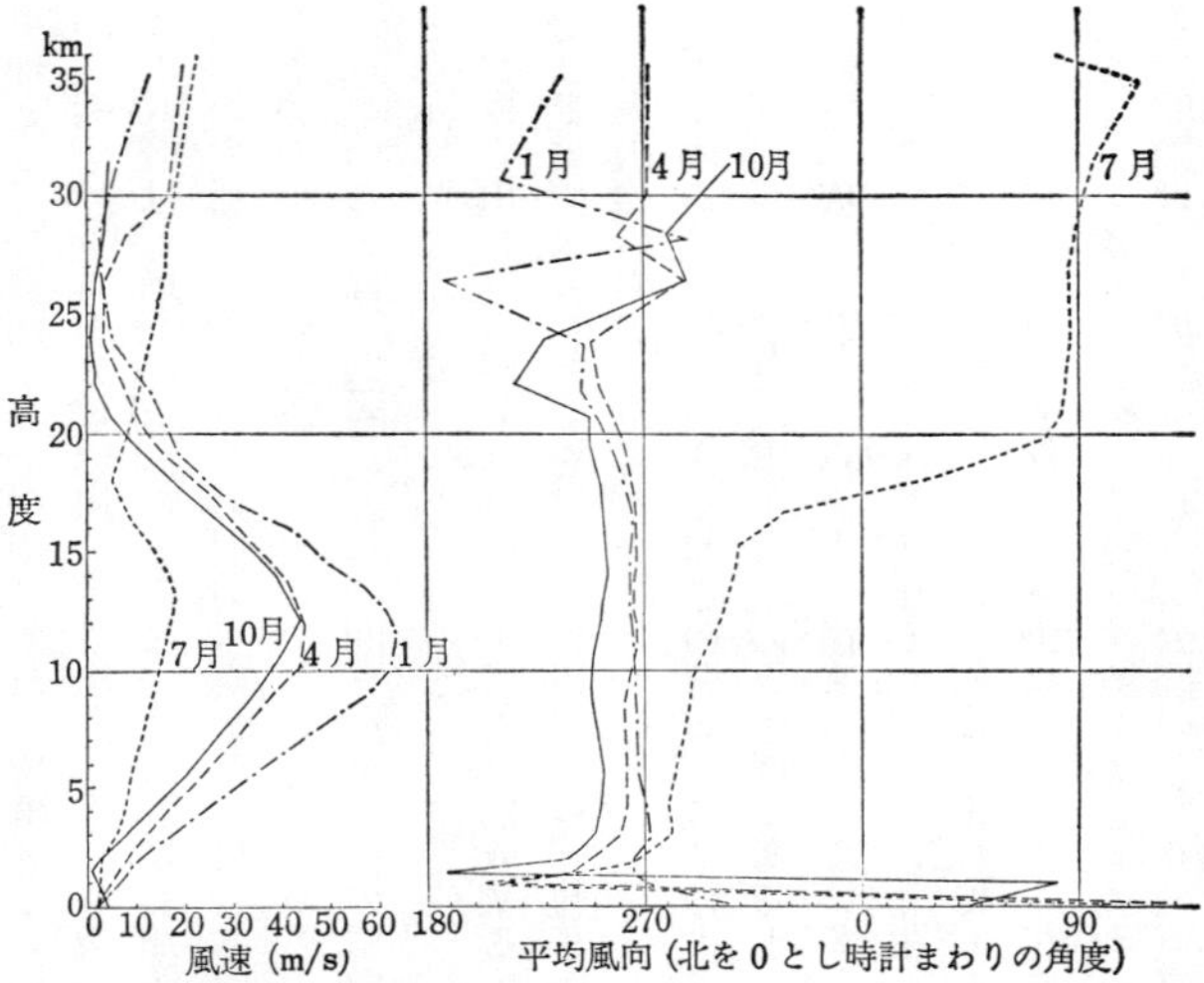

31図　関東平野の上層風
茨城県館野での1956～60年の間の観測による。

図をみれば、28図に示すローム層の厚さが南（左側）から北（右側）へ薄くなってゆくわけが理解できよう。火山灰が火山の東の方に降るのは、上層風《じょうそうふう》〔地面との摩擦のなくなった、およそ一キロメートル以上の高さのところに吹く風〕がほとんど一年を通じて西風だからであり、それは日本に限らず中緯度地域では共通のことである。

　関東平野の上層風がどのように吹いているかをみると、31図のようになっていて、海抜約二キロメートルから、約二〇キロメートルまでは偏西風が季節をとわず強く吹いている。ところでこの偏西風の風向をくわしくみると、それは平均としては真西よりやや南にずれ、W10°Sぐらいの風向を示している。ところがこの風向が、関東ローム層の等厚線の示す風向とよく一致しているのである。立川ローム層と武蔵野ローム層は、以下にのべるように、約六万年前ないし一万年前までの約五万年間に数百回の富士の大噴火（およびその間の小噴火？）による火山灰であるから、それが示す風向は約五万年間の平均風向とみて差支えないと考えられる。

以上のことは、過去数万年の間、東京上空の風向がだいたい今と同じ向きに吹いていたことを示すのである。

次に立川ローム層と武蔵野ローム層を構成する火山灰の粒子をみると、下総台地より武蔵野、武蔵野より相模野と富士山に近づくほど粒子が粗くなり、御殿場《ごてんば》付近では、褐色の多孔質の火山礫の累層となる。

以上にあげた鉱物組成、厚さの分布、粒子の大きさの分布によって、立川ローム層と武蔵野ローム層の大部分は富士火山の火山灰であるといえる。ここに大部分といったのは火山灰の鉱物組成の一部には富士山の由来らしくない角閃石《かくせんせき》や石英《せきえい》があり、また明らかに鉱物組成からも厚さの分布からも富士山からでなく、箱根からでたと思われる軽石層（TP、東京軽石層など）が武蔵野ローム層の下部に挟まれているからである。

ところで立川ローム層・武蔵野ローム層の岩相《がんそう》をくわしく観察し、またその鉱物組成を精査すると、層位によって多少のちがいが認められ、こまかくローム層を細分することもできる。32図は、駒沢《こまざわ》オリンピック公園のとなりの東京都立大学工学部（現・世田谷区深沢二丁

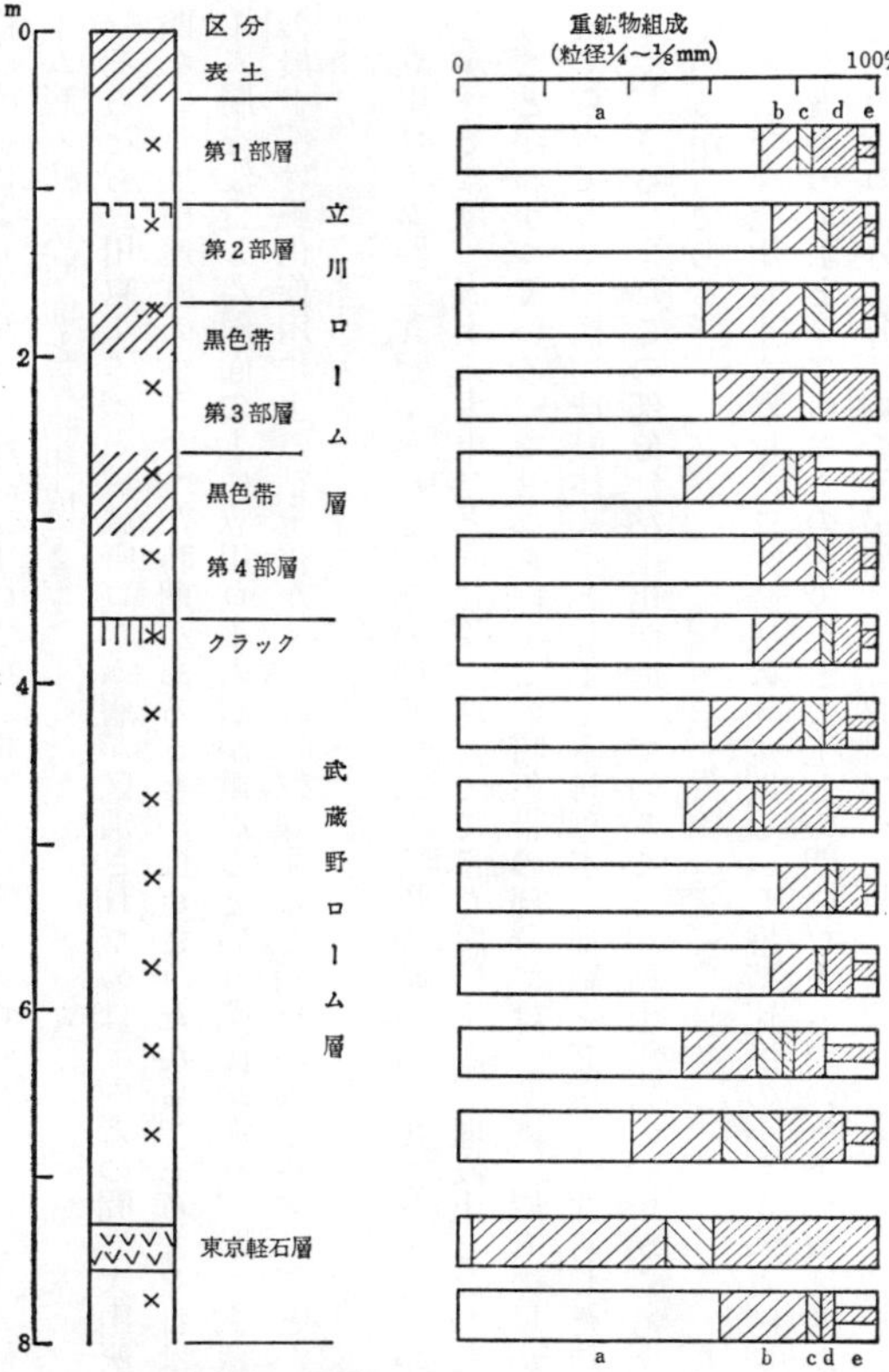

32図　武蔵野台地（世田谷区深沢町）における関東ローム層の柱状図と重鉱物組成（重鉱物組成は戸谷洋による）
a：かんらん石、b：しそ輝石、c：普通輝石、d：磁鉄鉱、e：風化粒

目。東京都立大学は八王子市南大沢へ移転。その後、首都大学東京となり、「工学部」の名称は改組により消滅）の建設工事のさい、根切りの穴にあらわれた立川ローム層と武蔵野ローム層の柱状《ちゅうじょう》断面と鉱物組成である。

そもそも立川ローム層と武蔵野ローム層が区別されたのは、両者の間に火山灰堆積の休止期ないし堆積速度の小さかった時期があることが推定されたからである。それは、武蔵野ローム層を侵食した斜面の上に立川ローム層が重なるという関係があり、かつ武蔵野ローム層の最上部は風化作用による粘土化がすすみ、乾燥すると割目が入りやすいことから考えられた。

立川ローム層を詳しくみると、その中間に二〜三枚の暗色帯（黒バンドともいう）をはさむが、それは、表土《ひょうど》（黒土《くろつち》）と同じく、地表でできた腐植土が、埋没土となったものだということがわかっている。なぜならば、この暗色帯の部分では、窒素、炭素の量が赤土の部分にくらべて多く、植物珪酸体《しょくぶつけいさんたい》（主としてイネ科草本の細胞を充填して沈着した珪酸）の量も多く、さらにまたこの部分は粘土化が進んでいることが粘土鉱物の分析からも明らかにされているからである。

そこで、立川ローム層は、この降灰の休止期ないし堆積速度の小さかった時期を示す二つの埋没土の上限と、さらに上の埋没土と表土との間のローム層の上下の質のちがいを利用して、四つの部分に分けることができる（32図）。

これと同じような見方をすれば武蔵野ローム層も、その中のクラック帯や東京軽石層などによって、三〜四の部層に分けることができる。ただしこのような区分は武蔵野台地とその周辺では通用しても、ひろく南関東一帯となると層序に変化があって必ずしも通用しない。

下末吉ローム層や多摩ローム層となると地域による層序・鉱物組成の変化が大きい上に分布が限られているので、立川・武蔵野ローム層にくらべて給源火山をきめることは容易ではない。しかし、下末吉ローム層中の前記の諸軽石層や多摩ローム層中の多数の軽石層が追跡され、またロームならびに軽石層の鉱物組成や鉱物の屈折率が研究された結果、次のことが明らかになっている。すなわち、下末吉ローム層は主として箱根火山の噴出物であり、多摩ローム層も多摩川以南のものは主として箱根火山起源である。しかし、多摩川以北の多摩ローム層には、鉱物組成からみて八ヶ《やつが》岳《たけ》起源のものが多いのではないかと考えられている。

富士・箱根・八ヶ岳以外で給源火山が知られているものは、Pm－I（御岳第一浮石層）である。東京付近では普通厚さ一〇センチメートルに満たない白色オガクズ状のこの軽石は、伊那《いな》谷や木曾《きそ》谷では厚さ二メートルに達する粗い橙色の軽石層であり、約八万年前の御岳火山の噴出物であることが明らかとなっている。[*5]

関東ローム層は地質学や土壌学の対象であるばかりではない。そこには、冬になると霜柱が立ちやすく、また霜どけや雨のあとの赤土は履物のうらにへばりつくとなかなかとれない。今の新宿区喜久井町《きくいちょう》に生家のあった夏目漱石《なつめそうせき》は、そのような道の追憶を次のように書いている。

下町へ行かうと思つて、日和下駄などを穿いて出やうものなら、屹度非道い目にあふに極つてゐた。あすこの霜融は雨よりも雪よりも恐ろしいものゝやうに私の頭に染み込んでゐる。（『硝子《がらす》戸《ど》の中《うち》』より）

同じように、泥んこになった関東ローム層は、土木工事の施工機械の足をとって、工事関係者の頭痛のたねとなっている。

そのような関東ローム層の性質については、つとにブラウンスが指摘しているとおりである。「……土木工業上より論ずれば、これ甚だいとうべきの質たり。けだし道路の嶮悪なるも実に此層あるが為にして……。住民の習《ならい》として、其土工に適せざるの土質たるには注目せず、反《かえ》って過を時候の不順なるに帰す蓋《けだ》し謬見《びゅうけん》というべきなり」と。

土とはすべてこのような性質のものと考えて、悪いのは天候のせいにしていた東京の人びとに対して、関東ローム層は特異な土であることをブラウンスが説いているのである。一九六〇年代以降、高速道路の建設などに関連して、この土が土質工学上まことに特異な性質をもつことが注目され、その性質とその工法に関する研究が盛んにおこなわれてきた。そしてその成果は『関東ローム層の土工』として高速道路調査会でまとめられた（1973）。

関東ローム層に由来する褐色でほこりっぽい関東の土と花崗岩《かこうがん》が風化してできた白っぽく砂質の関西の土とは対照的であり、いろいろな面にそれがあらわれている。関東ロームは、春さき、畑に植物のおおいがなく、また雨の少ない冬の間に乾燥しきっているときに強風をうけると黄塵となって天をおおい、東京をほこりだらけにする。東京では大阪より靴がよごれやすく、靴みがきが多いそうで、それは関東の土と関西の土のちがいのためだといわれるくらいである。また、鉄分のサビに由来するその褐色は衣類などにつくと落ちにくい。東京と大阪の洗濯屋の数にもちがいがあるかもしれない。

さらにゴルファーにとっても関東と関西の土の違いが、クラブの磨滅のちがいとして気づかれている由である。長石《ちょうせき》や石英の鉱物粒子が粗い関西の土では、クラブが関東ロームより磨滅しやすいのである。

関東ローム層の中の文化

関東ローム層は、火山灰よりなる土であるばかりではない。それは、日本歴史の最初の章にあらわれる人間の遺物や遺跡を含んでいる。先土器文化時代とも無土器文化時代とも呼ばれ、世界的には旧石器時代といわれる時代の遺物が最初に発見されたのは、昭和二四年（一九四九年）群馬県岩宿《いわじゅく》の関東ローム層からであり、都内では昭和二六年（一九五一年）板橋区茂呂町《もろまち》（現在の小茂根《こもね》五丁目）で茂呂遺跡が発掘され、その後関東各地のローム層から続々と石器の発見が報ぜられてきた。関東ローム層は、先土器文化時代の生活の床であり、また先史考古学者にとっては大切な層位の指示者となっている。上にのべた、関東ローム層の細かい区分や対比は、一方では地質や地形の研究としておこなわれたのだが、一面では考古学者からの研究の要請もあったのである。

一九七四年に公にされた『東京都遺跡地図』（東京都教育委員会編）によると、都内で発見された先土器時代の遺跡数は二〇〇に近い。このうち散布地《さんぷち》をのぞいた遺跡の分布図を33図に示した。ついでに記すと、都内（島嶼をのぞく）で一九七〇年代後半までに知られている縄文時代の散布地・集落跡は約二〇〇〇、貝塚は約九〇、弥生時代の散布地・集落跡は約三〇〇、貝塚は五である。

上のように、多数の先土器時代遺跡が発見されているが、石器を残した人の生活を示す資料は乏しく、石器そのものの他は配石《はいせき》や焼けた河原石のようなものしかない。石以外の道具や骨などは関東ローム層の中で腐ったり溶けたりして形をとどめていないのである。

さて、武蔵野で発見された遺跡の分布図をみると、野川の北側につらなる国分寺崖線《がいせん》上や石神井川をはじめとする武蔵野の開析谷《かいせきこく》にのぞむ台地の上が主要な分布地である。このことは飲み水がえられ、また水を飲みに来る動物を獲るのに都合のよい場所が先土器時代のキャンプ地になっていたことを物語っている。キャンプといったのは、縄文時代のたて穴のようなものはまったく発見されず、まともな家を作った証拠が何もないことから、安住の生活が営まれなかったことが推定されるためである。もっとも武蔵野ではないが、先土器時代の洞窟の遺跡が発見されはじめ、そこが長い時代にわたって居住された例が報じられている。

武蔵野の旧石器は、ほとんどが立川ローム層からのみ発見され、武蔵野ローム層発見のものは剝片《はくへん》ぐらいのものである。しかし、北関東では、武蔵野ローム層より古い層位から、群馬県勢多《せた》郡〔現・桐生《きりゅう》市の一部〕不二《ふじ》山の原始的な石器が発見され、ほぼ武蔵野ローム層に

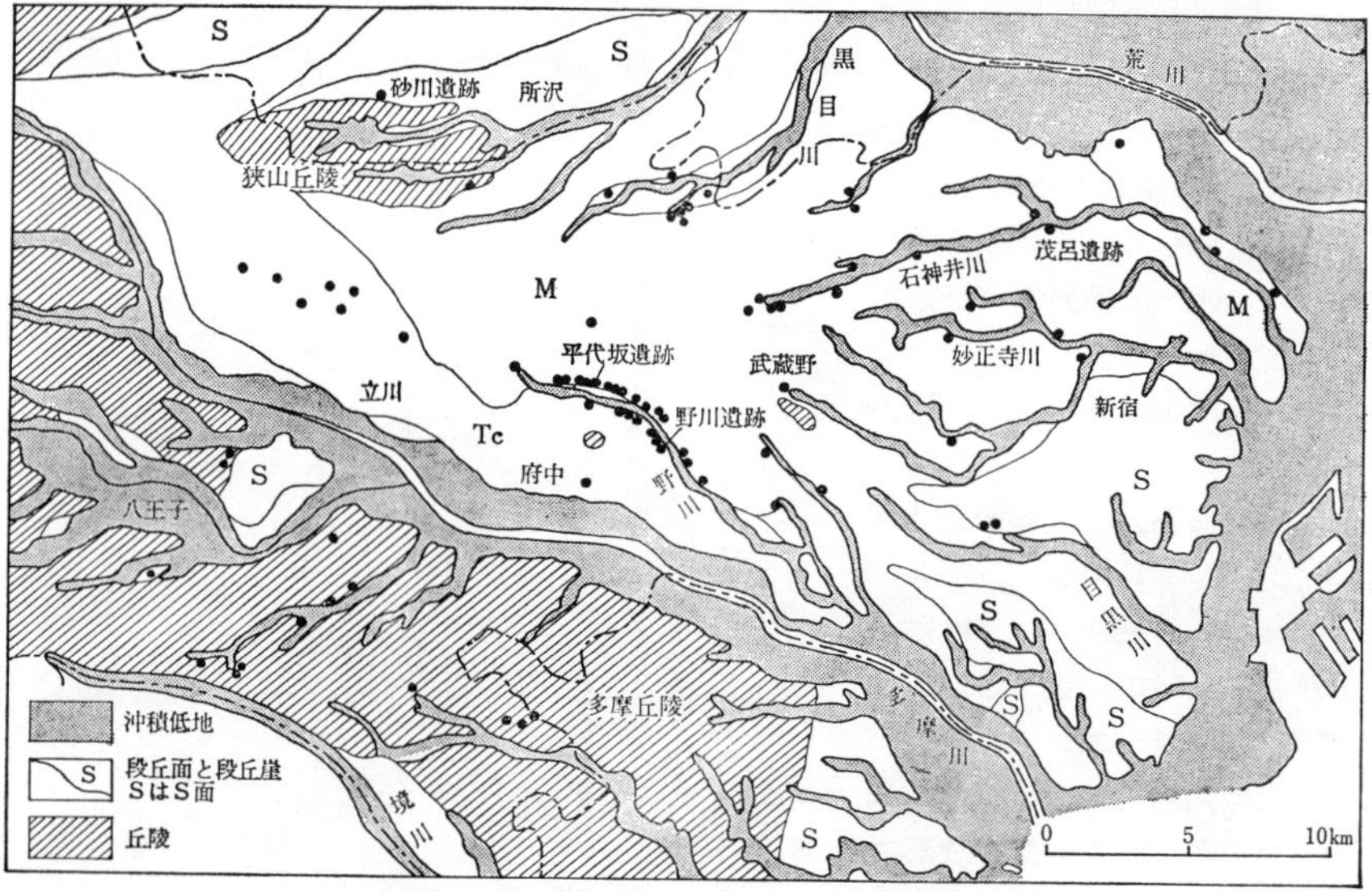

33図 東京都内の先土器遺跡分布（東京都教育委員会、1974にもとずき作図）
散布地はのぞく。小谷にのぞむ段丘上に多いことに注意。

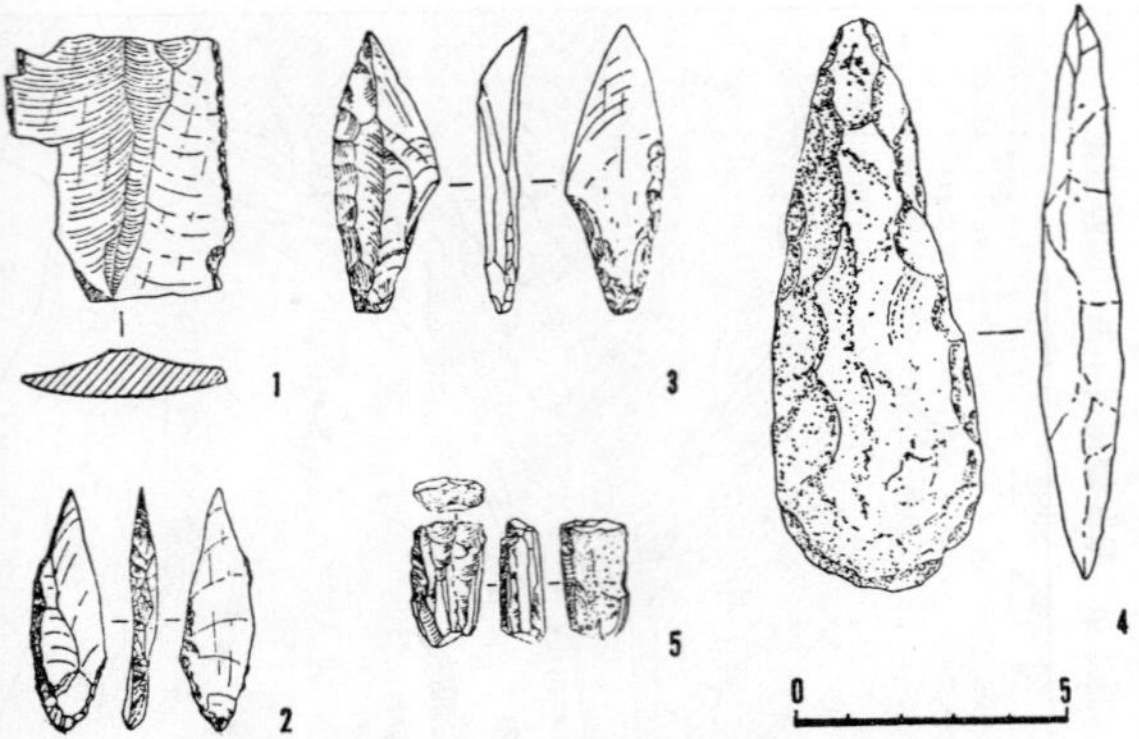

34図　都内発見の無土器文化標準石器（和島誠一、1960）
1 ブレード（小金井市西之台出土）　2 ナイフブレード（板橋区茂呂町茂呂山出土）　3 切出形石器（北多摩郡保谷町坂下出土）　4 ポイント（練馬区中村南町２丁目出土）　5 小形石核（板橋区根ノ上町根の上出土）（地名は旧名）

当る中部ローム層からは、伊勢崎《いせざき》市権《ごん》現《げん》山にて西洋梨形および小形で扁平《へんぺい》な握槌《にぎりつち》が発見されている。さらに、栃木県星野《ほしの》遺跡では、武蔵野ローム層から下末吉ローム層に当る層位にかけて、珪岩《けいがん》製の石器（石器ではなかろうという論もある）が報ぜられている。

ゆえに、東京においても、武蔵野礫層が旧多摩川の河床礫《かしょうれき》として堆積した時代ごろには、この地に足跡を印した人間がいたと考えることは無謀ではない。なお、立川ローム層の時代まで、武蔵野には人類とともに、東京層時代に繁栄したナウマン象の生き残りがいたかもしれないとの推定は前に記した。

立川ローム層の時代の石器としては、34図に武蔵野出土のものを示したが、ナイフや切出しのような形のするどい道具がみられ、刃器《じんき》（ブレード）や尖頭器《せんとうき》（ポイント）もある。立川ローム層中に発見された、板橋区茂呂遺跡のナイフ形石器を主な利器とする文化は、日本の旧石器文化の一つの典型である。切出し形の石器・尖頭器はそれよりおくれて出現したとみられ、さらにあとの立川ローム層の終末ごろにあらわれたのが細石器だといわれている。この順序は昭和四五年（一九七〇年）に発掘された調布市上石原《かみいしわら》の野川南岸の野川遺跡でも認められた。ここでは立川ローム層中に、一〇の先土器文化層の重なりが識別されたのであった（小林達雄《こばやしたつお》ほか、1971）。

いずれにしても、このような石器からみると、先土器時代には、縄文時代のように弓矢を作ることを知らず、また木の実やイモのようなデンプン質の食物を煮るに便利な土器を持っていなかったから、主食は槍や棒で倒せる動物であったと推定されている。しかし、立川ローム層の中には焼けた石がしばしば発見されるから、肉を火であぶったりむし焼にして食べることはあったと考えられている。

立川ローム層の時代といえば、次にのべるように、冬には今よりずっと寒冷な気候が支配していたし、武蔵野周辺の地形は今とかなりちがっていた。多摩川は立川段丘あるいは青柳段丘のところを流れ、その下流は今の東京湾のところで一つの大河に合流していた。その大河は、利根川の前身であり、今日の荒川放水路あたりに山の手台地から数十メートル深い谷を作って南下していた。これは後にのべる古《こ》東京川である。この大河のあたりにも先土器時代人が住み、その遺物や遺跡が今日まで残されているにちがいない。しかし、それは、下町低地の沖積層《ちゅうせき》に埋められてしまっているのである。

そのころ、東京の地に獲物と仮の宿を求めて放浪した人びとはいったいどれぐらいの人数だったのだろうか。芹沢長介《せりざわちょうすけ》の推定によると、縄文時代に土器、弓矢、釣針などをもち、豊富な魚介をあさって定住した人びとも、その人口は五万分の一地形図一枚の面積当り平均一〇〇人ぐらいだったという。そして、旧石器時代には同じ面積に一桁の数の人間しかいなかったかもしれない、とのべている。そうだとすれば、広大な武蔵野に一〇〇人もいなかったということになるのだろう。

それでは、縄文時代以前の文化遺産を包含する関東ロームは、いったい何年ぐらい前に堆積した火山灰であろうか。

関東ローム層の年代

関東ローム層は、その最初の研究者であるブラウンス以来、たいてい洪積世末期のものであると考えられてきた。もっとも、そう考える論拠は人によって必ずしも同じではなかった。ブラウンスは、東京層などの化石による時代対比のほか、関東ローム層が、ヨーロッパや中国のレスと似ているところから、時代も同じと考えたようであった。

また、関東ローム層の前後に堆積した地層に含まれる化石が指示する気候に注目して、時代が論ぜられたことは前にもふれた。また後にのべる氷河性海面変動を時代の指標になると考え、ヴュルム氷期の海面低下と立川ローム層との前後関係を求め、これによって立川ローム層の時代がヴュルム氷期末であることがのべられもした。

このような地質学的研究にもとづく年代論のほかに、一九六〇年ごろからは放射性炭素（C^{14}）による絶対年代測定法（C^{14}法）によって関東ローム層終末ごろの年代が知られるようになり、さらに一九六〇年ごろから黒曜石《こくようせき》の表面の風化《ふうか》層（水和《すいわ》層）の厚さにもとづく年代推定法（黒曜石年代測定法）が、一九六五年ごろからは鉱物に記録されるウランなどの核分裂の飛跡《ひせき》による絶対年代測定法（フィッショントラック法）が関東ローム層の年代測定に用いられるようになった。これらの方法によって、われわれは関東ローム層の絶対年代を知ることができるようになった。以下にはそれを紹介しよう。

関東ローム層の表層をなす黒土は、縄文式土器の包含層であり、縄文時代のたて穴住居跡は赤土に掘りこんでいる。南関東でもっとも古いといわれる縄文式土器は、早期の井草《いぐさ》・大《だい》丸《まる》式土器、ついで夏島《なつしま》式土器とされているが、これらは黒土と赤土の境目近くから出土する。たとえば、茂呂遺跡では、腐植土層と黄褐色粘土層（立川ローム層）の移行部の栗色《くりいろ》土層から井草式土器が発見され、立川ローム層の上部からは前記のようにナイフ型石器を特徴とする石器文化が発見されている。茂呂遺跡の黒曜石の年代は、黒曜石年代測定法によると一万七〇〇〇年前と一万八七〇〇年前であるという（Freedman & Smith、1960）。しかし、黒曜石年代測定法は、水和層形成速度が気温などの環境条件によって左右されるし、この方法では絶対年代を求めるには他の絶対年代値を基準にせねばならないという弱点がある。同じ茂呂遺跡の黒曜石に対して、そのご約一万四八〇〇年前と一万六〇〇〇年前という値も出されている。

ところで、夏島式土器がでた夏島貝塚の第一貝層中のカキの殻と木炭とは、昭和三二年（一九五七年）にミシガン大学で年代測定がおこなわれた。その結果を表3中に、他の年代測定値とともに掲げる。この夏島貝塚の年代測定の結果は、それまでに考古学者が考えていた縄文時代開始の年代よりずっと古く、縄文式土器は世界最古の土器ではないか、という重要な問題が提起されたのだった。

それはともかく、表3その他の年代測定値からは、日本における縄文文化のはじまりが約一万年前と考えられるようになり、同時に立川ローム層と黒土（表土）の境目も、約一万年前を示すものと考えられることになった。この一万年前というのは、ちょうど洪積世と沖積世の境目にあたっている。

ただし、この考えには、C^{14}法による年代測定値の信頼性という点から異論をとなえる考古学者もある。また、土壌学の側からは黒土（表土）を一つの地層として扱い、赤土と黒土の境に時代的な意味があると考えるのは誤りであるという見解もある。このような問題はあるとしても、立川ローム層の終末が約一万年前であるとすることに反対する充分な証拠はないようにみえる。では、立川ローム層のはじめ、武蔵野ローム層のはじめ、あるいは下末吉ローム層のはじめは何年ぐらい前であろうか。

立川ローム層の年代は同層にはさまれる木炭や腐植物によりC^{14}法でかなり測定されている。その一部を表3に示す。また、立川ローム層中の軽石や石器（黒曜石）を用いたフィッ

地域・遺跡	時代・層位	材料	絶対年代(B.P.)	測定番号
千葉県加曽利貝塚	縄文後期，加曽利B2	木炭	3630±90	GaK-767
千葉県姥山貝塚	縄文中期，加曽利E新	〃	4513±300	C-603
三鷹市国際基督教大学	縄文中期，阿玉台・勝坂	〃 〃	4570±150 5090±65	UCLA-279 SI-125
千葉県加茂泥炭層	縄文前期，諸磯A	木片	5100±400	M-240
千葉県館山市沼	沼サンゴ層	サンゴ	6160±120	GaK-254
神奈川県夏島貝塚	縄文早期，夏島II	木炭 貝殻	9240±500 9450±400	M-770 M-769
世田谷区成城	立川ローム第1暗色帯(BI)上部	腐植	15800±400	GaK-3588
〃	立川ローム第1暗色帯(BI)中部	〃	17000±400	GaK-1129
〃	立川ローム第2暗色帯(BII)中部	〃 〃	24900±900 24000^{+1000}_{-900}	GaK-1130 GaK-3591
中野区江古田	江古田植物化石	木片	23700±600	Y-591

表3　東京付近の先史遺跡ならびに関東ローム層に関係のあるC^{14}による年代の例

絶対年代のB. P.はBefore Physicsの略で1950年より起算した年数。測定番号のGaKは学習院大学、Cはシカゴ大学、UCLAはカリフォルニア大学ロサンゼルス校、SIはスミソニアン研究所、Mはミシガン大学、Yはエール大学の測定。

ショントラック法による年代測定値もある。これらを地表からの深さを縦軸に、年代を横軸にとってプロットして35図を作成した。この図によると、立川ローム層の下限の年代はおよそ三万年前と推定される。

次に武蔵野ローム層と下末吉ローム層についてのフィッショントラック法による年代を同じ様式の図で示したのが36図である。この図でも、立川ローム層の下限は約三万年前と推定される。武蔵野ローム層の下限は約六万年前であり、下末吉ローム層の下限は約一三万年前である。なお、多摩丘陵の多摩ローム層の年代は、フィッショントラック法によると、下部が約四〇万年前である。

これらの図でわかる興味深い事実は、おおざっぱにいって、関東ロームはほぼ同じ速さで堆積したということである。東京付近では、地表から武蔵野ローム層の下底までの深さは六〜七メートルあり、その下底の年代は約六万年前であるから、関東ローム層の厚さ一メートルはだいたい一万年に当ると考えて大きな間違いはないだろう。もちろん、火山の噴火は間欠的に起るものであるから、また前記のように、関東ローム層の間には堆積速度の小さい時期を示す埋没土などがあるから、富士山からの火山灰がいつも少しずつ同じ割合で（たとえば一メートルを一万年で割って、一年に〇・一ミリメートルずつ）降りつづいたと考えるべきではない。

立川ローム層が富士山の噴出物であることは上にのべたが、この富士山というのは、現在みられる八面玲瓏《はちめんれいろう》の富士山ではない。立川ローム層のつづきと考えられる御殿場付近の数百

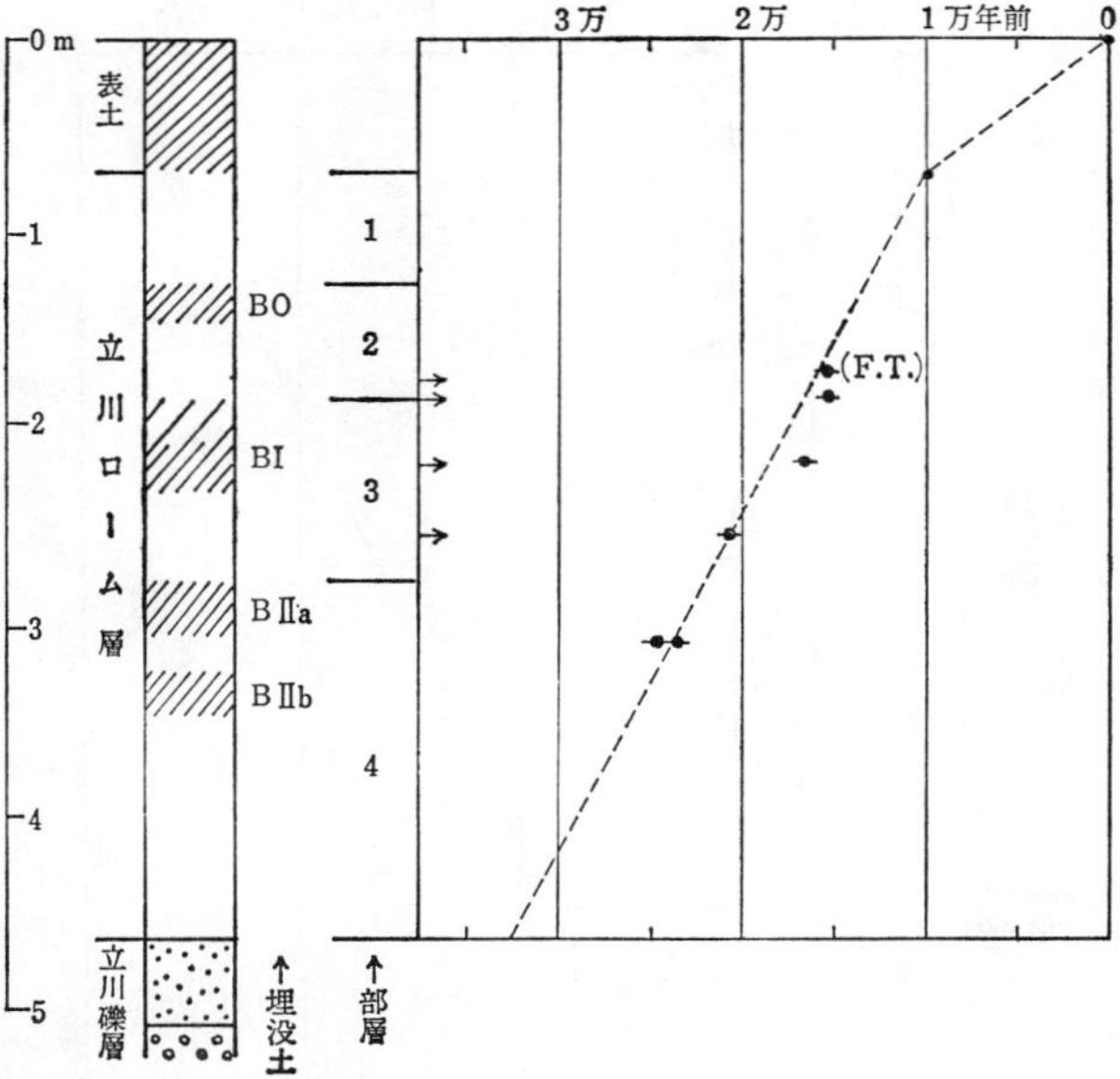

35図　立川ローム層の年代
武蔵野台地付近のC^{14}年代とフィッションTトラック年代（F．T.）を横軸にとり、立川ローム層の厚さを縦軸にとってプロットしたもの。

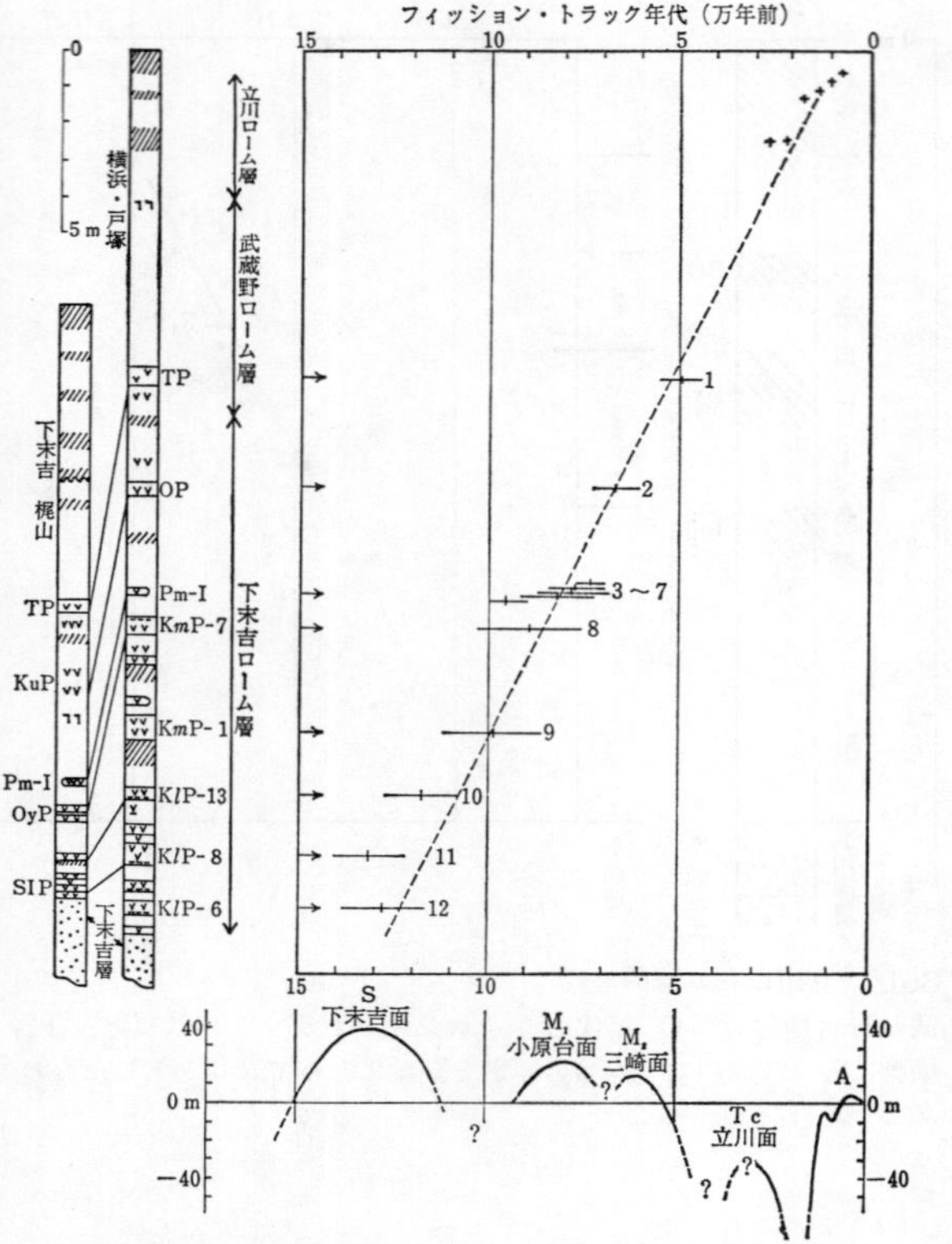

36図　南関東の関東ローム層の年代および海面変化曲線（町田・鈴木、1971による）

1～12はフィッショントラック法によるもの。右上＋印の年代資料はC^{14}法によるもの。海面変化曲線のうち、実線は確かな部分、点線は不確かな部分、？は今後の検討を要する部分。

枚におよぶ火山礫の累層をみると、その中に集塊質泥流がはさまれている。また桂川（相模川）にそっては河岸段丘が発達しているが、このうちの中位段丘と呼ばれるものは、立川ローム層におおわれている。その立川ローム層の中にやはり集塊質泥流がはさまれている。これら立川ローム層と同時期の泥流は、津屋弘逵が古富士泥流と呼んだものであり、津屋はこれらの泥流を供給した火山を古富士火山と呼んでいる。

古富士火山は、現在の富士山におおわれてその姿はみられないが、山麓の泥流堆積物から想定された火山であり、上のような関係から、この火山こそ立川ローム層の供給源であるといわねばならない。そして、おそらく武蔵野ローム層も主として古富士火山の火山灰であると推定されている。

それでは、古富士火山をおおってできている現富士火山は火山灰を降らさなかったのであろうか。この問題についての町田洋の研究によれば、数千年前以降の富士火山はしばしば火山灰を降らせ、それは富士山麓でははっきりした褐色ないし黒色火山灰層になっている。しかし、その火山灰は東京付近では黒土にまざりこんで、層としては認められないのである。

富士山のもっとも新しい活動は、宝永四年（一七〇七年）におこった宝永《ほうえい》山の活動であった。宝永山噴火の江戸での情況は、当時の碩学《せきがく》、新井《あらい》白石《はくせき》によって、自伝『折《おり》たく柴《しば》の記《き》』に次のように記されている。

よべ地震ひ、此日（注、旧暦十一月廿三日、新暦一二月一六日）の午時（一二時頃）雷の声す。家を出るに及びて、雪のふり下るがごとくなるをよく見るに、白灰の下れる也。西南の方を望むに、黒き雲起りて、雷の光しきりにす。西城に参りつきしにおよびては、白灰地を埋みて、草木もまた皆白くなりぬ。……やがて御前に参るに、天甚だ暗かりければ、燭を挙て講に侍る。戌の時（一九時頃）ばかりに、灰下る事はやみしかど、或は地鳴り、或は地震ふ事は絶ず。廿五日に、また天暗くして、雷の震するごとくなる声し、夜に入りぬれば、灰また下る事甚し。此日富士山に火出て焼ぬるによれりといふ事は聞えたりき。これよりのち、黒灰下る事やまずして、十二月の初におよび、九日の夜に至て雪降りぬ。

宝永山の噴火活動は一六日間つづき、江戸では火山灰が六〜九ミリメートルの厚さに積ったといわれている。今日この火山灰を東京付近でみることはできないが、それが厚く降り積った神奈川県西部から富士東麓にかけては、白石の記録どおり、下部に白い火山灰（軽石）が、上部に黒い火山灰が重なっているのを見ることができる。玄武岩質の富士山が白い火山灰を噴出したのは異例のことで、一般には黒っぽい火山灰を噴出する。その黒っぽい火山灰がのちに風化して赤味をおびたのが、関東ローム層である。

この宝永の火山灰の厚さの分布は30図のとおりで、体積は〇・八五立方キロメートルある。これにくらべると、立川ローム層と武蔵野ローム層を合わせたものは、厚さも体積も宝永火山灰の二〇〇倍ぐらいになっている。先にものべたように、富士東麓で関東ローム層を観察すると、一〇〇枚以上の火山礫の累層がみえるから、おおざっぱなところ、宝永級の降灰が二〇〇回ぐらいくり返された結果が武蔵野ローム層と立川ローム層を形成したと考えてよさそうである。

　ところで宝永の噴火によって、富士東麓の駿河国北部の五九村、二万七千余の人びとは大きな被害をうけた。領主は替地を幕府から拝領したが、領民の方は、「山野共に一面砂深きを以て開発及び難し、おぼしめし下されるにつき何方なりとも縁を求めて勝手次第離散致し、渡世すべし」とほうりだされた。勝手に他国へおもむくのがおぼしめしであり、年貢が納められずに夜逃をすれば、死罪という封建時代の話である。その後多少は救済・復旧が講ぜられたとはいえ、村民が灰を除き復旧するのには約半世紀を要したという（鈴木《すずき》恒治《つねはる》、1963)。

　要するに、武蔵野でみる黒土は、現在の富士山の火山灰を含み、立川ローム層と武蔵野ローム層の多くは古富士火山の降灰によって形成されたと考えられる。そして、東京の地に狩りの獲物を求めてさすらった旧石器時代人は、古富士火山のすさまじい噴煙を、恐怖をもって仰いだにちがいない。

　なお、武蔵野ローム層の下部に挟まっている東京軽石は、箱根火山に由来するものであるが、当時の箱根火山は現在の箱根火山と大きくちがっていた。外輪山《がいりんざん》はすでに存在していたが、中央火口丘《ちゅうおうかこうきゅう》と呼ばれる、二子《ふたご》山《やま》・駒ケ《こまが》岳《たけ》・神山《かみやま》などはまだ形成されていなかった。これらの火山ができたのは東京軽石より後の武蔵野ローム層から立川ローム層の時代であり、最後にできた中央火口丘の二子山は黒土時代に入る約五〇〇〇年前の産物であることが知られている（日本火山学会編『箱根火山』）。

2　江古田植物化石層とヴュルム氷期の気候

江古田植物化石層

神田川の支流の妙正寺川は杉並区上井草《かみいぐさ》の海抜約六〇メートルの武蔵野台地に発する川である。それは西武新宿線にほぼそって、うねうねと流れ、武蔵野の台地面より数メートル低い浅い谷地形を作っている。いまはこの谷底もほとんど人家で埋まってしまったが、ながく水田であった。中野区江古田（現・中野区松《まつ》が丘《おか》一丁目）の哲学堂のところでは、妙正寺川に北から合流する一支谷《しこく》があるが、この支谷の川べりの粘土層に、植物化石を沢山含む部分があった。その植物化石は直良信夫《なおらのぶお》によって昭和一〇年（一九三五年）ごろに発見されたものである。

ここで発見された多数の植物化石は、三木茂《みきしげる》によって研究され、江古田植物化石として学界に知られるようになったが、その後もこの植物化石については、いくつかの論文が書かれ、また再調査もおこなわれた。それは、この植物化石が、東京付近のみならず、日本の過去の植生や気候を知る上に、重要な意味をもっているからである。

三木茂（1938）によれば、この植物化石からは二一種の植物が鑑別されたが、その中には、カラマツ、オオシラビソ、トウヒ、チョウセンゴヨウなどといった、亜高山帯を特徴づける松柏科《しょうはく》植物が主要な構成要素として認められるのである。これが、この化石層が江古田松柏科植物化石層（江古田 conifer bed）とも呼ばれるゆえんである。三木によれば、その植物を現代の日本の植生にくらべると日光《にっこう》の戦場《せんじょう》ガ原《はら》のそれに似ているというのであるから、当時の武蔵野の気候は、現代の戦場ガ原のような気候であったと考えねばならない。武蔵野の気候が、海抜一四〇〇メートルの戦場ガ原の気候であったとすると、高度による気温の減率を〇・五度／一〇〇メートルとすれば、今より七度ほどの気温低下となる。

このような気候は欧米で研究された大陸氷河拡大期、つまり〝氷期〟の気候とくらべると、まさに氷期の気候にほかならない。そして、洪積世のおわりごろに形成された武蔵野をきざむ谷底堆積物であるこの化石層は、洪積世に十数回繰返された氷期と間氷期のリズムの中の最後の氷期（ヴュルム氷期）のものにちがいない、と考えられたのである。

ところで、発見された二一種の植物の一つ一つについて調べると、この中には、山地帯（植生水平分布での温帯に当る）の代表種であるブナをはじめ、いくつかの温帯種も含まれていて、純粋に亜高山帯種のみではない。このような事情があるので、江古田植物化石は、山地から流水にはこばれてきて、低地の植物も交えて堆積したものだろうという意見もあったが、海抜六〇メートルの武蔵野台地に源を発する妙正寺川の川底の堆積物では、関東山地から植物が流されてきたとは考えにくい。また、上記のような種の構成から、亜寒帯種は、氷期の植物が遺存植物として残っていたもので、化石層の時代は気温が上りはじめていた沖積世の初期であったとする考えも表明された。これは、上にのべた、この化石層を洪積世末のヴュルム氷期のものとみる見解とはちがう意見である。

このような二つの時代論は次のような方法で検討されてきた。その一つは、江古田植物化石層を再び発掘することによって層序をたしかめる仕事であり、もう一つはC^{14}などによる年代測定をおこなうことである。そして、これらは関東ローム研究グループによっておこなわれ、層序に関しては、江古田植物化石層は、立川ローム層の最上部におおわれているということがわかった。C^{14}による江古田植物化石層（江古田第一泥炭層）の年代測定は、エール大学でおこなわれ、二万三七〇〇±六〇〇年B．P．(Before Physics) の結果が得られている。この数字や立川ローム層の年代からみて、江古田植物化石は二万数千年前のものといえるだろう。約一万年前の気候の変換点をもって洪積世と沖積世の境としているのであるから、江古田植物化石はやはり洪積世末のヴュルム氷期のものということになる。

江古田植物化石と同じように、ヴュルム氷期の寒い気候を証拠だてる植物化石は宮城・岩手県境に近い花泉《はないずみ》や長野県の松本《まつもと》の北の吐中《とっちゅう》など日本各地から発見されている。これらの資料によると、ヴュルム氷期の最盛期といわれる約二万年前には、武蔵野が現在の亜高山帯の植生と同じものにおおわれていたとはいえなくとも、亜高山帯の針葉樹がふつうに見られるような風景であっただろう。

日本アルプスや日高《ひだか》山地の峰々にみられる氷河の遺跡――おもにカール（圏谷《けんこく》）の地形とその下端のモレーン（堆石《たいせき》）の丘である――がつくられたのも主としてこの時期である、と考えられている。ヴュルム氷期の関東平野の気候は、類似を求めるならば現在の十勝平野の気候に似たものであったろう。平地で、江古田の針葉樹化石のような植生のあるところといえば北海道であるし、ヴュルム氷期の関東は、現在と同様、雪は多くなかったと想像されるから、やはり雪の少ない太平洋岸の十勝平野が思いうかぶのである。ヴュルム氷期の関東平野に雪が少なかったと考える理由は、現在の日本列島と地形が大差なく、降雪の分布も大差なかったと考えられること、ならびにさきにのべた、関東の台地の非対称谷《ひたいしょうこく》の存在による。もし、冬に雪が多ければ、雪の下では霜柱による緩斜面の形成はおこらず、非対称谷は発達しにくいからである。もっとも、現在、十勝平野において、凍土や霜柱の現象はよく観察されているが、非対称谷が発達しつつあるかどうかはよくわかっていない。

武蔵野の段丘と大雨期問題

武蔵野は、扇状地としては、日本でもっとも大きい規模のものである。これに匹敵するものとしては、木曾川の犬山《いぬやま》扇状地、天竜《てんりゅう》川の三方原《みかたはら》開析扇状地、大井《おおい》川の牧之原《まきのはら》開析扇状地、鬼怒川の開析扇状地など少数の例があげられるにすぎない。しかも、多摩川はこれらの川にくらべると、流域面積が小さいから特に目だつのである。このようなことから、洪積世の扇状地礫層である武蔵野礫層は、大雨期の所産であろうと想像されたことがある。

この考えはのちに、谷津栄寿《やつえいじゅ》と大塚弥之助（1948）によって検討され、武蔵野礫層の礫の大きさの分布が調べられた。その結果によると、武蔵野礫層の礫は、現在の多摩川の河床礫とほぼ同じような大きさであることが明らかになり、武蔵野礫層の時代が大雨期であるとする考えには否定的な結果となった。もっとも、現在をも大雨期であるとみれば話は別である、という注釈がついている。

武蔵野礫層は先に述べたように、およそ下末吉ローム層の堆積期に形成されたものであるから、フィッショントラック法による年代はおよそ一〇万～六万年前であり、それは最後の間氷期の末からヴュルム氷期の前半ということになる。そして、立川礫層・立川ローム層の時代がヴュルム氷期後半と考えられるのである。

それではヴュルム氷期最盛期ごろに当る立川礫層の時代には、現在より雨が多かったのであろうか、少なかったのであろうか。ヴュルム氷期の関東平野を十勝平野に似ていただろうという論をおしすすめるならば、現在の関東平野より年降水量が多かったということにはならないだろう。現在の十勝平野は、前線性の雨も台風による雨も関東平野より少ないからである。

記録のない過去の降水量を知ることは大へん困難である。しかし地域によっては、過去の湖の水位を示す湖岸段丘にもとづいて、地質時代の降水量を推定することがおこなわれている。北米の西部や西アジアなどでは、このような方法で、氷期には雨量が多かったと推定されているし、乾燥気候と湿潤気候が時代とともに交替したようなところでは、植物化石によっても過去の降水量の変化が推定されている。このような研究によって、低緯度地域では、氷期がすなわち多雨期である、と一般にいわれている。

しかし、わが国では、洪積世に雨量が変化したことをはっきりと示すような植物化石は知られていないし、過去の雨量を計るに都合のよい湖岸段丘にも乏しい。だから、氷期の関東平野は、年平均気温では七度前後低下していたことが推定されていても、雨が多かったのか少なかったのかに関する確かな材料はいまのところ知られていないといってよい。しかし、武蔵野段丘・立川段丘・拝島段丘などの勾配や堆積物の粒度分布や厚さなどが、あるいは過去の多摩川の流量ないし流域の雨量についての情報を与えるかもしれない。

3　古東京川と氷河性海面変動

東京の下町低地の地質構造は、一九二三年の関東地震のあとの復興局の調査で明らかになったのであるが、一九五〇年代以降東京湾沿岸一帯の沖積低地の地盤調査がすすめられ、さらに東京湾の海底の地形や地質が調査されるようになってきた。このような調査を通じて、沖積層の構成やその地盤としての性質などがわかってきた。個々の地域でわかってきたことはとにかく、広範囲の問題で明らかになったことがらもある。その一つが古東京川の水系である。また、地盤調査のボーリングのコアとしてあがってきた泥炭《でいたん》や貝殻《こ》による年代測定結果も一九六〇年代以降にわかってきたことの一つである。沖積層の構成やその形成史についてはのちにのべるとして、ここではまず、古東京川の水系と沖積層の年代についてのべよう。

古東京川とその支谷

東京低地や千葉県・神奈川県の東京湾沿岸の地盤調査の結果をみると、軟弱な沖積層の下に洪積層や第三紀層が横たわっている。ボーリングの資料をもとに、沖積層の基底の深さを求め、地図の上でその深さを等深線で示すと、それは、沖積層堆積以前の地形を示すことになる。

東京下町低地の沖積層の下に埋もれた地形の一部は、復興局の報告で明らかにされた。それは、多数の谷が地下に埋もれていること、かつ、それらの谷が陸上の谷につづく谷であることも明らかに示していた。

このように現在の海面以下に陸上の谷があることは、谷の形成時代には、陸地が今より隆起していたか、あるいは海面が今より低下していたかでなければならない。一九五〇年ごろまでには、日本でこれを海面低下によると考えて見解を表明した人はほとんどいなかった。〝隅田川の水はテムズ川につながる〟の理で、東京で海面を下げれば、世界中の海面が下っていたとしなければならなかったが、そう考えるに足るデータは必ずしも多くはなかったのである。それに対して、東京付近の陸地が過去に隆起しており、その後沈降したと考えるのは比較的考えやすかった。何しろ、関東地震のときに、湘南《しょうなん》では二メートル近くも陸地が隆起し、東京付近ではいくらか沈降したのを目撃し、地殻の動きやすいことを深く印象づけられたからである。

しかし、現在ではほとんどの研究者は、この埋没谷《まいぼつこく》は、主として海面の絶対的低下によっておこったと考えている。それには、もちろん根拠があるが、その話は後まわしにして、沖積層下の谷系《こくけい》をみてみよう。

東京湾沿岸の沖積層下の谷系は48図（二〇五ページ）と63図（二五八ページ）に示されているが、一九七〇年代後半の海岸線付近でのそれぞれの谷底の深さは、隅田川―荒川放水路間で六〇〜七〇メートル、多摩川河口付近で約五〇メートル、小櫃《おびつ》川・養老《ようろう》川・小糸《こいと》川で三〇〜四〇メートルといった具合に、大きい川のところほど埋没谷底が深い。大きく深い谷は本流の谷で、浅い谷はその支谷である。

それでは、この旧河川の本流の河口はどこにあり、また当時の海面は、現海面より相対的にどれほど低かったのであろうか。東京湾の海底地形をみると、マイナス五〇メートルより浅いところがほとんどで、マイナス一〇〇メートルをこえるのは、浦賀《うらが》水道の中ほど以南である。そしてそこには、東京海底谷《かいていこく》とよばれる数百ないし一〇〇〇メートル以深に及ぶ海底谷があって、浅い東京湾から、急に深くなっている。したがって、東京湾沿岸の沖積層下の埋没谷は、すべて、本流とみなされるかつての利根川の埋没谷に合流して浦賀水道付近で太平洋にそそいでいたと考えられる。この大河川は、東京湾の西よりにあったことが、現在の東京湾の海底地形から推定されていたが、一九五〇年代までは、海底の沖積層がさまたげになって、正確な位置はわからなかった。しかし、一九六〇年に地質調査所で作製された音波探査機によって、東京湾底の地質調査がおこなわれた結果、その旧河道の位置がほぼ明らかとなって、この壮大な川は古東京川という名で呼ばれるようになったのである。また、その河口は、浦賀水道の現在の水深で約九〇メートルにあったことも明らかにされてきた。37図の(3)に示すのは、古東京川が南に流れていた時代の関東平野の輪郭と、東京付近の地貌である。当時の山の手台地はこの大河の西岸にあって、川底から一〇〇メートルぐらいの高さの段丘であった。

では、古東京川の時代、すなわち東京湾沿岸の沖積層の基底の時代はいつであろうか。古東京川の時代を考える直接的な材料には次のようなものがある。その一つは、沖積層のC^{14}による年代である。東京湾の沖積層のC^{14}による年代測定は学習院大学の木越《きごし》研究室でおこなわれたものが二〇点以上あるが、それによると、海面下四〇メートル以深にある沖積層は、一万年前後から二万年前までの値を示している。このことは、沖積層の基底は二万年ぐらい前であることを推定させる。

一方、沖積層の基底と陸上の河岸段丘との関係が、多摩川や相模川でしらべられている。多摩川についてしらべた羽《は》鳥《とり》謙三《けんぞう》ほか（1962）の結果では、古東京川につづくのは、多摩川ぞいの拝島段丘であると考えられた。しかし、そのごのC^{14}による年代測定の結果などを参考にすると、むしろ立川段丘のうちの新期のもの（Tc_2、立川ローム第一・第二部層をのせる段丘）ないし青柳段丘（Tc_3、立川ローム第一部層をのせる）の時代が古東京川の時代であると考えるのが妥当であろう。江古田植物化石層の時代はこれよりやや古いかもしれないが、ほぼ近い。

古東京川が深い谷をきざんでいた相対的な海面低下期が、二万年ぐらい前であり、江古田植物化石層が示すような寒冷気候が支配していたということ、またその海面の相対的低下量が約一〇〇メートルに達していたということは、それが、まさにヴュルム氷期中の最大氷河拡大期である約二万年前の、世界的な海面低下によるものであることを推定させるに充分である。表9（二二七ページの第四紀末期の編年）はこのような考えで書いてある。

なお、今日では東京湾沿岸だけではなくて、日本の沿岸各地から、沖積層の厚さが変化にとみ、沖積層の下には埋没谷があり、沖積層の堆積直前には、一〇〇メートルないし一四〇メートルの海面低下があったことが明らかとなってきている。そして、C^{14}による沖積層の年代測定が、日本各地でおこなわれ、東京湾沿岸と同じような結果が知られているのである。39図には、学習院大学で測定された沖積層のC^{14}年代を、深さを縦軸に年代を横軸にとったグラフに白丸で示してある。

氷河性海面変動

氷河時代に、高緯度地域の陸上に氷河がひろがるならば、その氷の量に相当するだけの水が海から奪われるため、海面が低下したにちがいない。そのことは、はじめて氷河時代の存在を説いたアガシー（L. Agassiz）の著書がでた、翌年に当る一八四一年にマックラーレン（C. Maclaren）がアガシーの本の書評においてのべたことであった。二〇世紀後半の地球上には、陸地面積の約一〇分の一、体積にすると二六〇〇万立方キロメートル程度の氷河が

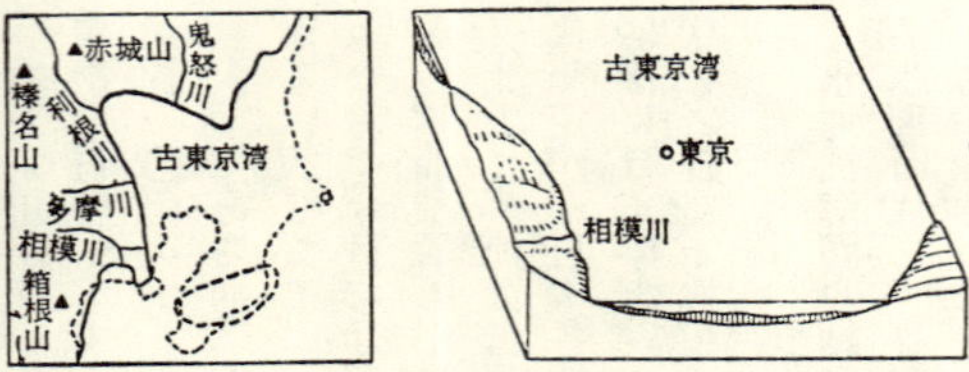

(1) 下末吉期(S)
12-13万年前

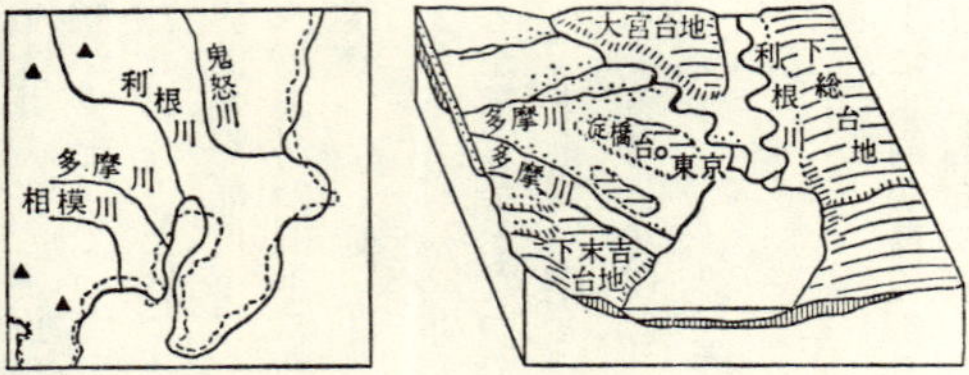

(2) 武蔵野期(M_2)
約6万年前

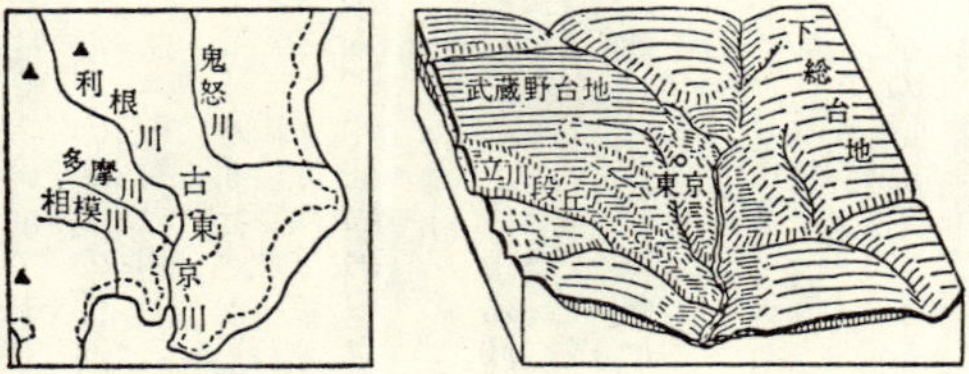

(3) 立川期(Tc_3)
約2万年前

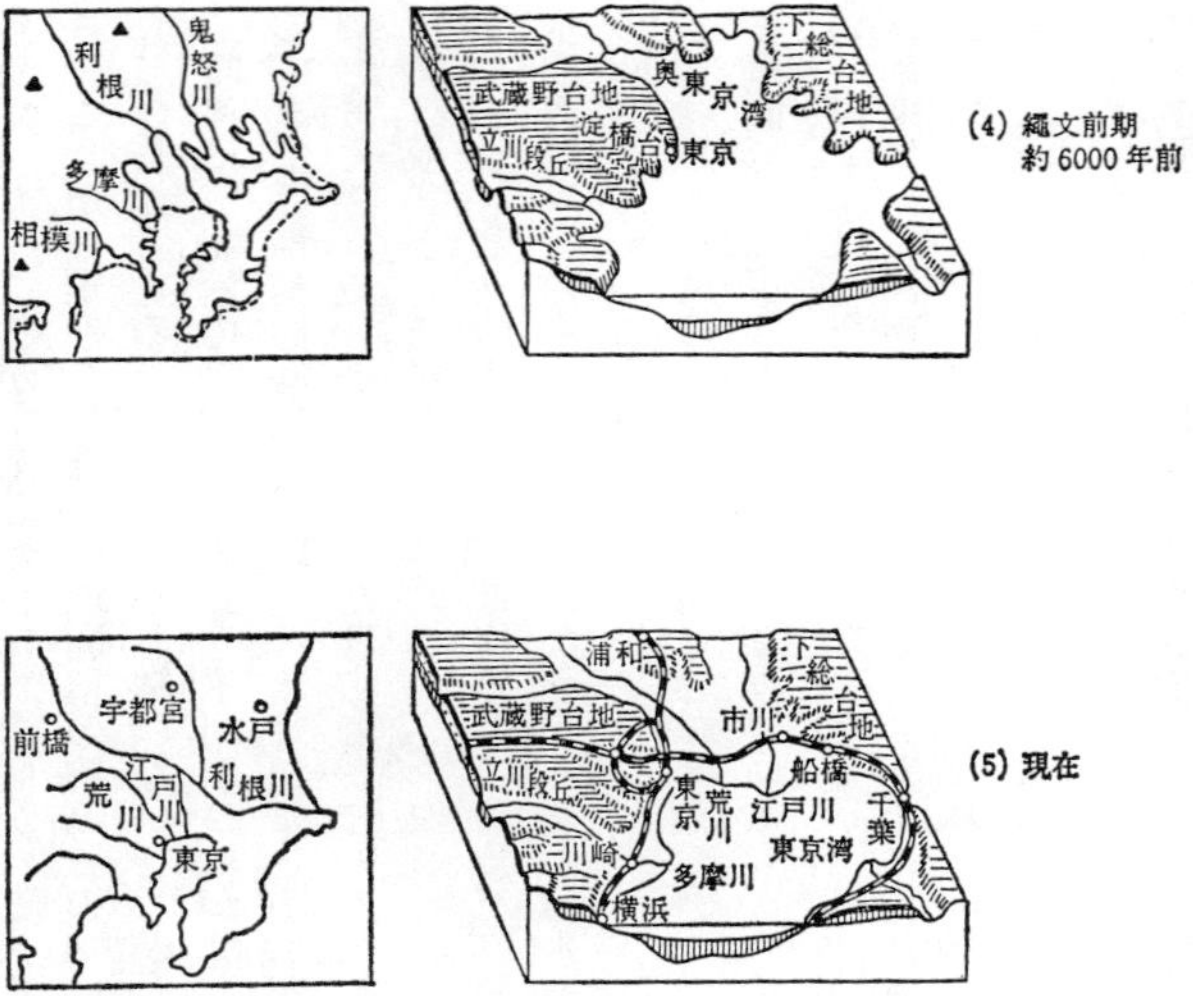

37図　関東平野と東京の地形の変遷（貝塚、1977）
左列の三角は活動中の火山。右列の断面にみえる黒い層は関東ローム層の上部（立川ロームと武蔵野ローム）、点は河岸段丘砂礫層、縦線は主に海成層（成田層群と沖積層）（岩波新書『日本の地形』所収）。

あって、もしこれが全部とければ、海面が六五メートルほど上昇することが明らかなのだから、これから類推すれば、陸地面積の約三分の一は氷河におおわれていた氷期に海面が低下していたと考えるのに少しも不思議はない。しかし、ヨーロッパで氷河が拡大していたと同じ時代に、北米でもまた南極でも氷河がひろがっていたかどうかは簡単にはわからなかったし、また陸地や海底には、隆起・沈降がたしかに起っているから、それによっても海面の昇降が考えられる、等々といった理由で、一九六〇年代ごろまで氷河の消長による海面変動の考えは仮説として扱われていた。

しかし、氷河時代の研究が進展し、ことに、C^{14}等による年代測定が可能な最後氷期から後氷期にかけての事態が明らかになってくると、氷河の消長による海面変化の説はもはや仮説の時期をおわったとみられるのである。

ヴュルム氷期の地球上の氷河の分布は、38図のようなものであったと考えられ、それによる海面低下は表4のように算定されている。この量はごらんのように人によりかなりちがうが、それにしても、ほぼ一〇〇～一四〇メートルの海面低下があったと考えられる。ヴュルム氷期に、氷河がもっとも拡大していたのは約二万年前で、それから氷河が縮小しはじめ、五〇〇〇～六〇〇〇年前には現在の氷河の分布と同じぐらいにまで縮小した。このことが欧米の氷河研究で知られているが、この氷河の変化に対応するように海面が変化してきたことがわかっている。その証拠となるものとして、シェパード（F. P. Shepard）が世界の、地殻変動量が少ない地域で求めた海面高度の時間的推移を39図に示す。このグラフは、海面近

38図　ヴュルム氷期の氷河と海岸線（Antevs, 1929）
投影はランベルト正積方位図法。

発表者	発表年	海面低下（現海面下，m）		現存氷河が全部とけたときの海面上昇量（m）
		最大氷期	ヴュルム氷期	
Penck, A.	1933	100	—	55
Daly, R. A.	1934	90—105	75—85	50
Flint, R. F.	1947	120	102	24
Valentin, H.	1952	115—120	95—100	35—40
Woldstedt, P.	1954	115—120	90—100	—
Bauer, A.	1955	—	—	54
Thiel, E. C.	1962	—	—	66
Donn, W. L. ほか	1962	137—159	新105—123 古115—134	—
Russell, R. J.	1964	—	137	—
Curry, J. R.	1965	—	120—125	—
湊　正雄	1966	—	140	—
戸谷　洋	1967	—	135	66

表4　氷河性海面変化による海面の昇降の値

くに生棲する貝など生物の遺体のC^{14}年代と、その遺体がボーリング等によって発掘された位置（現在の海面以下の深さ）との関係を描いたもので、世界各地で共通して、約一万五〇〇〇年前から約六〇〇〇年前にかけて、海面が急激に上昇してきたことを示している。

同図に示した日本で得られた深さ——年代の値は、必ずしも海面近くに棲んだ生物の遺体による測定値ではないが、そして地殻変動量が比較的大きいわが国での値であるが、それでもシェパードのグラフと似た関係があらわれているのは注目すべきであろう。この二万年ぐらい前にはじまる海面の上昇は、世界的には後氷期海進《こうひょうきかいしん》とよばれ、日本では、有楽町海進とか縄文海進とか呼ばれている。

ところで、このように氷河性海面変動（glacial eustasy）が最終氷期から後氷期において認められるとすれば、それよりも古い氷期や間氷期においても存在したにちがいない。そしてそれは実際にそうであったと考えられ、模式的には40図のようなものとして示されてい

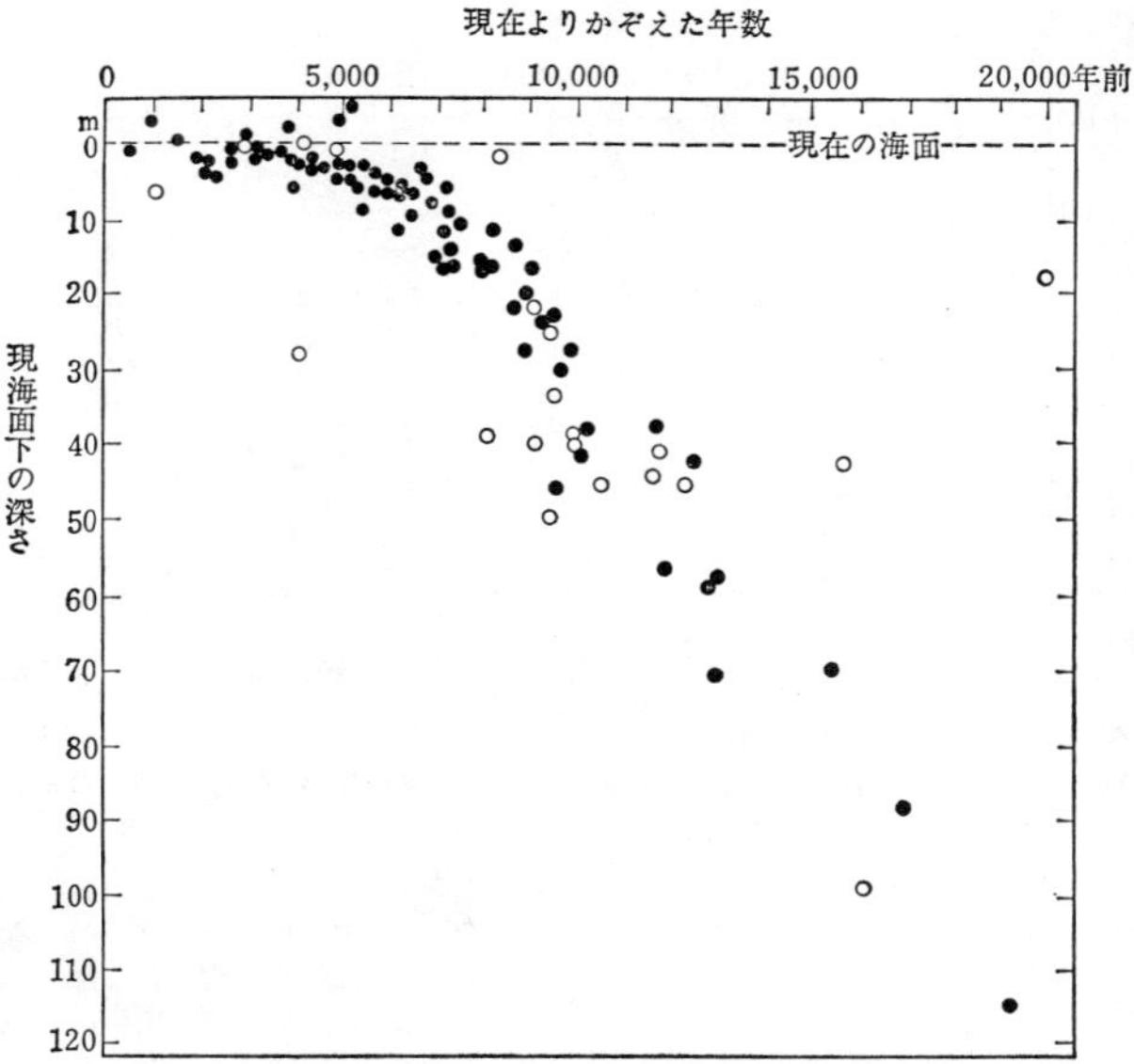

39図　放射性炭素による年代測定値が示す後氷期の海面上昇
黒丸は世界各地の安定地域で、海面付近に棲んでいた生物の遺体から求めたもの（Shepard、1961による）。白丸は1964年までに日本の沿岸各地の沖積層中の生物遺体から求めたもの。これは海面付近に棲んだものだけではない。

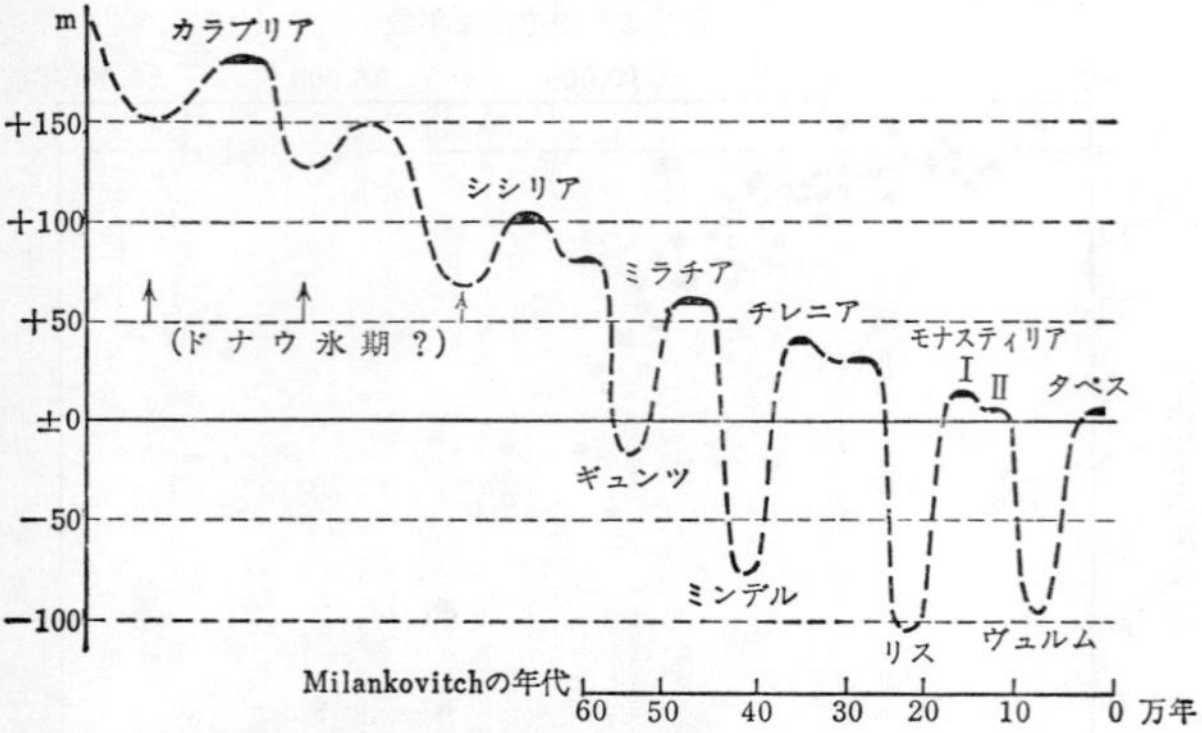

40図　第四紀の海面変動曲線
Woldstadtの曲線にMilankovitch（1930）の年数を併記。曲線の上は間氷期の名称、下は氷期の名称。

る。[*7] このグラフで海面の位置を示す曲線が上昇しているのが間氷期であり、それが低下しているときは氷期である。

ヴュルム氷期（北米のヴィスコンシン氷期）の絶対年代については、それが約一万年前ないし七万〜九万年前の期間であるという点で多くの研究者がほぼ一致した見解をもっているが、それより古いリス、ミンデル、ギュンツなどの氷期の年代については、いろいろな推定はあるが、定説はない。しかし、近い将来、絶対年代測定法の進歩によって確かな年代がわかるであろう。[*7]

40図に記したミランコヴィッチの目盛りは、地球と太陽の位置関係からおこる、地球が受ける太陽輻射量の変化をもとに、輻射量が少なくなる時期をいくつかの氷期に当てはめたものである。

こうした年数の目盛りについてはともかくも、40図に似た海面昇降の証拠が海岸段丘や海底地形に認められることは、世界の各地から報ぜられている。では、東京においてはどうであろうか。それには、東京よりもやや範囲をひろげて、関東平野の第四紀の地史を調べてみる必要がある。

4　第四紀の関東平野

関東平野の地形

国土地理院では、日本全国の地形区分をおこない、日本のいろいろな地形が、それぞれ占める面積を算出している。それによると、関東地方は日本の諸地方の中でもっとも山地面積の占める率が小さくて二八パーセント、丘陵・台地・低地がそれぞれ一〇パーセント、二六パーセント、二二パーセントと大きい面積を占めていることがわかる。ところで、関東平野において、丘陵と台地と低地が、どのように分布しているかを見てみよう（41図）。関東平野をつくるこれら三つのタイプの地形は、非常に入りくんだ分布をしめしているが、しかし、大局的にみれば次のような規則性をみることができる。

(1)　丘陵は関東平野の周辺に分布する。

(2)　台地は関東平野の全般にわたって分布するが、台地面の高度の分布をみると、関東平野の中心部にあたる幸手《さって》・久喜《くき》・栗橋《くりはし》付近がもっとも低くて一〇～一五メートル、周辺部

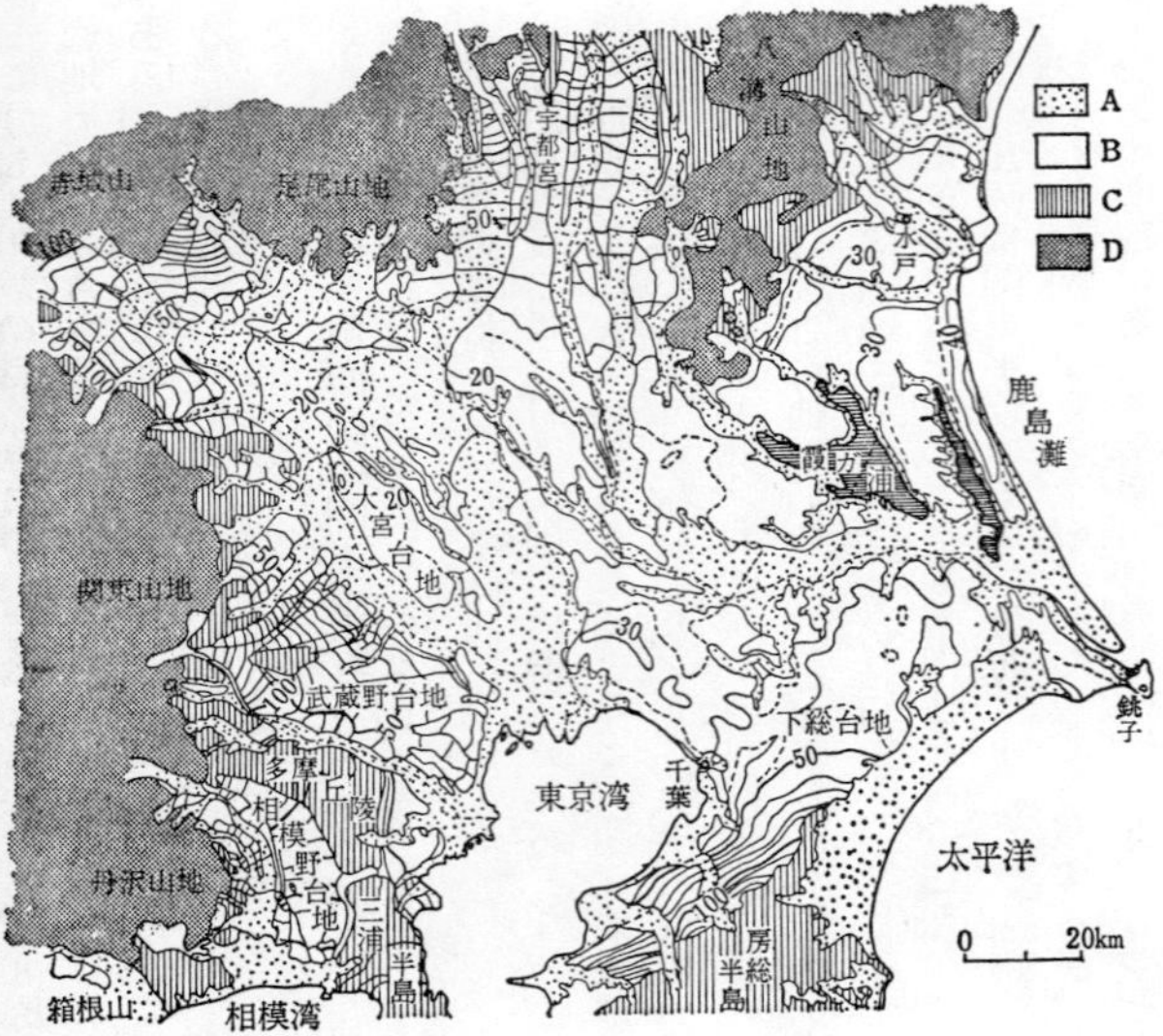

41図　関東平野の地形（貝塚、1958）
A：低地、B：台地・段丘、C：丘陵、D：山地。低地・台地の等高線は10 m間隔。

ほど高くて、ところにより一〇〇メートルをこえる。

低地の中でとくに大きいものは、東京湾にそそぐ旧荒川・旧利根川系のものと、鹿島《かしま》灘《なだ》(3)にそそぐ鬼怒川系のものとがあるが、これら低地の系統は、関東平野の中央部でもっとも接近している。

以上のことは、すべて関東平野は、周辺が高く、中央部が低い盆地状の地形をなすことを意味しているのである。このことは、昭和のはじめに矢部長克などによって指摘され、かつ、それは平野の中心部が沈降し、周辺が隆起するような地殻変動、すなわち造盆地運動によるものだと考えられた。この考えは、また関東平野とその周辺の地層の傾きからも裏づけられ、さらに、のちにのべるように、地層の厚さの分布からもわかっている。

関東造盆地運動は、関東の地形や地質構造の配置をきめた動きであるだけでなく、関東平野をして地下水や天然ガスにめぐまれた土地とした動きであり、また、関東地震とも無縁ではないらしい。関東造盆地運動はかように東京の過去・現在そして未来を考える上にみのがすことのできない現象であるが、これについては後にまたふれるとして、ここではまず、関東の地形のタイプが丘陵・台地・低地の三つにかなりはっきりと分けられるゆえんについて考えてみよう。

多摩期の海進

丘陵と呼ばれているものは、東京西南部の多摩丘陵や、武蔵野西部の狭山丘陵のように、うねうねとした波状地で、台地のように、平坦な表面はないけれども、山地と呼ぶには起伏が小さい地形のことである。一般的にいって日本の丘陵の地形がどのようにして作られてきたかについては、地形や地質構造からみると、おおざっぱにいって二つの種類がある。

その一つは、房総半島の大部分をしめる丘陵のように、主として第三紀層（とくに鮮新世・中新世の地層）よりなるもので、丘陵の地形は、降雨や流水の侵食作用によってつくられている。したがって、鋸山《のこぎり》〔千葉県安房郡鋸南町と富津市の境にある〕のように、かたい凝灰岩でできているところは侵食にさからって高く残り、泥岩よりなって侵食されやすいところは低い、という具合に、基盤の地層と地形の凹凸との関係が深いのはこの種の丘陵の特色である。

もう一つのタイプの丘陵は、多摩丘陵の東部一帯や狭山丘陵、あるいは栃木県中部の喜連《きつれ》川《がわ》丘陵で代表されるもので、丘陵の基盤は第三紀層からできているが、その上に洪積層がほぼ水平にのっているというものである。この種の丘陵は、遠くからみると、——たとえば多摩丘陵を武蔵野台地からみると、そのスカイラインは非常に平らにみえ、まるで台地をみているような感じさえする。その平らなスカイラインというのは、だいたい、上記の洪積層の堆積表面に当るものなのである。だから、この種の丘陵は、基盤の上に洪積層がのっているという地層の構成の点からは、台地や段丘と同じであるが、ただ、その形成時代が台地や段丘よりもひと昔——このひと昔とは一〇万～二〇万年ぐらいである——古いために、より長く陸上の侵食作用をうけて、谷がよく発達し、平坦面がなくなってしまった、というわけである。多摩丘陵が多摩段丘と呼ばれることがあるのも、この意味でもっともなことである。

　この多摩丘陵は、一九六〇年代以降東京の拡大の波がまともにおしよせ、いたるところでブルドーザが、上部の洪積層や下部の第三紀層（上総層群）を切り取って丘陵の形をかえ、多摩ニュータウンや多摩田園都市などのベッドタウンが造成されてきた。

　丘陵上部の洪積層というのは、多摩丘陵の北西部では御殿峠礫層、北東部のほぼ田園都市線—小田急線の間ではおし沼砂礫層、横浜市南部では長沼《ながぬま》層・屏風《びょうぶ》ガ浦《うら》層などと呼ばれる地層ならびにその上に重なる、多摩ローム層以上の関東ローム層である。

　これらの地層のうち、御殿峠礫層は前（六四ページ）にちょっとふれたことのある、古相模川の堆積物であるが、おし沼砂礫層・長沼層・屏風ガ浦層など、多摩丘陵東部の地層は海《かい》成《せい》層であって、当時この丘陵東部まで海が進入してきたことを示している。

　一九七〇年代以降進展した、多摩ローム層やこれら海成層の研究によると、横浜南部では、海の進入は繰返しおこなわれ、多摩ローム層の降下時代（多摩期）に少くとも四回は認められている。多摩丘陵北東部でおし沼砂礫層が堆積したのはそのうちの一回の海の進入（海進）による。このような海進の繰返しは、房総半島や大磯丘陵でも認められ、世界的な氷河性海面変動による公算が大きい。

　武蔵野台地の西部にあって、狭山湖・多摩湖があり、狭山茶で知られる狭山丘陵も、多摩丘陵と似て、遠くから眺めれば、そのスカイラインは平らにみえ、段丘と呼んでもおかしくない（42図）。この狭山丘陵を構成する地層は、ところによっては丘陵の表面に侵食されず

42図　南からみた狭山丘陵の西半、村山貯水池（手前）と山口貯水池

に残っている立川・武蔵野・下末吉ローム層を別とすれば、多摩ローム層とその下の芋窪礫層、谷《や》ツ粘土層、三ツ木礫層とからなっている。[*6]

芋窪礫層は風化した礫からなる多摩川系の河成《かせい》堆積物で多摩期のもの、谷ツ粘土層と三ツ木礫層は主に海成層で、上総層群に属するものとみられる。

同じ多摩期の地層は、関東平野の西縁・北縁にも認められ、いずれも丘陵を構成している。関東平野の中央部でも多摩期の地層が地下にあることが、ボーリングの資料からわかっている。このことは、関東平野の中央部は造盆地運動で沈下してきたことを示す一つの証拠となるものである。

下末吉海進

横浜市は、丘陵と台地と低地が模式的な形でみられる都市である。市の西郊に当り、一九六〇年代以降開発されてきたところが、長沼層・屛風ガ浦層・多摩ローム層などのあるT面丘陵。次は山の手の住宅地となっている山手町《やまてちょう》とか野毛山《のげやま》の台地。この台地は、帷子川の谷をはじめ、いくつかの谷にきざまれて、切れぎれになっているが、中《なか》区から北へ神奈川《かながわ》区、鶴見《つるみ》区、港北《こうほく》区にひろがっている。ここはT面が海抜七〇〜九〇メートルあるのにくらべ一段低く、海抜四〇〜六〇メートルであり、台地の上の平坦面はかなり広くのこっている。これが下末吉台地（S面台地）である。

下末吉台地の地層の構成は、鶴見区の下末吉・上末吉付近の崖のところによくあらわれていた。それは、下からいえば、基盤の上総層群（三浦層群）、洪積世の海成層である下末吉層、その上の下末吉ローム層・武蔵野ローム層・立川ローム層よりなっている。この中で、下末吉台地の地形を作った本質的な地層は、下末吉層である。

さて、下末吉層の調査によると、この地層の基底は凹凸があって、その凹部は谷の地形をなしている。それは、沖積層の下に埋没谷があるのと似て、下末吉層の堆積前に海退陸化の時期があり、次いで下末吉層を堆積させた海進があったことを示している。この海進は今日、下末吉海進の名で呼ばれているが、その名は横浜付近だけの局地的な名称ではない。すでにのべたように、東京の上部東京層は下末吉層に対比される地層であったし、常総台地に広くひろがる成田層群の上部も下末吉層と同時のものであり、下末吉海進は、関東平野の大部分を海域にしたことがわかっているのである（37図の1）。それればかりでなく、下末吉層とほぼ同時とみられる海成層は日本の各地に海岸段丘構成層として分布していて、下末吉海進は全日本的な現象と考えられている。

下末吉海進のあとにつづいた地形の変化は、武蔵野の段丘によく記録されているように、主として河岸段丘の形成であって、それは、海が再び退き、河川は下流に延長しながら下刻をしはじめたことを示している（37図の2）。武蔵野段丘・立川段丘などがそれであり、立川段丘ないし青柳段丘のころに海退が絶頂に達したらしいことは前にのべた（37図の3）。そして、そのあとに、沖積層を堆積させ、古東京川を埋没させた有楽町海進があって現在に至ったのである。こうしてみると、東京の地形の変遷も以上にのべた関東平野にみられる、丘陵・台地・低地の形成史と同じ足どりをたどったものにほかならない。丘陵・台地・低地の地形のちがいは、海進・海退のくり返しにみちびかれた侵食や堆積の作用によってできたものであり、関東平野の地形は、これに加えるに関東造盆地運動が継続してきたとすることによって、大すじを説明することができるのである。

丘陵・台地・段丘と氷河性海面変動

かつてはT面と呼ばれて一括されていた丘陵面も、研究が進展するにつれていくつかの段丘面に区分され、それらのうち南関東の海岸近くのものは、何回かの海進によって作られたものと考えられるようになった。そして、S面は前記のように下末吉海進によるものであり、海岸に近いM_1面やM_2面も海進によって作られたものであろうと考えられるようになってきている。さらに、充分な資料はないが、立川段丘の一部（多摩川下流のTc_1面）も、海進に関連して形成されたものかと推定されている（36図）。

南関東のこれらの海進の絶対年代は、前述のフィッショントラック法やC^{14}法によってほぼ明らかになってきたが、それらが間氷期におこった海進によるものであろうことは、植物化石や花粉などの示す気候あるいは貝化石などの示す水温からも推定されている。しかし、ヨーロッパや北米の、どの間氷期に当るものかはこれまでのところはっきりしていない。それは、前述のように、ヨーロッパや北米の氷河の消長の絶対年代が、ヴュルム氷期をのぞくと明らかにされていないからである。

ヴュルム氷期になって、全世界の海水面が低下すると、陸地の面積がかなり増加した。この陸地のひろさは、現在、陸棚がひろく発達しているところで広がったにちがいない。38図には、当時の推定海岸線が描いてあるが、日本近海でいえば、オホーツク海、黄海は広く陸地になった。日本島の周辺では、九州の北岸や西岸がかなりひろがり、また瀬戸内海が完全に干上っていた。すでにみたように、東京湾はまったく陸地となっていたが、相模湾や駿河湾には陸棚がほとんどないから、海岸線の位置は今とそれほど違わなかった筈である。

海面の低下によって変ったのは、海岸線の輪郭だけではない。人類を含めての生物の移動は当然であるし、新生の陸地から砂ぼこりが吹き上げられたところや、砂丘が発達したところもある。日本では、いまのところ、海面以下に縄文以前の遺跡や砂丘が発見されたという報告はないが、今後海底から発見される可能性は充分にある。それはとにかく、日本で、海面低下に伴った現象の一つとして著しいものは、河川の延長と、その下流部での下刻であろう。

この下刻は日本の大河川の下流部では、ほとんど例外なく認められ、また、その下刻の途中で河岸段丘をのこしているものも少なくない。武蔵野における立川段丘はこのような種類の河岸段丘であると考えられる。

しかし、多摩川ぞいの河岸段丘のすべてが、このような海面低下にもとづく段丘というわけではない。河岸段丘をつくる要因は、海面の変化のほかに、気候の変化も、地殻の変動も、人為によるものもある。多摩川河床は、一九六〇年前後には年間数十万立方メートルに達する砂利の採掘によって、著しい低下をきたし、洪水がおこりにくくなった反面、用水の取入れが不可能になるなどの問題がおこったが、これも一種の段丘化といえる。立川付近より上流の多摩川ぞいの段丘をみると、たとえば、青梅付近では、大分けすると三段の段丘がある。一番高いのは、国電青梅線〔現・JR青梅線、以下同〕の青梅駅のある立川段丘で、多摩川河床から約四〇メートルの高さがある。次は河床から約三〇メートルの高さにある拝島段丘で、最後は河床から約二〇メートルの高さにある千ガ瀬段丘である。

これらの段丘のうち、拝島段丘およびそれ以下の段丘は、関東ローム層をのせないから、いわゆる後関東ローム段丘であって、その形成時代は、ヴュルム氷期の、海面が低下しつつあった時期ではなく、海面は上昇中かあるいは上昇して現在とほぼ同じになってからの段丘である。したがって、拝島段丘以下の諸段丘は、海面低下によって川が下刻し、その過程でできた段丘ではない。立川から氷川〔現・奥多摩駅〕に至る国電青梅線は、だいたい関東ローム層以後にできた段丘面上をはしり、現在の多摩川は、この段丘面をきざむ二〇〜三〇メートルの深さの峡谷の底を流れているのである。吊橋のかかったこの峡谷が、過去一万年ぐらいの間にうがたれた原因はなにであろうか。

アルプスに源を発するライン川をはじめ、中欧の諸河川は、氷期になると下流では海面低下のために谷をえぐったが、一方上流では、氷河周辺の寒冷気候のために河川に供給される岩くずの量が増加し、それを川が下流まで運びきれなかったので、上流では堆積がおこり河床が上昇したという。そして、間氷期あるいは後氷期になると、下流部では海面の上昇のために、氷期の谷は堆積谷で埋まり、上流では岩くずの供給が減って川は下刻に転じたという。

多摩川の上流、秩父多摩国立公園〔現・秩父多摩甲斐国立公園〕の二〇〇〇メートル前後の山地には、確実な氷河の遺跡は認められていない。また、江古田植物化石の示すように、ヴュルム氷期に千数百メートルの植生帯の低下があったとしても、多摩川の水源の山々で氷河周辺地域と呼べるようなところは、さして広くなかったと考えられるから、中欧の諸河川と同じく寒冷気候が原因で砂礫の供給が増えたとは言いきれない。したがって、後氷期になって、盛んに下刻がはじまったのも中欧と同じ原因ときめてしまうわけにはいかない。

多摩川における後氷期の下刻の原因としては、山地の隆起とか、降水の増加なども今迄に考えられているが、決定的な説はいまだ得られていない。今後に残された研究課題の一つである。

Ⅳ　下町低地の土地と災害

０メートル地帯の地下鉄入口（東西線南砂町駅）水害対策として入口を高くし扉を備えてある（松田磐余撮影）

葛飾区四つ木・墨田区八広付近
この空中写真は、防災拠点・都市再開発が不可欠なことを物語る(約1/16800)。川は荒川と綾瀬川。

いうまでもないことであるが、川は土地の低いところを流れるものである。山の手台地では、川は台地をきざむ谷底にある。ところが、東京の下町の、江東区・墨田区・江戸川区などでは、川は自然の理に背くように〝尾根《おね》〟の上を流れているのである。試みに、総武《そうぶ》線の亀戸を下車し、東西南北どちらへでも行くと、平坦地の向うに坂がみえてくる。この坂の上までのぼれば、橋がかかり、時と所にもよるが、橋桁近くまで水が満ちているのをみる。もし満潮時ならば、亀戸駅付近の土地は、水面より二メートルぐらい低い。ところによっては、三メートル低いことさえある。ここは0《ゼロ》メートル地帯なのであり、水害の常習地である。川が流れている〝尾根〟とは、土地が海底に没しないために、上へ上へとつぎたされていった堤防の裾の盛土なのである。

東京の下町低地の地盤の調査は、日本の沖積《ちゆうせき》低地の地盤研究の先駆をなすものであったし、以来今日に至るまでに、多くのことがわかってきている。しかし、もし、この下町低地の数百万の人口と、その膨大な生産力と、さらに予想される種々の災害とを考えるならば、下町低地の土地研究は、地層や地下水の性状といった点だけについても、なお完全とはいいがたい。だが、もちろん、下町低地の土地や水の問題の最大のものは、地盤沈下にしても水汚染にしても、自然の性状が人為的にこれほどに悪化するのを放置した社会的政治的環境にあり、またその悪化した土地への早急な対策にあると思われる。

1　下町低地の微地形

下町低地の微地形をくわしく表現した地図が作られるようになったのは、一九五〇年代以降のことである。はじめて東京下町の微地形図が試作されたのが一九五八年（昭和三三年）であり、その後、東京湾周辺で微地形図が作られ、それによって、東京下町に三五・五平方キロメートルに及ぶ平均海面以下の土地、いわゆる0メートル地帯がひろがっていることが明らかになった。それらは、一九六一年に二万五〇〇〇分の一の東京周辺の水害危険地帯地盤高水防要図（八葉）として、洪水地形分類図とともに国土地理院から公にされた。

また、東京下町の中でもことに地盤が低く、水害対策がもっとも急がれる荒川放水路と隅田川の間については、一九六一年に調査・作製された三〇〇〇分の一の東京低地防災基本図（二六葉）が東京都首都整備局（現・都市整備局、以下同）によって公にされた。この図は、地盤高や防災諸施設などを示しており、五〇センチメートルおきの等高線によって、この地域の微地形を読むことができる。なお、上記二万五〇〇〇分の一地盤高水防要図は一メートルおきの等高線で微地形を示している。そしていずれの図も東京湾中等潮位以下の等高線を青で、それ以上を茶色で印刷してある。その後、国土地理院からは、一九七〇年に二万五〇〇〇分の一土地条件図の東京付近のものが出版された。これは、上記一九六一年の地盤高水防要図と洪水地形分類図を兼ねたもので、地形分類のほか、地盤高と各種機関および施設（防災開発担当機関、観測施設、交通路、揚排水・電力施設など）が一三色で印刷されている。低地の地盤高の等高線間隔は一メートルである。

これらの図によると、東京低地はほとんどすべてが海抜四メートル以下であり、多摩川低地では、東海道線以東はすべて四メートル以下の土地であることがよみとれる。次に、ほぼ東京湾の満潮面にあたる海抜一メートル以下の土地は、東京低地では荒川放水路の両側にひろがり、江東区・墨田区のほとんど全域と江戸川区・葛飾区の半ばちかく、それに足立区と荒川区の一部を含み、その面積は約八八平方キロメートルに達している。そして、0メートル以下の土地は、国電の総武線でいえば西は錦糸町《きんしちよう》から東は小岩《こいわ》近くに及び、北は常磐線にまで達し、面積は三五平方キロメートルに及んでいる。なお、多摩川低地では、海抜一メートル以下の地域が約八平方キロメートル、0メートル以下が約〇・五平方キロメートルである。これらの面積は、いずれも上記の地図が作られた当時（一九六二年）の面積であるから、一九七〇年代末までに地盤沈下のためにずっと広くなっていることはいうまでもない。

一九六二年以後の0メートル地帯の面積の増加を、東京都内だけについてグラフで示すと45図のとおりである。数字であげると、一九七三年一月の、平均海面（ほぼA.P.一メートル）以下の面積は、六六・七平方キロメートルで、一〇年前の一・六倍をこえている。さらに、満潮面（ほぼA.P.二メートル）以下の面積は、一二四・二平方キロメートルで、これは東京区部の面積、五七二平方キロメートルの約二二パーセントに相当する。なお、一九七三年一月現在で満潮面以下に居住する都内人口は約一七〇万人に達している。

43図　0メートル地帯の川（江東区小名木川）
家や工場のあるところは、道路よりもさらに低い（東京都広報室提供）

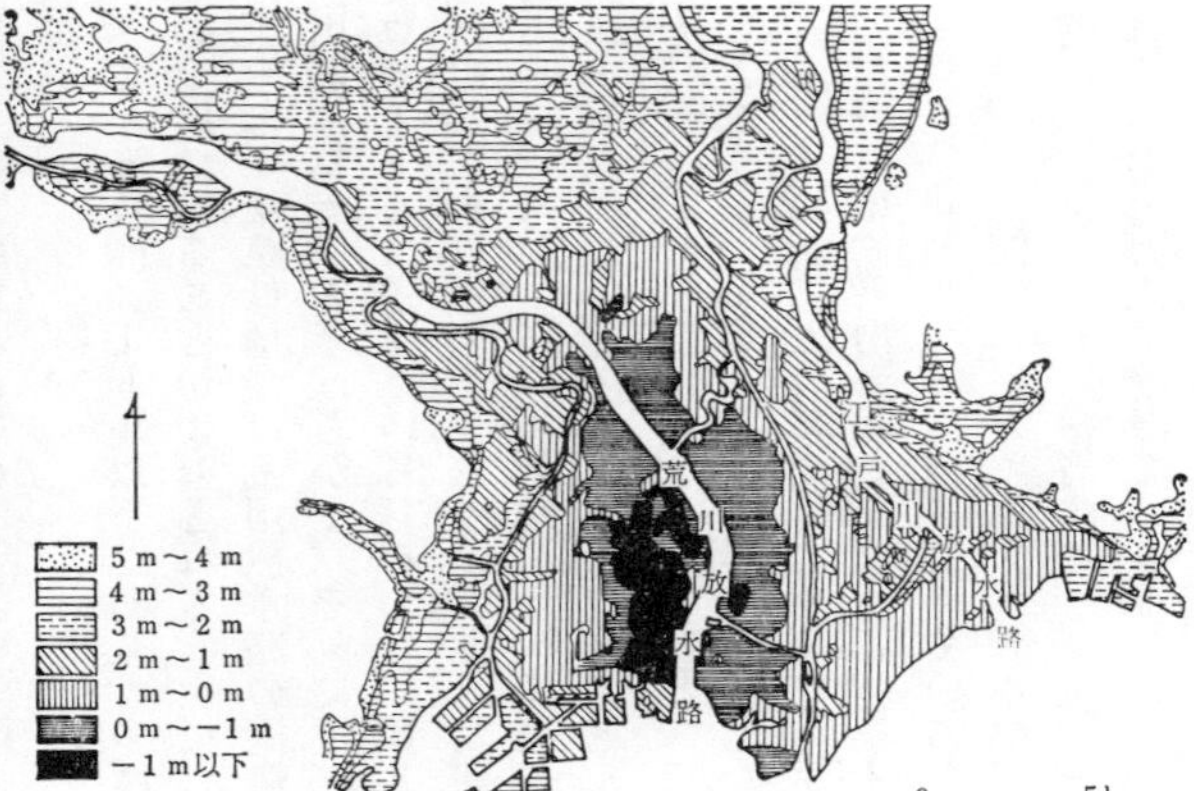

44図　東京低地の地盤高図（1960年測量、国土地理院、1963より）

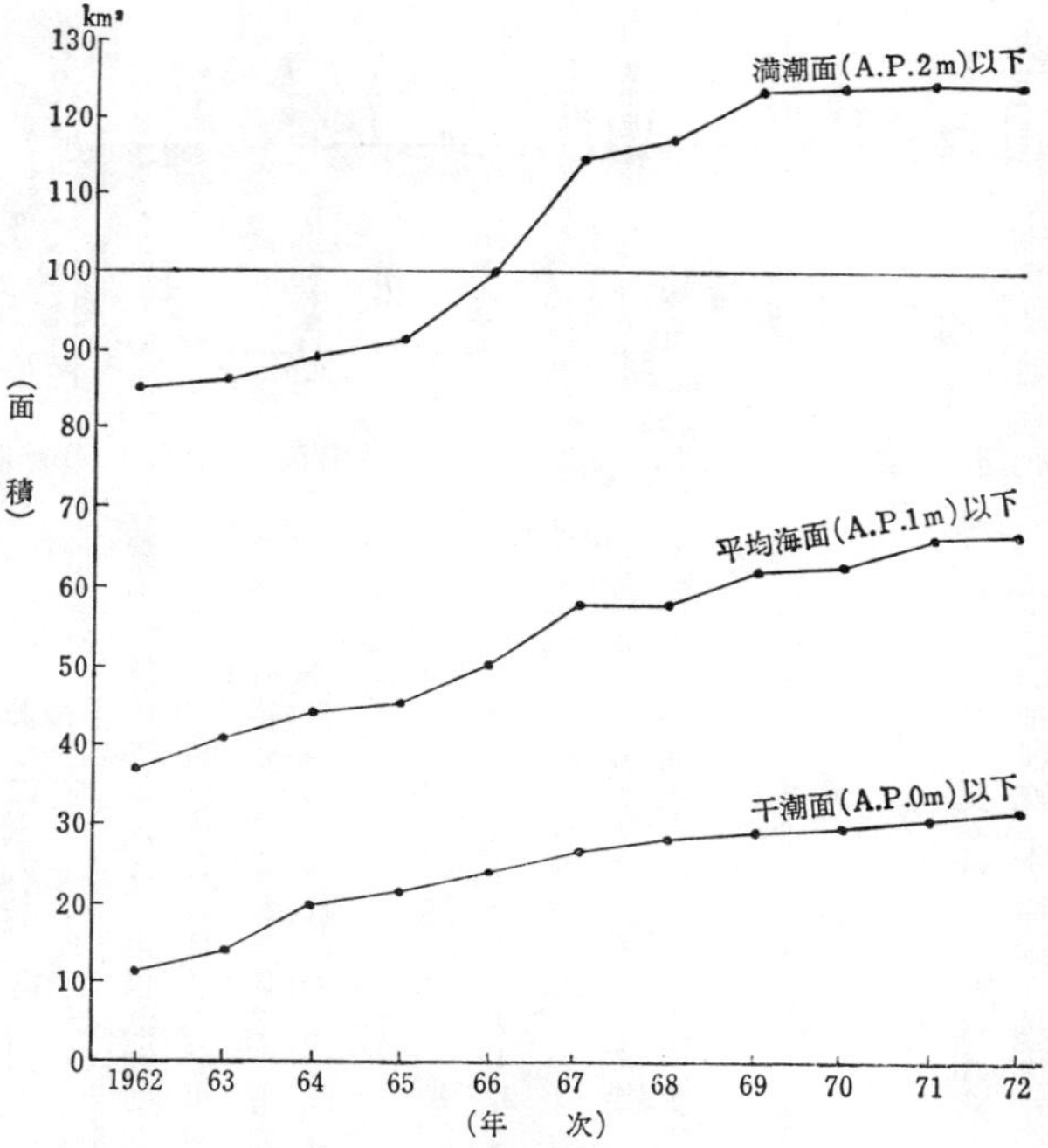

45図　東京都内の0メートル地帯の面積の変遷
(東京都土木技術研究所資料により作成)

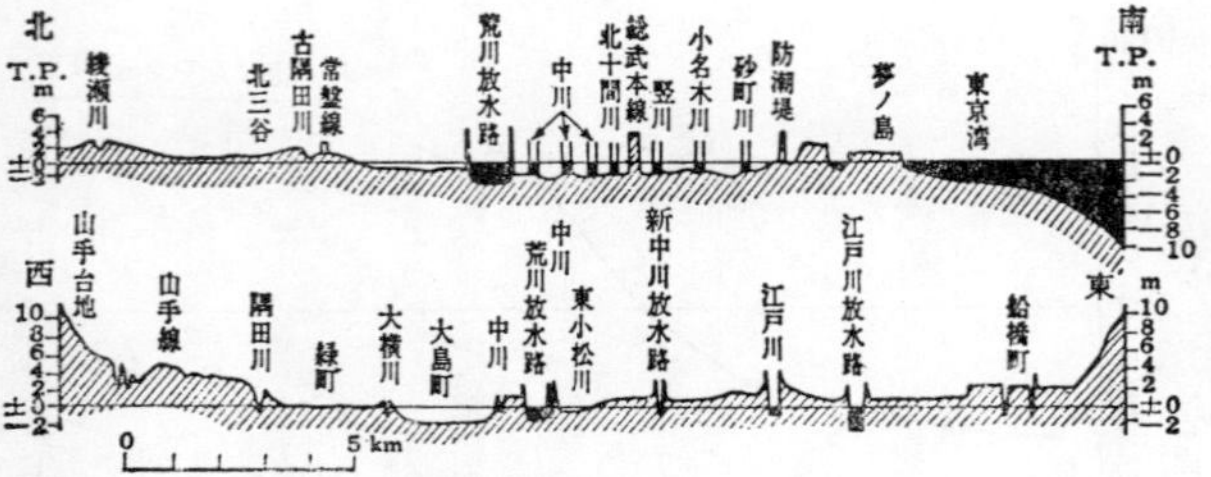

46図　東京低地の南北（上）および東西（下）断面（中野尊正、1961より）

このように広大な、海面以下の土地は、自然の土地ではない。国土地理院にて上記の地図を最初に企画・作製した中野尊正によれば、東京低地に地盤沈下が進行して、あるていどの面積をもつ0メートル地帯が誕生したのは一九四〇年前後と推定されている。したがってこの広大な0メートル地帯が形成されたのはそれ以降数十年ぐらいの間のことである。

この地盤沈下の速さは、一年間に最大約二〇センチメートルに達し、沈下がもっとも早くはじまり、かつ、もっともはげしい江東地区では、沈下がはじまったと推定される明治二〇年代からの約八〇年間に、総沈下量四〇〇センチメートル前後となり、江東区東陽《とうよう》四丁目の水準点九八三二号のごときは大正七年（一九一八年）から昭和四八年（一九七三年）までの五五年間に四五五・七六センチメートルの沈下を記録しているのである（55図、二三九ページ参照）。このような著しい地盤の変動は、大地震のときの急性の地殻変動を別とすれば知られていない値である。そしてこの地盤沈下の原因が地下水の汲上げによることは、一九三〇年代にはじまる研究によって、周知の事実となっている。

東京低地の微地形

東京低地の微地形は江戸時代からの埋立て、盛土、掘鑿などによる地形の改変に加うるに、昭和時代の地盤沈下によって三角州としての地形を大きく変えてしまった。それは、ことに江東区、墨田区、中央区で著しい。

東京低地の中では、比較的人為による地形変化の著しくない江戸川区、葛飾区、足立区などの微地形を前記二万五〇〇〇分の一地盤高水防要図と地形分類図によってみよう。

東京低地はもともと利根川・荒川の三角州であるが、この平野の上流のどこまでが三角州であるかということになると、それは三角州の定義の問題となって、人により見解は一致しない。

一般に、河成《かせい》低地は扇状地性平野・自然堤防帯型平野・三角州平野と三つに区分されるが、このように区分する場合には、埼玉県と東京都の境付近が自然堤防帯型平野と三角州平野の境界にほぼ等しいと考える。その根拠は、これより上流では、川ぞいの自然堤防の高まりがはっきりと認められるのに対して、都内に入ると中川や古《こ》隅田川の両側などに自然堤防の微高地がないではないが、比高は一メートル以下のきわめて微弱なものであること、したがって後背湿地《こうはいしっち》もはっきりしないことにある。そして自然堤防のような川の地形が微弱な一方、東京低地では、海の作用による地形がみられるのである。

海の波や潮汐の作用による地形としては、もっともはっきりしているものは、市川《いちかわ》市の市街がある砂州で、これは比高も幅も大きく、その上の一部には砂丘がのり、その北側にはかつて潟（ラグーン）であった低湿地をも抱いている。比高の小さい砂州としては、足立区の興野《おきの》・島根《しまね》・加平《かへい》付近の一帯、その南には上野の台地をつけねとして根岸《ねぎし》から千住《せんじゅ》にのびるもの、さらに南には日本橋付近から浅草《あさくさ》にのびるもの、向島から北十間《きたじっけん》川に沿い、さらに江戸川区の新《しん》川に沿って行徳につづくものなどが指摘されている。

これらの砂州は、縄文時代には関東平野の奥の方まで入りこんで、〝奥東京湾〟をなしていた海が後退していく途次に、海岸線近くで作られたものと考えられるが、中には、延長してきた河川の自然堤防と区別のつきにくいものもある。たとえば、東京都と埼玉県の境をなす毛長《けなが》堀にそう砂堆《さたい》は、旧荒川の自然堤防とも、海浜の砂州ともいわれている。おおざっぱにいえば、東京低地の河川は南北に近い方向をとり、かつ曲流していたから、その縁にできた自然堤防と、ほぼ東西方向にのびる海岸ぞいにできた砂州とは、分布から区別できるわけである。

このように東京低地では、低地の陸化年代が若く、また砂州と自然堤防の微高地は一応みとめられるが、比高が小さい上に微高地の連続性が悪いから、後背湿地の囲みが不完全で、泥炭《でいたん》や黒泥《こくでい》の堆積は、埼玉県下の後背湿地のように厚くない。東京低地の大部分は、後背湿地というより三角州面であって、一メートルぐらいの表土の下には貝殻を含む砂質の地層があらわれる。

多摩川低地の微地形

多摩川沿岸の沖積低地にも、0メートル地帯があるが、東京低地にくらべたら面積も狭く、また、水害危険地域も広くない。それは、多摩川の沖積低地の幅が狭いことにもよるが、沖積低地の勾配が大きく、平野の性質が東京低地とかなりちがうからである。

多摩川低地は、大部分は扇状地性平野であって、自然堤防帯型平野や三角州平野はほぼ溝《みぞ》ノ口《くち》以東の下流部に限定されている。

溝ノ口付近より上流の多摩川は、河原には砂礫《されき》があり、また河原の微地形としては砂礫堆と呼ぶ微高地がある。いまは堤防でまもられている平野面でも、空中写真では砂礫堆の高みや網状の河道の跡があらわれており、また表土の下には砂礫があって、かつてここを多摩川が流れたことがわかる。このような微地形や堆積物の性質、ならびに、この平野の勾配が一〇〇〇分の二～四ほどあることは、ここが扇状地性平野であるとされるゆえんである。江戸川―利根川ぞいならば、河口から一〇〇キロメートル近くさかのぼらなければ扇状地性平野でないのとくらべたら相当なちがいである。河口から溝ノ口までは二〇キロメートルもない。

扇状地性平野は一般に水はけがよい。多摩川中流がナシの産地になっていたのはこういう土質が果樹にかなっているという点もあるのだろう。この平野面は、多摩川の河床から三・五～五メートルの高さにあって、洪水・氾濫の危険はきわめて小さい。それというのは、前

47図　多摩川低地の地層
登戸付近の砂利取場。表面の約１ｍは氾濫原土、その下は旧河床の砂礫。

にもふれたように、多摩川は砂利の採取がおこなわれて、河床が低下してきたからである。一九五〇年代からの数十年間で立川あたりは三メートル以上も河床が低下し、川の様相がまるで変ってしまった。

溝ノ口付近より下流の多摩川は今ではほぼ直線状に流れているが、大正年代の河川改修の前は著しく蛇行していた。いまでも過去の蛇行の跡は残っており、その縁は、自然堤防の高みとなっている。そして、自然堤防と自然堤防の間、あるいは自然堤防と台地の間の後背湿地は、自然堤防より一～二メートル低く、黒泥や泥炭を挟む粘土質の土層からなっている。

下丸子《しもまるこ》付近より下流になると、自然堤防の微高地のほかに、砂州と考えられる海の作用でできた地形があらわれるので、上記の東京低地と同じく三角州平野と呼んでよいだろう。砂州としては、鶴見川の谷の出口付近の川崎市南加瀬《みなみかせ》のものや、東海道や京浜急行ぞいの微高地があげられる。川崎駅の東口付近も東海道ぞいの砂州の一部である。

台地を開析する谷底の沖積低地

東京低地や多摩川低地をとりかこむ諸台地、すなわち、東から下総台地、大宮台地、武蔵野台地、下末吉台地などには、侵食谷《しんしょくこく》が発達していて、谷底には細長い沖積低地がある。比較的大きい谷底低地としては、下総台地では市川市街の北の二つの谷、大宮台地では綾瀬《あやせ》川の谷や芝《しば》川の谷、武蔵野台地では神田川の谷、渋谷川の谷、目黒川の谷、呑川の谷、下末吉台地では鶴見川の谷などがある。

これらの谷底の沖積低地は、東京低地や多摩川低地とひとつづきの低地であるが、これらの大きい低地が大河川の沖積作用で作られたのにくらべると、堆積物がちがう。これらの谷は流域も小さく、川の流れも弱いので、上流から砂礫を運んでくることはあまりない。それで、谷底に堆積している沖積層は、関東ローム層を洗い流したものなどの細かい粒子や有機質の泥よりなる。さらに、このような谷は、谷口を砂州や大河川の自然堤防でふさがれていることが多く、この事情のためにIの章でのべたように、侵食谷の下流部は、つい最近までラグーンや沼になっていたところがすこぶる多い。そういうところでは、泥炭が堆積して、きわめて軟弱な地盤となっている。次にこの泥炭地についてのべよう。

大宮台地の芝川の谷の沖積地は、阪口豊《さかぐちゆたか》らによって調査され、ひろい泥炭地であることがわかった。これを見沼《みぬま》泥炭地と呼んでいる。この泥炭地は、芝川の細長い谷にできたもので、地表から一～三メートルが泥炭または黒泥よりなり、その下には粘土層がある。泥炭は主としてマコモよりなり、下部にヒシの実を含む。見沼泥炭地の中央部では、地下二・六メートル以深には鹹水《かんすい》にすむ珪藻がみられるが、二・四メートル以浅では淡水《たんすい》種の珪藻に代る。このことは、もと、この芝川の谷は海水の入る入江であったものが、のち淡水化したことを物語っている。

ここが排水の悪い湿地あるいは沼として長くつづき、泥炭の生長を許した理由としては、この地域が関東造盆地運動の一部として南上りの地殻変動をうけてきたことと、芝川の谷の出口が旧荒川の自然堤防でふさがれたことがあげられている。この旧荒川の跡が現在の毛長堀である。

武蔵野台地東部の侵食谷では、泥炭の発達がとくに著しいのは、谷田川下流の不忍池付近、文京区の春日《かすが》から白山にかけての指ケ谷《さしがや》泥炭地、溜池付近、古川下流の赤羽橋《あかばねばし》付近、大田区の馬込《まごめ》の谷、呑川下流の池上付近などである（5図、五〇ページ）。これらの谷口はほとんど砂州によって谷口をとじられている。すなわち、これらの谷も一時は入江であったのが、砂州に湾口をとじられて潟となり、そこが泥炭地に変ってきたのである。

なお、侵食谷中の泥炭の部分は、必ずしも谷口付近とは限らない。たとえば、呑川の支流の九品仏川の谷底には最大三・六メートルの厚さの泥炭がある。この泥炭地の一部である東横線の自由が丘駅付近では、建築の基礎工事で地下水面が低下し、泥炭が収縮したために、地盤沈下が生じたことを先に紹介した。

2　下町低地の地質

下町低地の地質調査

東京下町の低地が、もっとも新しい地質時代である沖積世に、河川の三角州としてできたこと、下町の一部は有史時代においても海底であったことは、一八七九年（明治一二年）のナウマンの論文にもあるが、その地層が研究されたのは明治の末になってからのことであった。一九〇九年に、山川戈登《ゴルドン》が、麹町区（現在千代田区）有楽町一二〜一三号地（現・千代田区丸の内二丁目）の三菱ビル建築工事のさいに、地下の地層を観察・記述したのがそれである。ここでは、地表から五メートルぐらいのところに、現在の東京湾の奥にみられるような、河口近い浅海にすむ貝の殻が含まれていた。この貝殻を含む地層が、その地名をとって有楽町貝層とか、有楽町層とか呼ばれることになったのである。

この、東京下町の沖積層に関する知識は、一九二三年の関東大地震のあとにおこなわれた復興局の調査によって、飛躍的に増加した。そのさいのボーリングによって、東京下町に、数メートルから数十メートルの厚さにおよぶ沖積層があること、沖積層の基底には、凹凸のはげしい地形が埋もれていることなどが明らかになつた。

また前にものべたように、等高線で示された沖積層基底の起伏は、山の手台地を開析《かいせき》する谷のつづきが、海成《かいせい》の沖積層におおわれていることを明瞭に示していたし、沖積層の下にも埋もれた段丘地形もみられたので、これらの地形の解釈をめぐって、いろいろな論述がおこなわれた。

なお、山川が報じた有楽町層の中の貝殻には、ハイガイのように、現在の東京湾ではまれにしか採集できない西日本産の貝が含まれていた。このハイガイは縄文時代の貝塚の貝にもみられることから、館山の沼サンゴとともに、現在より暖い海の堆積物として注目された。そのごの研究によると、海水温は、五〇〇〇〜六〇〇〇年前にもっとも高くなり、現在はほぼ銚子《ちょうし》沖にある黒潮と親潮の境界が、当時は仙台湾周辺沖にあったと推定されている。この時代には後にのべるように、陸上の気温もまた現在よりやや高かった。

復興局の報告によって、東京下町の沖積層のひろがりや厚さがはっきりしてきたが、これはそのまま有楽町層または有楽町累層と呼ばれることになった。また、この層を下町累層と呼ぶこともあり、また沖積層の上部を有楽町層、下部を七号《ななごう》地層と呼ぶこともおこなわれている。

復興局の報告は長い間、建造物の設計に利用されてきたが、その調査範囲は、西は新宿・渋谷から東は本所《ほんじょ》・深川《ふかがわ》までしか及んでいなかったから、東京の拡大とともに、さらに広域にわたる地盤図が必要になった。

ところで、都市の地盤が大地震のときの建物の震害に非常に大きな影響を与えることは、関東地震のときの被害と、復興局の調査結果をつき合わせることによって明らかになったが、これらをもとに、地盤種別と設計震度に関して、建設省告示第一〇七四号が出たのが昭和二七年（一九五二年）である。そしてこの線にそい、東京都建築局は、昭和三〇年（一九五五年）に東京の地盤の震度による分類を全区にわたっておこなった。そのさいには、隅田川と江戸川にかけての一帯で弾性波試験や地盤の振動試験がおこなわれ、荒川放水路をはさむ両側には軟弱な沖積層が三〇メートル以上もあることがわかってきた。下町の弾性波試験の結果によると、江東の地盤は表層以下に三層が区別されている。第一層は弾性波速度がほぼ一一〇〇メートル／秒以下で沖積層。第三層はおおむね一八〇〇メートル／秒以上で明らかに洪積層《こうせき》、両者の間の一三〇〇〜一五〇〇メートル／秒は洪積層と考えられたが、第三層とのちがいが地質学的に明らかにされたのは、それよりあと、『東京地盤図』が作製される途上のことであった。

一九五九年に出版された『東京地盤図』は、復興局の調査報告とはちがって、既存のボーリング資料にもとづいて地層区分がおこなわれているから、個々のボーリングについては、地層の判別に問題もあろうし、地域によるボーリング密度のむらもあるが、五〇〇〇本に及ぶボーリングにもとづいて、東京の区部のほぼ全域が示されたのは非常な進歩であった。さきの弾性波速度の第二層が上部東京層で、第三層は東京礫層の下にくる下部東京層であることも、この調査によって明らかになったのである。

『東京地盤図』のほかに、東京湾沿いについては、千葉県が浦安《うらやす》から富津《ふっつ》に至る地域の調査をおこない、神奈川県・埼玉県も地盤調査の報告を公にしている。そして、これらをもとに、羽鳥ほか（1962）は東京湾沿岸の沖積層の層序を第四紀《だいよんき》地史の観点から説明した。また、東京都首都整備局や東京都土木技術研究所〔現・東京都土木技術支援・人材センター、以下同〕は、東京都の深井柱状図を刊行し、一九六九年には『東京都地盤地質図』が都土木技術研究所によって公にされ、同研究所地象部地質研究室（1972）によって地質の記述もおこなわれている。このほか、市や区の単位ぐらいでの地盤図もいくつかある。また、地下鉄や高速道路などの路線に沿う地盤調査結果等にもとづいて、松田《まつだ》磐余《いわれ》（1973、1975）などが東京の沖積層に関する論文を発表している。[*8]

次にはこれらをもとに、東京下町とその隣接地の地下地質を紹介しよう。

沖積層の基底

東京低地では、沖積層の下位には洪積層（東京層）がひろがっている。建築や地下鉄工事の現場でひろく地層が露出しているところでは、両者の境を指摘するのはむずかしいことではない。遠くからビル工事の根切り穴を眺めても沖積層と洪積層の境がわかるほどである。それは、沖積層は概して泥質で青灰色を呈することが多いのに対して、洪積層は砂質で、黄褐色のことが多いからである。銀座・日本橋あたりならば、工事場の根切りの穴に黄褐色の砂が地表近くまでみえて、沖積層がごく薄いところが多い。この色のちがいは何に由来するかというと、おおざっぱにいって、青灰色は還元状態にある鉄の色で、黄褐色は酸化鉄の色

地層／性質	沖積層	洪積層
色	シルト・粘土 砂 } 暗灰～暗青灰	シルト・粘土：暗灰～青灰～黄灰 砂　：暗灰～黄灰～赤褐 礫　：青灰
標準貫入試験のN値（概数）	シルト・粘土：N＝0～10 砂　：N＜30	シルト・粘土：N＝10～30 砂・礫　：N＞20
貝化石	多産，大型のものが多い	まれに産し，破片となっていることが多い
岩相	一般に泥質	一般に節分けのよい砂が多い
腐植物	あり	なし

表5　東京低地の沖積層と洪積層の比較

である。

沖積層は、もともと海や沼の酸素の供給の悪いところに堆積したものだから青灰色なのに対して、洪積層はその堆積したとき、および、今は海底下にあっても、かつて、古東京川が流れていた海面低下時代に、陸地となって、そこで空気にふれて酸化され、地表部分が黄褐色になったのである。

すなわち、沖積層下の洪積層の黄褐色は、かつての陸上風化の産物である。このような風化層上面による沖積・洪積両層の区分は、ミシシッピー河谷《かこく》の地層区分にも使われている。

もっとも、沖積層下の洪積層は必ずしも黄褐色というのではなく、ボーリングの柱状図では、露頭でみるより沖積・洪積両層の区別はむずかしいが、東京低地では、表5のような目安で、区別することがおこなわれている。

このような目安で区別された沖積層と洪積層の境とは、古東京川時代に陸をなしていた地層とその後の海進（有楽町海進）によって堆積した地層との境目である。すなわち、この境より下は約二万年より古い地層であり、この境より上は約二万年より新しい地層ということができよう。だから、ここにいう沖積層の中には、約二万年前から約一万年前までの、洪積世の最後の一万年間の堆積物も含まれていて、約一万年前に始まる沖積世（完新世）の堆積物だけではない。だから、沖積層といってきたのは、〝いわゆる沖積層〟のことである。

さて、東京低地について、沖積層の基底の深度分布、すなわち、沖積層を剝いだときにあらわれる地形を示した図をみてみよう（48図）。

この図によると、沖積層の基底面は一見たいへん複雑な地形のようであるが、明瞭な地形要素をぬきだしてみると、二種類の段丘状平坦面と、それらをきざむ谷地形（埋没谷）の組合せのようにみえる。

段丘状平坦面の一つは、台地のへりをとりまくように分布するもので、かつての波食台《はしょくだい》であると推定されるから、埋没波食台と呼ぶ。これには大別して上位のものと下位のものがある。もう一種の段丘状平坦面は谷ぞいにのびるもので、その地形や堆積物からみて、河岸段丘である。それは何段にも区分されるが、ここでは一括して埋没河岸段丘と呼ぶ。まず、埋没波食台からみよう。

埋没上位波食台：上野の台地の東側から南東にかけてはマイナス一〇メートル以浅の埋没台地があり、これは浅草までのびている。この埋没台地を浅草台地と呼んでいる。浅草台地の南西には、駿河台の南端から南へ、日本橋・銀座へのびる埋没台地があり、これもマイナ

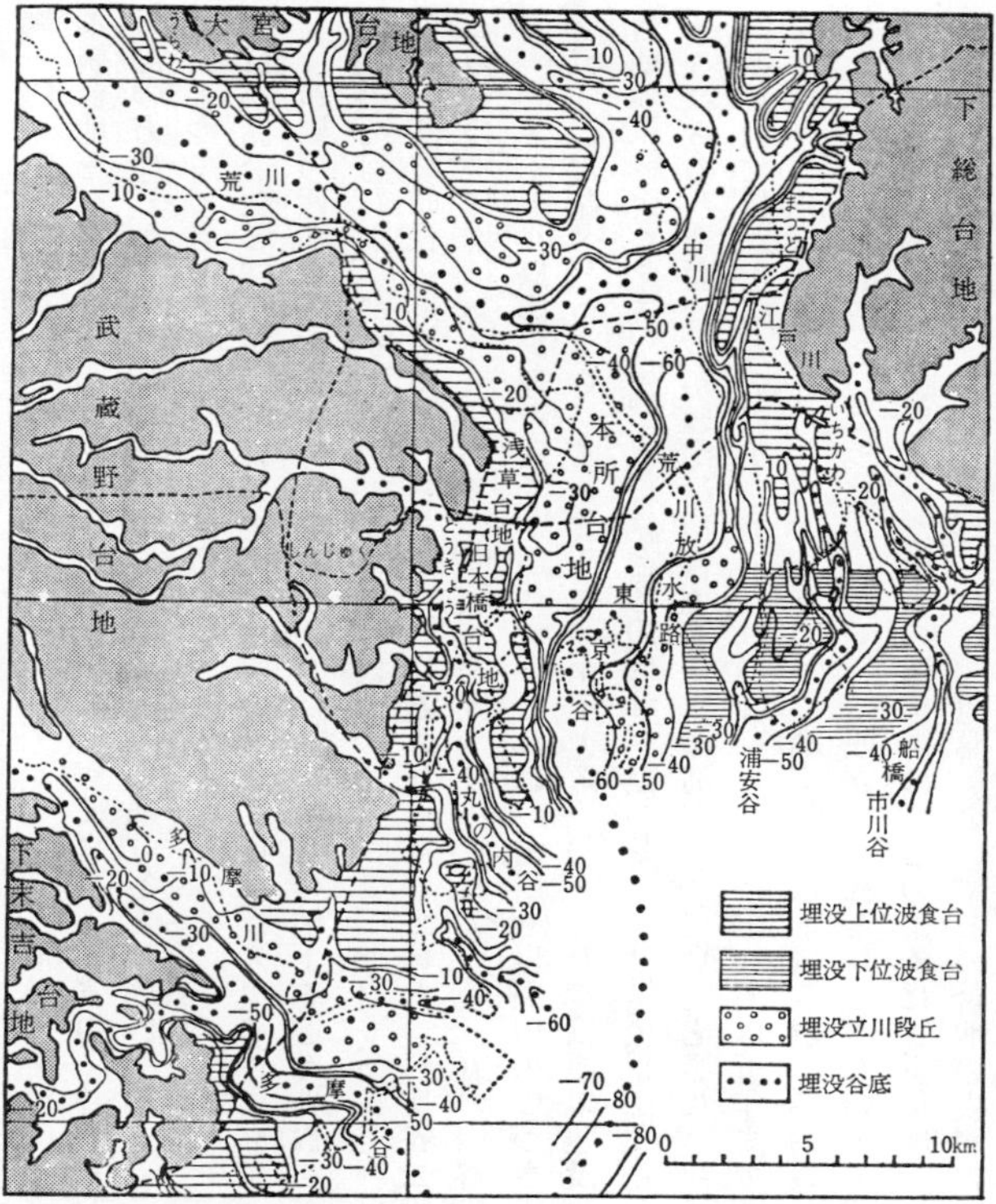

48図　沖積層基底地形とその区分（編集原図）

ス一〇メートル以浅で、浅草台地と高さは等しい。これを日本橋台地と呼ぶ。浅草台地と日本橋台地をへだてるものは、陸上の谷端川につづく埋没谷《まいぼっこく》であり、それはほぼ、不忍池から月島《つきしま》の方にむかって、昭和通りに沿うので、昭和通り谷と呼ばれている。この谷は古石神井川によってできたものにほかならない。

日本橋台地と、皇居の間には神田神保町《じんぼうちょう》〔千代田区〕から丸の内をへて、日比谷公園を通り、新橋の西から国電浜松町《はままつちょう》駅〔現・JR浜松町駅〕の地下を通る埋没谷がある。これは丸の内谷と呼ばれ、この谷底は日比谷公園ではマイナス二〇メートルに達する。この谷のところは、江戸時代に埋立てられるまで、日比谷入江となっていた。日比谷公園の地下駐車場はこの谷の中に堆積した貝殻の多い沖積層を掘って作られている。丸の内谷の南西にもマイナス一〇メートル以浅の埋没段丘がつづき、これは、古川や目黒川のつづきの埋没谷に切られながらも大森へとつづく。このように、マイナス一〇メートル以浅の埋没台地面は、武蔵野台地の東縁をとりまいている。下総台地の西縁にも同じような埋没台地面が広く分布している。

これらの台地面は、かつて洪積台地の縁まで海が洗っていたときに、その波の作用でできた波食台にほかならない。東京湾のへりでは、ところによっては近年まで波食台が形成されつつあったが、東京付近のものは、だいたい縄文時代に形成され、その後三角州の前進によって多少とも沖積層をかぶったり、人工的に埋立てられたりしたものである。

日本橋・銀座・東京駅といった東京の繁華街は、このように、洪積層〔東京層〕からなる埋没台地〔日本橋台地〕の上にあるから、地盤がよい。この台地の表層の一〜五メートルは盛土や沖積層よりなるが、その下は直ちに東京層の砂である。表層の沖積層は、粘土も交えるが、主体は砂礫で、貝殻の破片を含んでいる。この貝殻の堆積状況をみると、これは波の強い海浜の堆積物である。すでにのべたとおり、ここはかつて、江戸前島と呼ばれた州であったが、この州はすなわち日本橋波食台の上にできた砂州なのである。この砂州の北東へのつづきは浅草台地の東縁に沿い、鳥越《とりごえ》から浅草にのびていたものと考えられる。浅草が砂州の上に発達したことは文献にもあらわれているし、浅草の地名自体、砂州や砂丘にみられるような、草のまばらな土地を意味している。

埋没下位波食台：江戸川下流部の埋没地形は、沖積層と洪積層の境界が不明瞭なことが多いので、地盤図によってかなり表現がちがうが、マイナス二〇〜マイナス四〇メートルに平坦面がある。この平坦面は、その地形や関連する堆積物からみて波食台のようなので、これを埋没下位波食台としておく。二段ぐらいに細分することも可能である。

埋没河岸段丘（埋没立川段丘）：浅草台地の東側には比高二〇メートルほどの埋没斜面があるが、その下に、マイナス三〇メートル前後の埋没段丘面がある。東京低地でもっとも明瞭なのは、荒川区の隅田川ぞいから、墨田区と江東区の西部にいたる地域である。これを本所台地と呼ぶ。本所台地は、マイナス三〇メートル前後で南北にのびているが、これと似た埋没段丘が多摩川の低地の下流部左岸よりにもある。

この多摩川ぞいの埋没段丘は、深さはマイナス三〇メートルぐらいからマイナス一〇メートルのもので、多摩川低地の方向にのびており、上流へ次第に高くなって、陸上の立川段丘

（Tc_1面およびTc_2面）につながるのである。ボーリングの資料によると、多摩低地の埋没段丘は、立川段丘と同様に、関東ローム層をのせ、その下に段丘礫層を伴っている。そして、本所台地がこれとよく似て、やはり関東ローム層と段丘礫層を伴っている。したがって、これらの段丘は埋没立川段丘といってよい。本所台地の段丘礫層をおおう関東ローム層に含まれる有機物のC^{14}年代は、約二万三〇〇〇年前、あるいは約三万三〇〇〇年前という値を示しているから、この関東ローム層は立川ローム層にちがいない。

埋没河岸段丘には、上にのべたものより高い水準のものや低い水準にあるものもある。たとえば、荒川放水路下流部の地下マイナス四〇～マイナス五〇メートルにある段丘地形は低い水準にある河岸段丘である。これらの河岸段丘も、立川段丘（Tc_1～Tc_2）として一括してよいと思われる。

埋没谷：以上の平坦面を掘りこんだ形で多数の埋没谷がある。その中の最大のものは東京低地の中央部を通るもので、その谷底の深さは、荒川放水路沿いでマイナス六〇メートルをこえる。この巾広い谷底こそ古東京川の谷底にほかならない。この谷は葛飾区の金町《かなまち》・亀有付近で、上流からの荒川ぞいの埋没谷（古《こ》荒川の谷）と中川ぞいの埋没谷（古《こ》中川の谷）が合流している。松田磐余によると、荒川ぞいの埋没谷の方が上流によくつづき、当時の利根川の前身はこれに沿っていたものと考えられている。古東京川の谷底は、東京湾横断道路のためのボーリング調査によると、図のように羽田沖でマイナス八〇メートル余りの深さである。

多摩川低地の埋没谷底は川崎駅付近でマイナス五〇メートルであり、谷底の勾配は古東京川のそれよりずっと大きい。

この他の比較的大きい埋没谷としては、上にのべた、陸上の神田川の谷につづく丸の内谷、千葉県浦安町〔現・浦安市〕の海よりにある浦安谷、船橋《ふなばし》と市川付近に発してのち合流する船橋市川谷などがある。これら大きい埋没谷は、いずれも陸上の台地を開析する谷につづき、陸上の谷が大きければ埋没谷もまた大きく深いという共通性が認められる。

さきにのべたように、東京低地の地形は、ほとんどが海抜四メートル以下の平坦地であるから、ここにのべた埋没地形が深ければ、そこの沖積層はそれだけ厚く、墨田区・江東区の東部や葛飾区の南部では、沖積層が六〇～七〇メートルに達する。

この沖積層の厚さが、地盤沈下、震害、建造物の基礎などとからんで、重要な問題となっているのである。

東京低地の沖積層

同じ沖積層といっても多摩川中・上流部の、上から下まで礫《れき》よりなる沖積層と、江東の、ほとんど上から下まで軟弱な砂泥《さでい》よりなる沖積層とでは、まるでちがう。ここでは、まず、東京低地の沖積層をみよう。

東京低地の沖積層は、これまでの研究では、上下の二部分あるいは上中下の三部分に分けられてきた（表6）。ここでは、表のように、沖積層を、最上部層・上部砂層・上部泥層・

東京低地							東京湾東岸	
復興局（1929）	東京地盤図（1959）			東京都地盤地質図（1969）		本書	京葉工業地帯の地盤（1969）	
上部層（粘土・泥炭 砂礫）	上部	現河川・海浜堆積物		表土・盛土・埋土		最上部層		
		上部有楽町層	墨田砂層	有楽町層	上部（砂・砂礫）	上部砂層	上部	砂層
中部層（粘土・砂質粘土）	下部	下部有楽町層	墨田泥層		下部（粘土）	上部泥層		シルト層
				七号地層	（粘土と砂の互層）	下部砂泥層	下部	砂層
		丸の内礫層						シルト層
下部層（砂礫）						基底礫層		基底砂層

表6　沖積層の層序区分

下部砂泥層・基底礫層に分ける。この区分は松田磐余（1975）の区分に準じている。このうち、広い面積にわたって沖積層の主体をなすものは、上部砂層と上部泥層である。下部砂泥層は、主としてマイナス三〇メートル以深の古東京川などの谷をうめた堆積物であり、基底礫層はその谷底を作った当時の河床堆積物である（49図）。

江東区・墨田区などの、沖積層の厚さが六〇メートルをこえるところでみると、その層序はふつう次のようになっている。

上部の五〜一〇メートルは細砂ないし泥質細砂からなり、貝殻やときに腐植物をふくむ。この層は、東京低地のほとんど全面に分布し、薄いけれどもよく連続する。これが上部砂層で、軽量構造物はふつうこの層を支持地盤としている。標準貫入試験のN値は五〜一〇である。

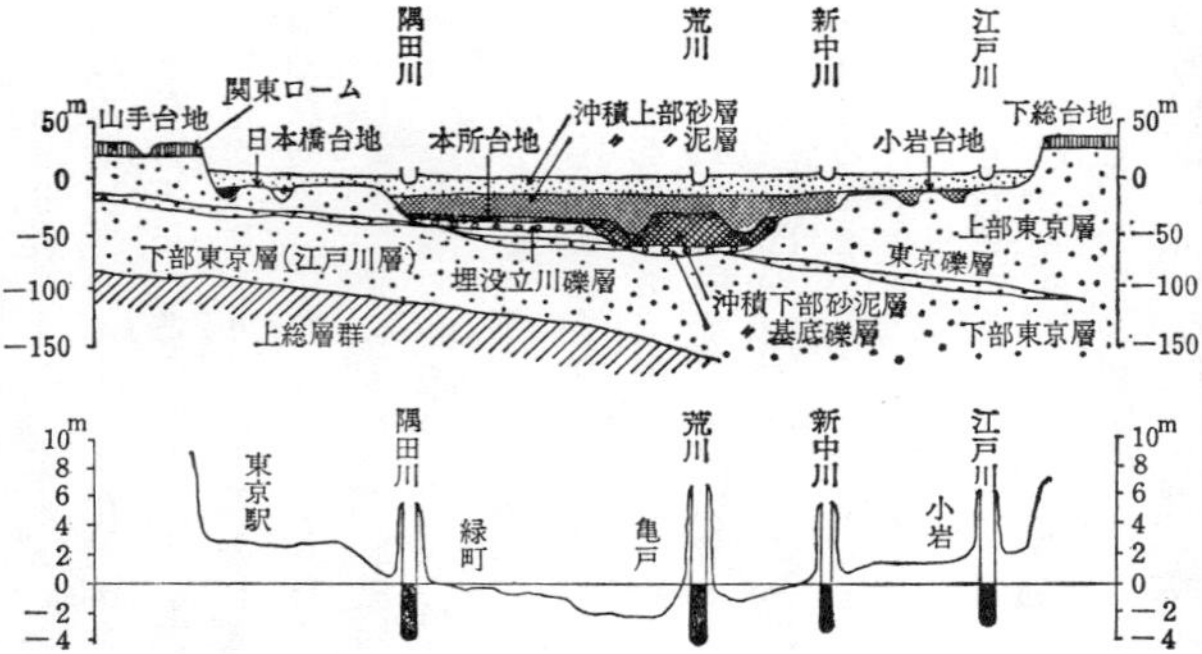

49図　ほぼ総武線にそう地質断面（上）と地盤高断面（下）

上部砂層の下は厚いシルト質層である。粘土あるいは砂をはさむこともあり、暗灰色で軟かく、貝殻を含む。標準貫入試験のN値は一般に五以下で、一以下のことも少なくない。これを上部泥層と呼ぶ。

上部泥層は建造物の支持力に乏しいいわゆる軟弱地盤である。したがって、この層が厚いところは、地盤沈下を生じやすいだけではなく、重量構造物の建設には不向きである。このような沖積層が二〇メートル以上もあると、高層ビルはそれ以下の地層に基礎を下す必要上工費がかさんで建設されにくい。

このような事情があるので、日本橋・浅草台地以東、すなわち、ほぼ隅田川以東では高層ビルの数がぐっと少なくなっている。その有様は総武線の窓からみているとよくわかる。もっとも、一九六〇年代以降、江東区大島《おおじま》四丁目、六〜七丁目や南砂《みなみすな》などに一二〜一四階建ての高層住宅群が作られ下町低地の景観は大きく変ってきた。これらの団地は火災や水害の防災拠点でもあり、都市再開発の方策でもある。下町低地としてはこれら団地の出現は画期的なことがらである。江東地区ではさらに大規模な防災拠点による都市再開発が計画されているが、それらの建設が早急にすすめられることがのぞまれる。なお、上記高層住宅は地下五十余メートルまで杭を入れ、上部東京層あるいは以下に記す沖積下部の砂層を支持地盤としているという。またこのような深い基礎工事のために、家賃が普通より高くなった、ともきく。

　上部泥層の下にくる下部砂泥層は主として砂層と粘土層よりなる複雑な構成をもつものであり、地下深くにあってまだ充分明らかになっていないが、およそ次のことが知られている。上部泥層と下部砂泥層の境はマイナス二五メートル〜マイナス四〇メートル付近にあってかなり凹凸がある。マイナス三〇メートル前後の下部砂泥層最上部には砂層（松田の中部砂層）のあるところがあり、その下底も凹凸がある。それ以下の砂泥層も一〇メートル以上の凹凸のある境で上下に二分できるらしい。そのうちの上位のものは下位のものより固結がゆるい。下部砂泥層は、ところによって貝殻を含み、河口—浅海成のものもあるが、腐植物を交えることが多く、珪藻などの化石からみても河川堆積物が主体をしめているとみられている。N値は砂で一〇〜三〇、泥で五〜一〇ぐらいであるが、下部には更に大きいところがある。下部砂泥層の下には、ところによっては前記埋没段丘礫層のあるところもあるが、古東京川などの河床に当るところには、厚さ一〇メートル以下の礫層（基底礫層）がある。

　さきに、上部砂層は薄いけれども広くひろがっているとのべた。上部砂層のつづきは、北の方では、中川流域の草加《そうか》・越谷《こしがや》から春日部《かすかべ》の方までのびている。ただ、このような上流では、上部砂層の上に、二〜三メートルぐらいの厚さの粘土・シルト層あるいは泥炭・黒泥の層があるのがふつうである。これは、きわめて軟かく、N値は〇〜一で貝化石を含まない。これを最上部層と呼ぶ。成因的にいえばこの層は後背湿地堆積物であって、上部砂層が浅海または河口の堆積物であるのに対して、陸上堆積物だといえる。このような自然の堆積物のほか下町低地には広く人工的な盛土がある。

では、上部砂層を東京湾の方へ追跡してゆくとどうなっているだろうか。

三角州の構造

東京湾の海図には、水路部〔現・海上保安庁海洋情報部〕で発行しているものがあり、局部的には県や市で作成したものもあるが、湾全体をくわしく調査したものとしては、首都圏整備委員会が製成したものがある。これは、ふつうの海図とちがって、水深が、東京湾中等潮位を〇メートルとして描かれている。縮尺は一万分の一と五万分の一とがあり、東京湾水深図という。このほかに、同委員会は、東京湾の底質図をも製成している。これらの地図は、東京湾開発の基図となることを意図して作られたものであろう。二五八ページの63図もこれをもとにして描いたものである。

さて、東京湾水深図をみると、東京湾北部の海底は、海岸線近くの0〜マイナス三メートルの浅くて平らなところと、マイナス一〇メートルないしマイナス三〇メートルのやや深くて平らなところとに区別できる。両者の境は比高数メートルないし十数メートルの斜面である。東京低地の南、江戸川河口の沖合では、海岸線から三〜四キロメートル沖合にこの斜面があり、斜面より上はマイナス二メートルより浅く、斜面より下はマイナス六メートルより深い。このような海底の斜面は、三角州の前面にふつう見られるもので、三角州の前置斜面と呼ばれている。それは、いわば陸地前進のフロントである。

川が上流から運んでくる土砂は、海底へ沈澱するが、そのさいに、砂は河口近くに早く沈澱するけれども、シルトや粘土は長く海中にただよい、広く薄くひろがって堆積し、いわゆる底置層《ていちそう》となる。河口近くに沈澱する砂は、その後、潮流や波によって、移動はするが、海の方に漂うことはなくて、沿岸を埋立ててゆく。三角州では、この砂の堆積が、前置斜面を前進させ、三角州をひろげてゆくのである。前置斜面をつくる砂層は前置層《ぜんちそう》と呼ばれるが、前置斜面が前進することは、泥質の底置層を砂質層が埋立ててゆくことである。

東京低地から東京湾にかけての断面を、ボーリング資料と海図から作ると、50図のようになって、上部砂層は三角州前置層の続きであることがわかる。上部泥層（50図では上部のシルト）は、三角州の底置層にほかならない。

また、三角州が前進すると、それより川の上流側にある自然堤防帯も前進し、それによって、自然堤防をつくる堆積物や自然堤防にかこまれた後背湿地の堆積物が三角州前置層の上に重なってゆく。東京低地の北につづく、中川低地は、すでに微地形の項でみたように、自然堤防と後背湿地の発達した地域――自然堤防帯型平野であったが、ここに、最上部層が重なっているのは、後背湿地の存在とよく対応しているわけである。

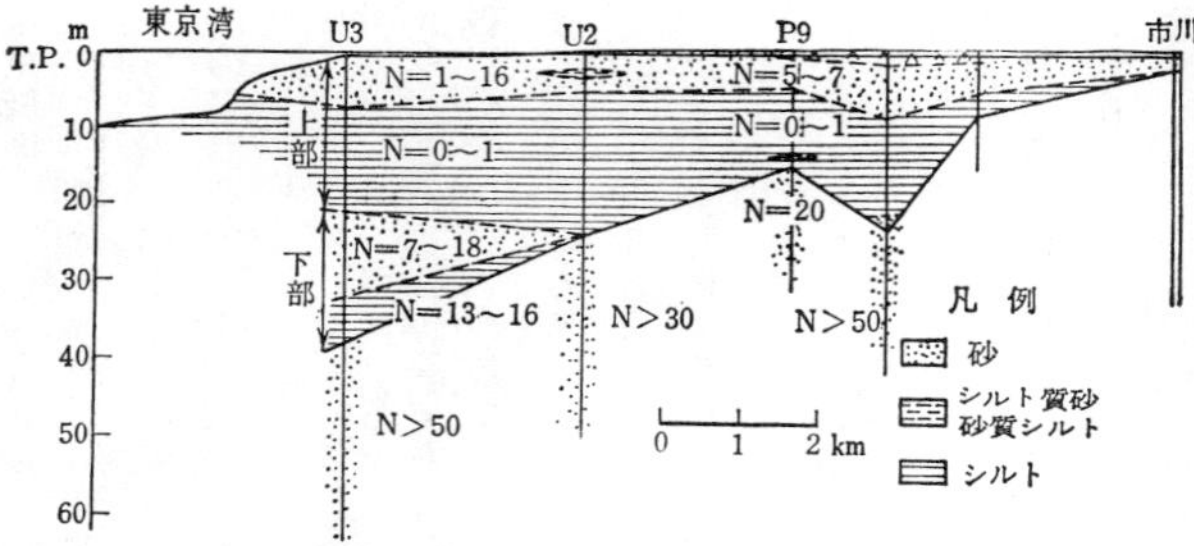

50図　江戸川三角州の地質断面（千葉県の資料による）

同じ東京湾の三角州でも東京低地をつくる江戸川・荒川などの三角州と養老川・小櫃川あるいは多摩川の三角州ではちがいがある。ちがいの一つは、海図でみると、養老川・小櫃川・多摩川の三角州の前置斜面は比高が一〇～二〇メートルもあって、江戸川三角州のそれが四～五メートル程度なのにくらべて大きい。ということは、前置層すなわち、上部砂層が、養老川・小櫃川・多摩川の三角州では東京低地より厚いことを予想させるが、ボーリングの資料でもまさにそうなっていて、小櫃川三角州では上部砂層が一五メートルに達する。しかも、これら三角州の上部砂層の砂の粒子は、東京低地の上部砂層の砂よりも粗く、N値も一〇～四〇という具合に大きい。それは、東京低地を作った利根川・荒川等が緩流河川であるのに対して、養老川・小櫃川・多摩川はともに勾配はより大きく、搬出する土砂が粗いことの反映である。単純にいってしまえば、粗粒物質を運びだす河川の三角州では、上部砂層が粗く厚く、その下の上部泥層（三角州底置層）は薄いといえる。

多摩川の沖積低地の沖積層は、その微地形を反映して、東京低地の沖積層と大変ちがう。羽鳥ほか（1962）や松田磐余（1973）などに従ってのべると、多摩川低地の沖積層は次のようになっている。

ほぼ溝ノ口より上流では表土をのぞく沖積層はすべて一様に砂礫層で、その下には多摩丘陵の基盤をなす上総層群の砂岩や泥岩がある。溝ノ口あたりから下流になると、砂礫の間に砂がはさまるようになり、さらに下流の東横線あたりでは、沖積層の厚さは最大約四〇メートルとなり、粘土や砂のしめる厚さも大きくなる。しかし、下部の一〇メートルぐらいは基底礫層に当る砂礫層である。東横線より下流の三角州平野の部分では、沖積層の最深部はマイナス五〇～マイナス六〇メートルに達するが、下部の一〇メートルほどは基底礫層よりなり、その上にある砂泥層（下部砂泥層と上部泥層）は三〇メートル程度である。最上部には一〇メートル程度の上部砂層に当る砂がくる。

以上のように東京湾北部沿岸の沖積層は、堆積物を供給した河川のちがいや堆積の場所のちがいによって、粒度の分布や各層の厚さがちがうけれども、上部に砂層と泥層が、下部には砂泥層が、最下部に粗い砂礫層があるという共通点がある。この上下の変化について考えてみよう。

有楽町海進の過程

現在の東京湾の底質から知られるように、砂は河口あるいは海岸近くの浅いところに、こまかいシルトや粘土は海岸からはなれた沖の深い所に堆積している。したがって、東京低地

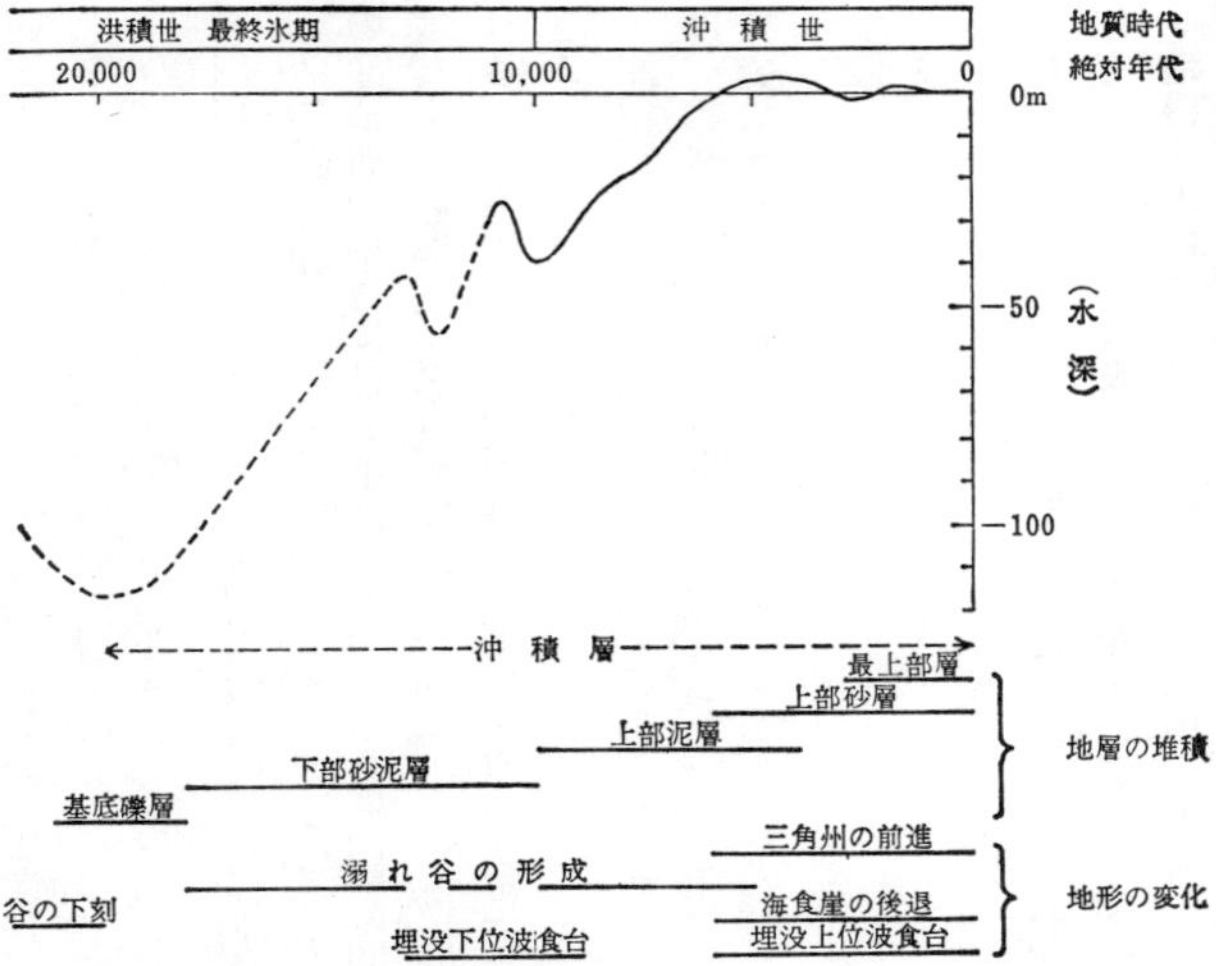

51図　海面変化と沖積層および地形変化との関係　海面変化曲線の破線部分は推定

の沖積層が、下位から基底礫層↓下部砂泥層、凹凸のある境界をへて、上部泥層↓上部砂層↓最上部層と変化しているのは、堆積環境が、河谷底↓入江の河口付近↓陸化侵食↓やや深い沖合↓浅海ないし河口↓氾濫原、と変化したためと解釈できる。このことは、沖積層の中に含まれる貝化石や有孔虫・珪藻などの微化石の研究からも推定される。そして、このような環境の変化を海水準の変動に伴うものと考えると、51図のような海面変化曲線が推定されるが、これは、沖積層の深さとC^{14}年代の関係を示したシェパードのグラフや東京湾で得られた深さとC^{14}年代の関係（39図）からみても妥当らしい。

なお付け加えると、沖積層の層序は、場所によって相当ちがう。東京低地のように、大河川の河口付近では堆積の速さも速いし、砂が泥とともに堆積するが、東京湾の沖合や大河川の河口でないところでは堆積速度が遅く、また砂が供給されないから、沖積層はほとんど泥ばかりよりなり、下部と上部の間の凹凸のある境界（不整合）も明らかでない。東京湾東岸の沖積層の場合には、下部砂泥層と上部泥層の間に砂層がかなり連続するが（表6）、これは、東京低地で不整合を作った海面低下が、砂層の堆積という形であらわれたものかと思われる。このように、沖積層の層序は、海面変化を鋭敏に反映しているところと、そうでないところがある。

沖積層下部と上部の境を作った小海退は約一万年前に生じているが、ちょうどこの時期は、北欧でも北米でも氷河が前進した時期（新ドリアス期）に当り、世界的な小海面低下期と考えられているから、そのあらわれであろう。

3　下町低地の生いたち

東京低地にしても、多摩川低地にしても、長い間水田や湿地だったところに、工場ができ住宅がたつという変貌が二〇世紀半ば過ぎまでの数十年の間におこり、それとともに埋立てや地盤沈下によって海岸線の形や低地の地盤の高さも急速に変化してきた。

このような最近の変化にくらべると、下町低地が、海から陸に変ってきた変化はまことに悠長であり、数千年を要している。この自然の働きによる下町低地の生いたちをあとづけてみよう。

先史遺跡による旧海岸線の復元

下町低地がかつて海であったことは、沖積層やその中に含まれる化石から明らかにされたが、一方、この沖積世の浅海が、いつ、どの程度のひろがりをもって関東平野に入りこんでいたかについては先史時代の遺跡、ことに貝塚にもとづく研究がそれを解明した。

関東地方は、わが国でもっとも貝塚の多いところで、約一〇〇〇が知られている。その分布をもとに、貝塚時代の海岸線を推定する試みは鳥居竜蔵《とりいりゅうぞう》らによって古くからなされていたが、関東全域についてそれをおこなったのは東木竜七（1926）であった。それはちょうど、東京下町で復興局による沖積層の調査がおこなわれていた時でもあり、この研究は各方面から注目された。52図は東木によって描かれた縄文時代の海陸分布を示す図であって、しばしば引用されるものである。

この研究がおこなわれたころは、まだ縄文式土器の編年の研究はすすんでいなかったから、この海陸分布は石器時代のものとのべられているにすぎなかったが、その後土器の編年と貝塚の研究がすすむに及んで、海岸線の変遷がくわしく研究されるようになった（たとえば、酒詰仲男《さかづめなかお》 1942、和島誠一《わじませいいち》 1960、江坂輝弥《えさかてるや》 1971）。

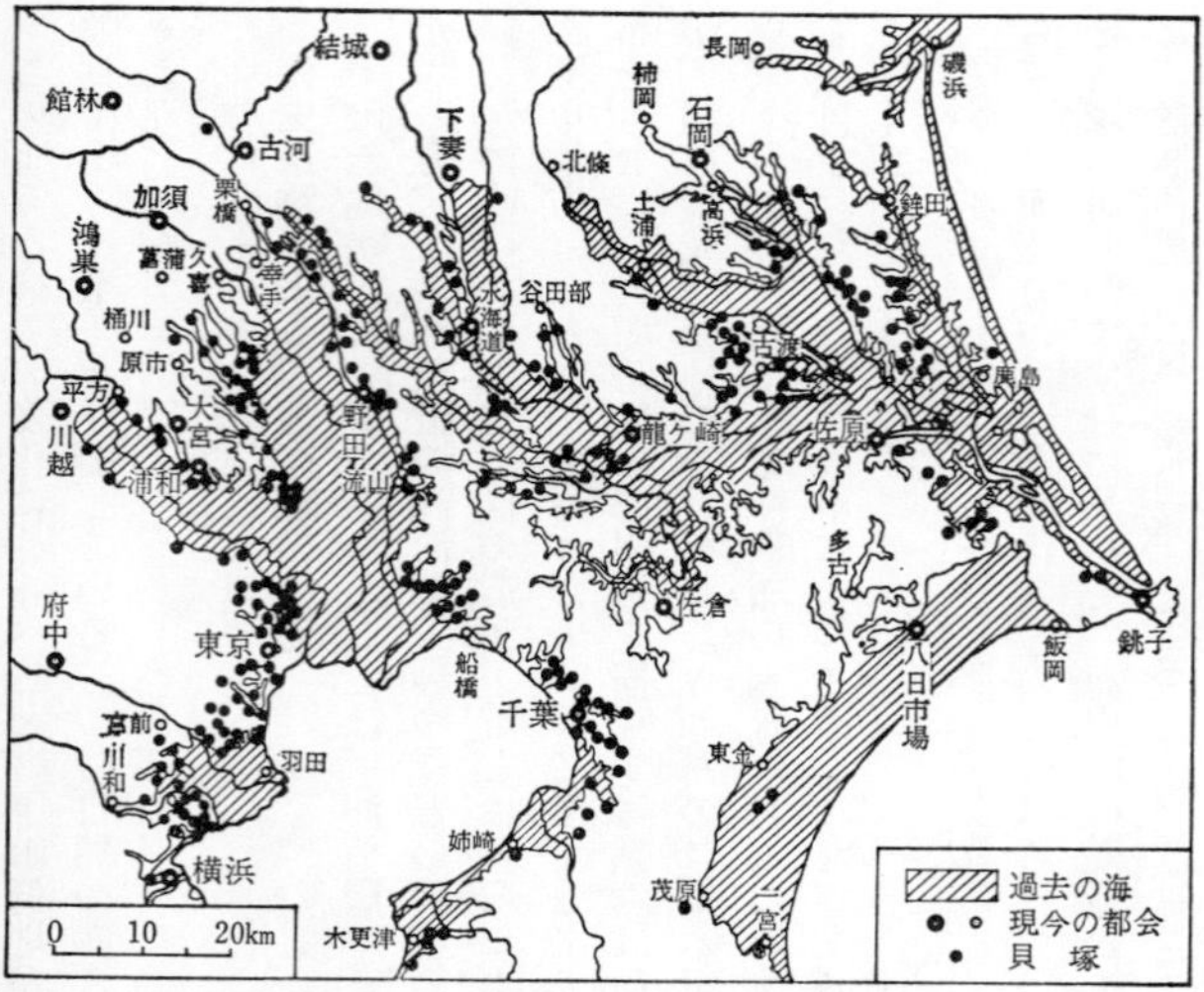

52図　貝塚の分布から推定した石器時代の海岸線（東木竜七、1926）

これらの研究によると、縄文早期の前半の貝塚は、東京湾口の横須賀市夏島や平坂《ひらさか》にあるが、東京湾北部にはみられない。しかし、早期も終りごろになると、荒川低地にのぞむ大宮市指扇《さしおうぎ》〔現・さいたま市西区指扇〕の西貝塚では海産の貝が多く、現在の海岸線より内陸に海が谷ぞいに入ってきたことが推定されている。海がもっとも内陸に達したのは、縄文前期の関山《せきやま》式ないし、諸磯《もろいそ》式の時代で、満潮時の海岸線は、栃木県藤岡町《ふじおかまち》〔現・栃木市の一部〕付近に達したと考えられている。関東平野の、荒川低地や中川低地以外のところでも、海の進入が縄文前期にもっとも内陸まで達したことがわかっている。房総半島南部の千葉県安《あ》房《わ》郡丸山町《まるやままち》〔現・南房総市の一部〕の加茂遺跡の丸木舟や櫂は、縄文前期諸磯期のもので、海進絶頂期またはそれよりおくれた時期のものと考えられているが、そのC^{14}による年代は五一〇〇±四〇〇年B.P.(Before Physics)であった。また、同じく千葉県館山市沼の沼サンゴは、海進最盛期にやや先行するものと考えられているが、そのC^{14}年代が六二六〇±一二〇〇年B.P.であるから、関東地方での海進最盛期は、五〇〇〇〜六〇〇〇年前と考えてよいだろう。

縄文前期に頂点に達した海は、ほぼ52図のようにひろがっていたから、東京の山の手台地の真下まで波がうちよせ、台地の縁は海食作用でけずられて崖が連なるようになり、崖下には先にのべた埋没上位波食台ができたのである。東京低地から北の中川低地および荒川低地にかけて入りこんでいた海湾は奥東京湾と呼ばれている。

縄文中期になると、海産の貝をだす貝塚はかなり南に下り、中川流域では東側の千葉県関《せき》

時期	形式名
早期	井草
	大丸
	夏島
	稲荷台
	大浦山
	(花輪台)
	平坂
	三戸
	田戸下層
	田戸上層
	子母口
	野島
	鵜ケ島台
	茅山下層
	茅山上層
前期	花積下層
	関山
	黒浜
	諸磯a
	諸磯b
	諸磯c
	十三菩提
中期	五領台
	(阿玉台)
	勝坂
	加曽利EⅠ
	加曽利EⅡ
後期	称名寺
	堀之内Ⅰ
	堀之内Ⅱ
	加曽利BⅠ
	加曽利BⅡ
	加曽利BⅢ
	曽谷
	安行Ⅰ
	安行Ⅱ
晩期	安行Ⅲa
	安行Ⅲb
	安行Ⅲc
	桂台
	杉田

表7　南関東における縄文式土器の形式編年表(和島誠一、1960)

宿町《やどまち》（現・野田市の一部）の東宝珠花《ほうしゅばな》（阿玉台《あたまだい》式）、西側の埼玉県蓮田《はすだ》市黒浜不動《くろはまふどう》山（阿玉台式）を連ねた線が北限となっている。

　さらに時代が下って、縄文後期になると、海はさらに退き、おおよそ東京都と埼玉県の境あたりまでが陸化してきたらしい。赤羽の西方、板橋区志村《しむら》宮ノ前貝塚（堀之内・加曽利B・安行《あんぎょう》Ⅰ、Ⅱ、Ⅲ式）では、海産の貝とともに淡水産のヤマトシジミを多く出しているが、台東区鶯谷《うぐいすだに》貝塚（加曽利B・安行Ⅰ、Ⅱ式）は、主に海産の貝よりなるので、赤羽が河口に近かったと考えられるのである。また、川口市北東の大宮台地南縁では、同じ貝塚でも、堀之内式・加曽利B式土器を伴なう貝類にくらべると、安行式土器の層位ではハマグリが減りシジミが多くなって、淡水化の傾向が強くあらわれている。このことから縄文後期中ごろの加曽利B式から後期末の安行Ⅰ、Ⅱ式時代にかけて赤羽・川口あたりで淡水化が進行したことが推定されているのである。この加曽利B式から安行式の時代に、これより北一〇キロメートルあまりの岩槻市真福寺《しんぷくじ》（現・さいたま市岩槻区真福寺）では、台地下の低地に集落が営まれていたことも知られている。

　縄文後期以後になると、東京低地にも遺跡がみられるようになる。それらの遺跡を地形との関連のもとに研究した可児弘明《かにひろあき》（1961）にもとづいて東京低地の生いたちをのべよう。

　53図は東京低地における遺跡の分布図である。東京都・埼玉県境をなす毛長堀の縁の自然堤防上は、東京低地としては弥生～古墳時代の遺跡がもっとも密に分布するところであるが、その自然堤防上の、足立区花畑《はなはた》町一二番地（現・足立区花畑七丁目）の地下一二〇～一

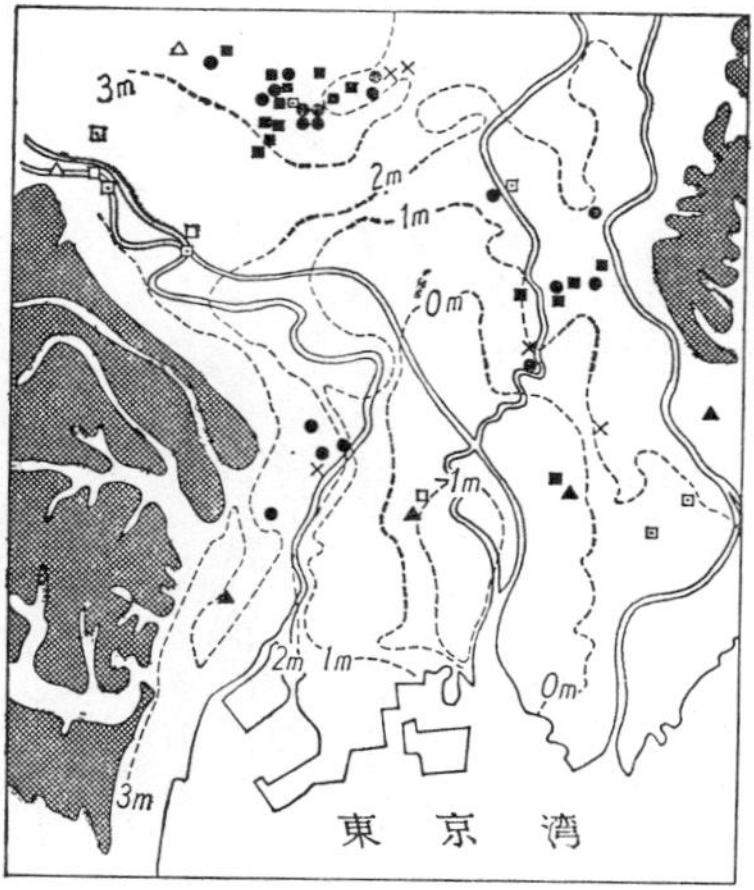

□縄文土器の包含地
△縄文貝塚
×縄文土器破片の単独出土地
⊡弥生式遺跡
●古墳
■土師・須恵器の包含地
▲土師器およびそれ以降の貝塚

53図　東京低地の先史遺跡
遺跡分布は可児弘明（1961）による。等高線は東京湾中等潮位を0とする標高。

五〇センチメートルの粗砂《そさ》層から完全に復元できる縄文後期初頭の堀之内式土器が発見された。この粗砂層以上は、自然堤防あるいは後背湿地の堆積物と思われるが、含包層の真下は貝化石を含む青色層にうつり変っている。貝化石は、マガキ・ハマグリ・サルボウ・ハイガイ・アサリ・シオフキ・バイ・ニナなどよりなるというから、この砂層は三角州前置層として堆積した沖積層の上部砂層であろう。その浅海底が縄文後期の初めには海上にあらわれ、交通あるいは漁業の一時的な基地となったと推定されているのである。

弥生式遺跡は東京低地に十余ヵ所知られているが、荒川、毛長堀、古利根川、江戸川の自然堤防に集中し、江戸川ぞいをのぞくと、縄文後期からあまり低地へ進出していない。しかも、弥生式も後期に属する土器のみ出土し、弥生前・中期には遺跡をみない。

古墳時代の遺跡は、東京低地にひろがり、ことに江戸川・中川間の低地や隅田川下流部で進出が著しい。これらの遺跡には土錘《どすい》が伴なわれる例が多いので、奥東京湾の名残りの入江では網漁業《あみぎょぎょう》が盛んにおこなわれ、沿岸に漁村が営まれたと推定されている。以上のように、奥東京湾は陸化の過程をたどり、歴史時代には奥東京湾と呼ぶほどの入江はなくなってしまうのである。

それでは、奥東京湾海岸線の変遷と東京低地の地形や地層との関係を考えてみよう。

東京低地の形成

さきにみた足立区花畑町の縄文後期遺跡は、上部砂層の上にあるが、この海成の上部砂層の上端は、東京湾中等潮位よりも一メートル以上高い。また、神田神保町では上部砂層の中から縄文中期の土器片が発見されているが、この海成層は海抜三メートルの高さにある。この例のように、沖積海成層が現在の海面より高いところは関東各地にみられ、海進がもっとも進んだころからあとに、海面は相対的に低下していることが知られている。海面低下量は、場所によってちがい、房総半島南部などでは大きい。それは、この方面で地盤の隆起が大きかったためと考えねばならない。このように地盤の変動に地域差があるために、見掛上の海面低下量に地域差が生じているが、海面自体の低下も考えられ、後に述べるように、縄文前期からの低下量は三メートルぐらいだと推定されている。

ところで、東京低地の遺跡分布と現在の地盤高とは深い関係があることが、可児によって

時　期	海岸線の位置	年　数	後退距離（km）	後退の速さ（km/100年）
縄文前期	栗橋付近			
		1,500	15	1.0
縄文中期	春日部付近			
		1,500	20	1.3
縄文後期末	足立区北部			
		1,500	10	0.6
古墳時代	墨田区			
		1,500	5	0.4
江戸時代	江東区小名木川付近			

表８　奥東京湾における海岸線の後退

指摘されている。53図でも読み取れるように、推定される縄文後期末の海岸線はほぼ三メートル等高線にちかく、弥生時代の海岸線はほぼ一メートル等高線に、そして、古墳時代の海岸線はほぼ0メートル等高線に近い。これは、地盤沈下で低下した一九六〇年ごろの地盤高である。

地盤沈下がはじまる前の地盤高は、推定では、現在の海抜0メートル以下の部分でも海面上一～二メートルあったと考えられる。東京湾中等潮位より二メートル高いところは、東京湾の平均満潮面からはかると＋〇・九三メートル、おおざっぱには約一メートル高い土地であったのであり、その高さは自然の地盤高に人工の盛土が加えられた結果の所産である。

以上のことは、一九二〇年代以降の地盤沈下の結果、東京低地の地形は古墳時代、すなわち約一五〇〇年前に逆もどりしたことを意味する。

奥東京湾の陸化には、河川の堆積による三角州の前進だけではなくて、海面の相対的低下も加わっていることをのべたが、陸地化の速さはどのぐらいであったかを調べてみよう。各時期における奥東京湾の海岸線の位置を上記の研究によって推察し、またC^{14}

法などによる各時期の年代から、ごくおおまかに陸地化の速さを求めたのが表8である。これによると陸地化の速さは平均すると一〇〇年に一キロメートルの程度であったことや縄文前期から後期までは、その後よりも陸地化速度が大きかったらしいといえる。

この陸地化速度のちがいは、河川の運搬物質量の変化、海底地形の地域差、なども考えねばならないが、海面の低下の速さが縄文前期〜後期に速く、その後古墳時代までは海面低下が停滞していたか、あるいは一時的に海面の上昇があったことも考えられる。表9の海面変化曲線には、このような考えを描いてある。それというのは、奥東京湾以外でも、井関弘太郎《いせきひろたろう》によって同じような傾向があることがつとに指摘されているからである。井関によれば、東海地方や瀬戸内各地の海岸で、縄文後期ごろから弥生にかけて海面が現海面よりも二〜三メートル低下し、その後古墳時代に海面が上昇して現在に至った証拠があるという。

このような見方をすると、ほぼ東京都と埼玉県の境以北の低地では自然堤防が明瞭なのに対して、それ以南は自然堤防が微弱な三角州であることは、その形成時代のちがい、すなわち前者は縄文後期以前からの陸地であるのに対し、後者は主として弥生以後の若い三角州であることの反映であろう。

ところで東京低地は、弥生時代および古墳時代の推定海岸線をみると、現在の荒川放水路の両側の地域がおそくまで入江になって陸化がおくれていた。それに対して武蔵野台地の東縁や下総台地の西縁は早く陸化した。このことは、沖積層下の埋没地形の項で説明したように、台地の縁には埋没上位波食台があって沖積層がうすいのに、荒川放水路ぞいは埋没段丘

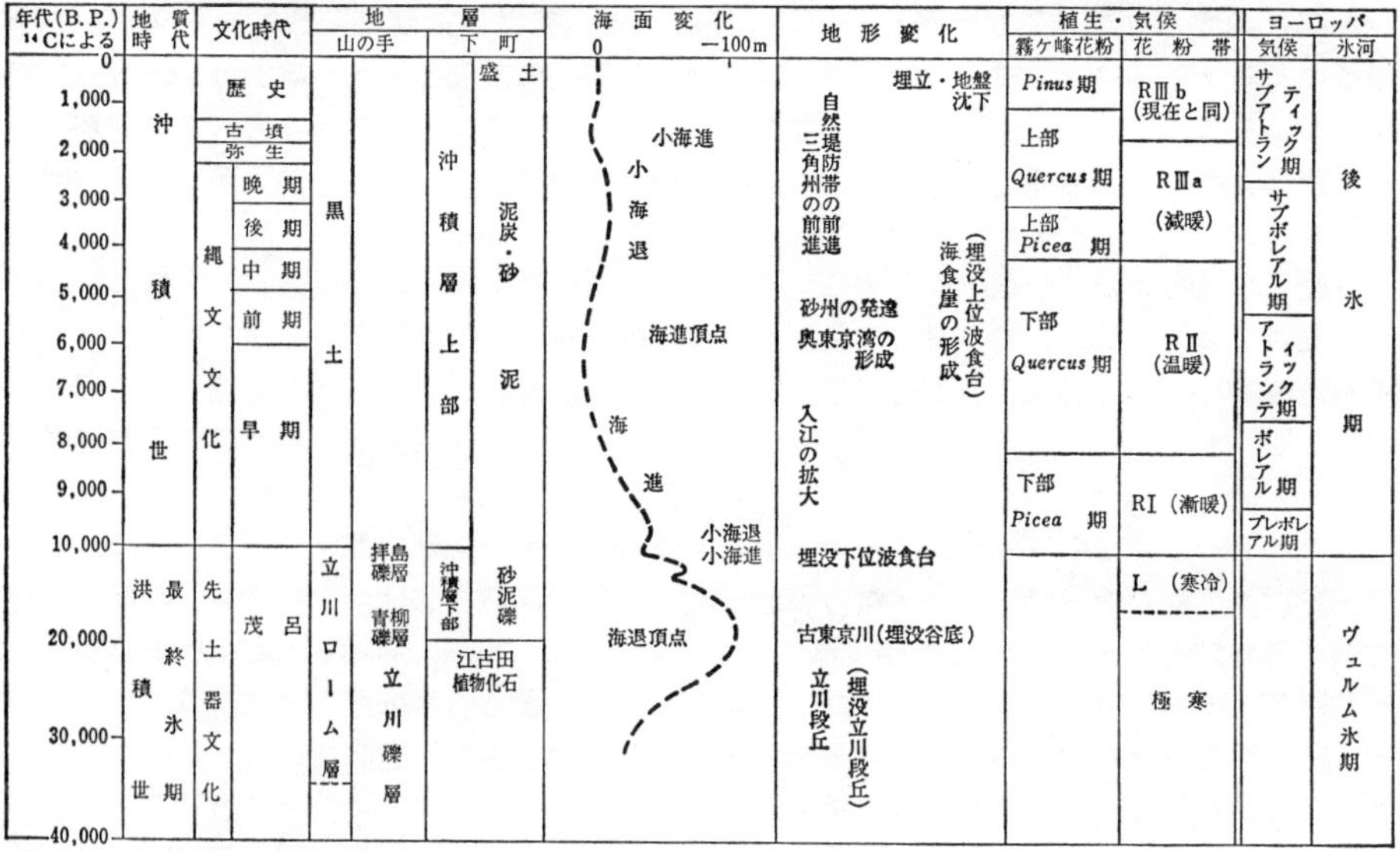

表9 東京付近の第四紀末期の編年

や埋没谷底のあるところで、沖積層が厚いことと関係がある。つまり、可児弘明が指摘したとおり、沖積層堆積以前の谷が深いところは奥東京湾時代にも水深が大きく、埋立てられるのがおくれたのであろう。荒川放水路ぞいは、沖積層がもっとも厚く、その形成時代はもっとも新しくて、ここの地価が安かったことが、川水を用水として使えることや舟運の便などとともに工場地帯を発展させる一因となり、それがのちには地下水のくみ過ぎ――地盤沈下という結果をまねくことになったのである。こうして、地盤沈下のすすむがままに放置した、一九五〇年代～一九七〇年代にかけて、荒川沿岸は0メートル地帯となり、もし防潮堤が破れれば古墳時代と同じような海陸分布を出現させるような事態になったのである。

後氷期の気候変化と海面変化

下町低地が形成されたのは、有楽町海進、すなわち後氷期海進の海面上昇が上昇速度をゆるめてから後の数千年の期間のことである。この期間が、日本の新石器時代すなわち縄文時代とそれ以後に当ることは上にみた。では、この期間の気候はどのようなものであっただろうか。

沖積世の気候変化を研究するのに都合のよい研究方法は、花粉分析である。それは泥炭や湖底堆積物中に保存されている花粉にもとづいて森林の変遷を知り、さらにそれから気候を推定する方法である。泥炭の堆積速度はおおざっぱにいって、一年一ミリメートルぐらいだから、一メートルの泥炭層があれば、それは約一〇〇〇年の記録を保存しているわけである。

　東京の山の手台地を開析する谷底の泥炭地の資料も花粉分析をおこなうのに都合がよいと思われるが、一九七〇年代後半までには残念ながらまともにおこなわれたことがない。これは、東京の植生や気候の変遷を知るために今後なさねばならない仕事の一つである。

　東京低地から東京湾底にかけての沖積層に含まれる花粉の研究はこれまでにいくつかおこなわれてきた。このような、海成層や河成堆積物中の花粉は、泥炭地や湖底堆積物中の花粉にくらべると、花粉の由来が限定しがたいという問題もあり、また、充分詳しい研究がまだなされていないことでもあるので、それを紹介する前に、関東・中部の内陸でおこなわれた泥炭や湖底堆積物の花粉分析の結果を簡単にのべよう。

　これまでに関東・中部でおこなわれた花粉分析で、沖積世の全期間にわたる気候変遷が知られたものは、群馬県の尾瀬ケ原《おぜがはら》や大峰沼《おおみねぬま》湿原、長野県の霧ケ峰《きりがみね》八島ケ原《やしまがはら》湿原・野尻《のじり》湖底などの堆積物である。このうち、野尻湖の湖底堆積物をのぞくと、これらはすべて山地の湿原で形成された泥炭の花粉分析である。そして、これらのところでは厚さ数メートルの泥炭から、過去一万年近くまで遡る森林と気候の変遷が明らかにされているのである。表9の植生・気候欄の一つに記したのは霧ケ峰の八島ケ原で、堀正一《ほりしょういち》によって得られた結果で、他の地域で得られた結果もかなり類似した傾向を示している。

　八島ケ原は標高一五〇〇メートルにあり、現在の植生は高山地帯（ブナ帯）と亜高山帯の境界付近のものである。ここでは厚さ約八メートルの泥炭の花粉分析の結果、五つの時期が区分され、主要部分を構成する花粉により、各時期が下位より、下部 *Picea*（トウヒ属）期、下部 *Quercus*（コナラ属）期、上部 *Picea* 期、上部 *Quercus* 期、*Pinus*（マツ属）期と呼ばれている。また、花粉から知られるそれぞれの時期の植生を現在の八島ケ原の植生と比較することによって、下部 *Picea* と上部 *Picea* の時期は現在よりも植生帯が降下しており、したがって気候は今よりやや寒、下部 *Quercus* と上部 *Quercus* の時期は植生帯が現在よりも上昇していて、気候は現在よりやや暖と考えられたのである。また、それぞれの時期の年代は、泥炭の堆積速度にもとづいて、おおよそ表9のように推定されている。

八島ケ原では、以上のような結果が得られているが、日本のほかの地域の花粉分析の結果でも、共通していえる現象は、洪積世末から、寒→漸暖→温暖→減暖と変化したことで（表9の花粉帯）、漸暖期は年平均気温で今より三度ぐらい寒く、八〇〇〇年ぐらい前から四〇〇〇年ぐらい前までの間にくる温暖期には今より二〜三度暖かかったと考えられている。そして、この傾向は、表9に併記した北欧・中欧で確立した気候変遷史ともかなりの一致をみ、縄文前期ごろの温暖期は、アトランティック（Atlantic）期とよばれる温暖期に当ると考えられている。

東京付近の花粉分析結果も以上とほぼ同じ傾向を示している。東京付近の沖積層の花粉分析は、ボーリングのコアによって、森由紀子《もりゆきこ》（1965、ほか）・新潟第四紀研究グループ（1972）などによっておこなわれているが、沖積層の上部泥層の花粉は、一般に広葉樹、ことに *Quercus*（コナラ属）の花粉のしめる割合いが多い。しかも、上部泥層の中央部、ほぼ縄文前期ごろと推定されるところは、ことに *Quercus* が多く、それは常緑のカシ類と推定され、いまよりも関東に常緑広葉樹林が多かった、つまり気候としてはより暖かかったのであろうと考えられている。これに対し、沖積上部泥層の下部や上部では針葉樹の樹種が相対的に多い。ことに上部ではマツ属が多く、それは、人為的な植生の変更によるアカマツやクロマツの増加によるものかと推定されている。一方、沖積層下部砂泥層（七号地層）に属する洪積世末期の花粉にはマツ属、トウヒ属、モミ属、ツガ属、スギ属などの針葉樹が多く、現在よりは冷温であったと思われる。

このように、花粉分析は沖積世の中ごろ、先史時代では縄文前期ごろに温暖期があったことを教え、それは前記のように、貝やサンゴの化石からの推定と一致するのであるが、まさにそのころ有楽町海進が頂点に達したことは偶然でない。それは、このころ、スカンジナビア半島などで氷河がもっとも縮少していたことが知られており、氷河性海面変動による海面上昇の頂点がここに考えられるからである。同じような沖積世の海面上昇期は一九二〇～三〇年代にデーリー（R. A. Daly）により太平洋やインド洋において認められ、当時の海水準は今より六メートルばかり高かったと説かれ、その水準はデーリー水準と呼ばれているのである。

過去数千年間の海面変化については、世界の各地で多くの研究者によって海面変化曲線が求められている。しかし、沖積世の海面変化はその量が小さいので、証拠をつかみにくく、また局地的な地盤運動の影響があるためか、求められた海面変化曲線は研究者によってかなりのちがいをみせている。デーリー水準を支持するものもあり、そうでないものもあるのが実情である。[*9]

世界的な海面変化は、先史時代・歴史時代の臨海地域の環境変化にとって第一義的要因であったし、今後の人間環境にとっても重要な問題である。そこで、国際協力によって、過去一万五〇〇〇年間の海面変化を研究するというプロジェクトが一九七〇年代からすすめられた。

4 下町低地の地盤と災害

東海道新幹線は一九六四年一〇月一日に開通したが、それより前、テストのためのモデル区間、相模野の綾瀬《あやせ》から酒匂川《さかわ》平野の鴨宮《かものみや》までを乗って驚いたことの一つは、車窓からの眺めが東海道本線の眺めとまるでちがうことであった。端的にいえば、東海道本線沿いが都市的なのに対して、新幹線沿線は田舎なのであった。

ところで、新幹線の地盤調査の経験から、「空地は地盤が悪い」という題の論説が書かれている（池田俊雄《いけだとしお》、1962）。東海道本線沿線というのは、古くからひらけ、東海道の街道の通っているところである。それにくらべたら、ひらけていないところをえらんで建設された新幹線沿線には、地盤が悪いところが相当にあるというのである。もっともそれはほとんどが沖積地での話であって、洪積台地でひらけていないところというのは、武蔵野の項でのべたような水不足等の別の原因でひらけなかったところである。

古来からの経験は、同じ沖積地でも、砂州とか自然堤防とかいったところを街道や居住の地にえらび、後背湿地や三角州のようなところをさけている。自然堤防や砂州というところは、単に地盤が高く、水害に安全で、衛生的だというだけではない。こういう微高地をつくる砂質あるいは礫質の地盤は泥質あるいは泥炭質の地盤にくらべたら、震災も少ないし、地盤としての支持力もすぐれているのである。

新幹線が開通したころには、地盤の悪い〝空地〟の眺めがあったけれども、開通以後一〇年を経た一九七〇年代半ばでは、沿線の景観は大きく変化した。地盤の悪い〝空地〟の中でも、ことに専門家の間では軟弱地盤で知られた相模川平野の厚木《あつぎ》付近でさえ、住宅や工場が土地を埋めつつある。そこは軟弱地盤のために、関東地震のときに倒壊率が一〇〇パーセントに達したところである。まさか、ここに住む人々は、新幹線が通っているから地盤がよいのだろうと思って住宅を構えたわけではあるまい。さりとて、地盤が悪いことを知りながら住んでいる人が多いとも思われない。なぜなら、昔はみるからに地盤が悪そうだった湿田でも、少々盛土されて道路なぞ付くと、地形や土質の専門家でなければなかなか地盤の良否はわかりにくいからである。地盤が悪い上に、新幹線の騒音や振動があるから地価が安い、などということが人口の吸引力となってここに住宅地が作られてきた、などということがあるとすると、憂うべき問題であるが、似たことは東京でもおこっている。

沖積層が泥質・軟弱で、地盤が悪いところというのは、地形的には谷底の湿地や潟、三角州、自然堤防で周りを囲まれた後背湿地など、いずれも低湿のところであり、東京付近でも例外ではない。したがって、江戸時代には、こういう低湿のところは市街地にならなかった。ただ、江戸の中心部であった神田から日比谷にかけての丸の内谷の軟弱地盤地域だけは、埋立てによって造成され、市街地化がみられたのである。明治の東京でもまだまだ地盤の悪いところは水田や湿地になっているところが多かった。

関東地震の震害分布と復興調査の結果は、すでにのべたように、泥質または泥炭質の沖積層の厚いところほど震害の大きいことを明示したのであるが、その後の東京の発展の歴史は、このような地盤の良否が知れてしまった故かどうか、地盤が悪く、したがって地価の安いところほど家屋が密集し、あるいは工場の敷地となった。現代の東京では、〝過密地ほど地盤が悪い〟といい直すべきであろう。こうして、洪水、高潮、地盤沈下、震害あるいはそれに起因する火災など地盤に関係ある災害をうける素地は充分にととのってきた、ということができる。

これらの災害をうけやすい土地は、ほとんどが沖積地であり、その中でも低い土地である。そして、このような低地の多くが軟弱地盤の土地であるから洪水や高潮のおこりやすいところは震害もおこりやすいのである。

これらの諸災害のなかでは、下町低地が広大な0メートル地帯を含んでいることから、もっとも憂慮されているのが水害であり、また過去の災害の頻度がもっとも高かったのが水害であった。それには、河川の洪水によるもの、台風に伴なう高潮によるもの、豪雨による内水氾濫（堤防でかこまれた地域内に降る雨による浸水）などがあり、さらに大地震時には堤防の破壊による浸水が考えられる。

下町低地の水害対策については昭和三二年（一九五七年）度から外郭堤防が作られ、その後伊勢湾台風を経験して新たに高潮対策が計画され、実行されてきたが、一方では地盤沈下が進行し、堤防はくり返し嵩上げしつづけねばならない状態にある。

ここでは、低地の災害のうち水害の誘因となる地盤沈下と震害について考えてみたいが、それに先立って、下町低地の沖積層の下にある地層について簡単にのべよう。

下町低地の沖積層下の地層

東京低地では、沖積層の研究もさることながら、その下の地層も問題にされてきた。その地層というのは、すでにのべた、陸上の東京層につづく地層、あるいは、下総台地の成田層群につづく地層である。これらの地層が洪積世の後半に堆積したものであることは、この地層から発見された化石などから明らかであり、また、東京礫層を手がかりとして、陸上の東京層との関係もわかってきた。

49図のように、東京層を上下に分つ境目にされている東京礫層は、日本橋あたりでは、海面下一五〜二〇メートルにあり、江戸川付近では、海面下五〇〜六〇メートルまで下っている。日本橋・銀座あたりの高層ビルは、砂質の上部東京層をぬいて、東京礫層あるいは下部東京層に基礎をおいているものが多いといわれる。下町低地の下部東京層あるいはそれ以下の地層については、調査ボーリングは少なく、深井戸や天然ガス井戸のボーリング資料をもとに調査がおこなわれているが、下部東京層は、おおよそ横浜方面の相模層群、千葉県下の成田層群の中・下部に当るものと考えられている（表10、二六六ページ）。[*1]

この地層の下には上総層群（三浦層群）があり、両者の境は荒川放水路付近で二〇〇～二五〇メートル、江戸川下流部で五〇〇メートル前後となっている。これ以下の上総層群は、江東で深さ二〇〇〇メートルぐらいに達する泥岩を主体とする地層であるが、その間の深さ五〇〇～七〇〇メートルには厚さ五〇～二〇〇メートルの砂層があり、江東砂層と呼ばれている。これら地下深所の地層の構成については、のちに、関東造盆地運動に関連してのべるが、江東砂層は水溶質天然ガスを含む地層として、東京層は、工業用水・ビル用水あるいは飲料水としての地下水が多量に汲上げられる帯水層《たいすいそう》として、また地盤沈下と関連する地層として研究がすすめられてきた。

下町低地の地盤沈下

東京下町の地盤沈下に関しては、すでにのべたように、一九三〇年代から多くの調査研究がある。ここでは、主として一九七〇年代前後にまとめられた綜合的報告、たとえば、東京都公害研究所編『公害と東京都』(1970)、南関東地方地盤沈下調査会発行『南関東地域地盤沈下調査対策誌』(1974) などにもとづいて述べよう。南関東地方地盤沈下調査会というのは、一九七〇～一九七一年度に、埼玉・千葉・東京・神奈川の一都三県が、広域的な地盤沈下対策を講ずるために組織したもので、上記対策誌はその最終的な報告書である。[*10]

一九七〇年代、日本の平野のほとんどの地域で、地下水の揚水による地盤沈下が急速に進行しており、経済の高度成長が国土と環境の犠牲の上に作られてきたことを如実に知らされるのであるが、そのさきがけをなし典型をなしているのが下町低地の地盤沈下である。

東京低地での地盤沈下は、主として東京都土木技術研究所によって、水準測量や観測井によって調査され、毎年の沈下量図が公表されている。また、その水準測量によって、0メートル地帯がどのように増加してきたかが明らかにされている（45図、一九一ページ）。

地盤沈下量の大きいところは、時とともに移動してきた。戦前は都内の荒川放水路ぞい、とくに江東区・墨田区に沈下の中心があったが、一九五〇年代には荒川にそって上流の川口方面で沈下が大きくなった。一九六〇年代には、54図に示すように、浦安—船橋方面、埼玉県南部、それに武蔵野台地方面に沈下地域が拡大した。こうして、沈下量の大きいところは、沖積層が厚いところだけでなく洪積層のところに及んできたことがわかる。このことは地盤沈下の観測井の記録にも示されている。観測井は、都内に三〇ヵ所ほどあり一観測所に鉄管の長さのちがうものが二〜三本設けてあるのが普通で、これによって、どの深さの層で収縮がおこっているかがわかるのであるが、それによると、収縮は、はじめ主として沖積層でみられたが、次第に洪積層の収縮量が大きくなってきた。この収縮層の深化は、地下水を汲上げる井戸が深くなったことと対応している。なお、地下数百メートルから二〇〇〇メートルに至る鮮新世《せんしんせい》—洪積世の上総層群からの「ガス水」の揚水も地盤沈下をひきおこしてき

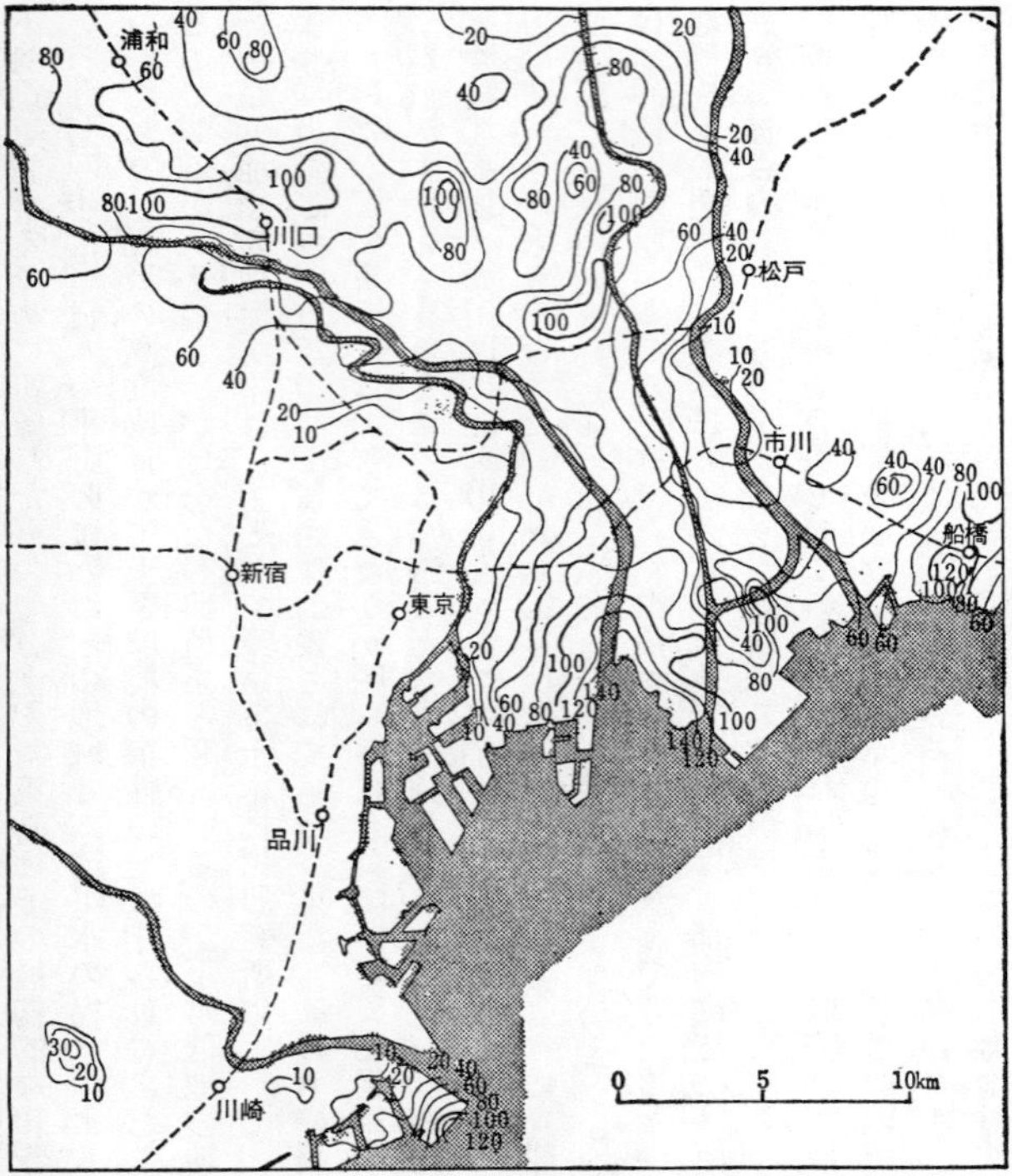

54図　1963～1973年の10年間の累計地盤沈下量（単位：cm）
（南関東地方地盤沈下調査会、1974）

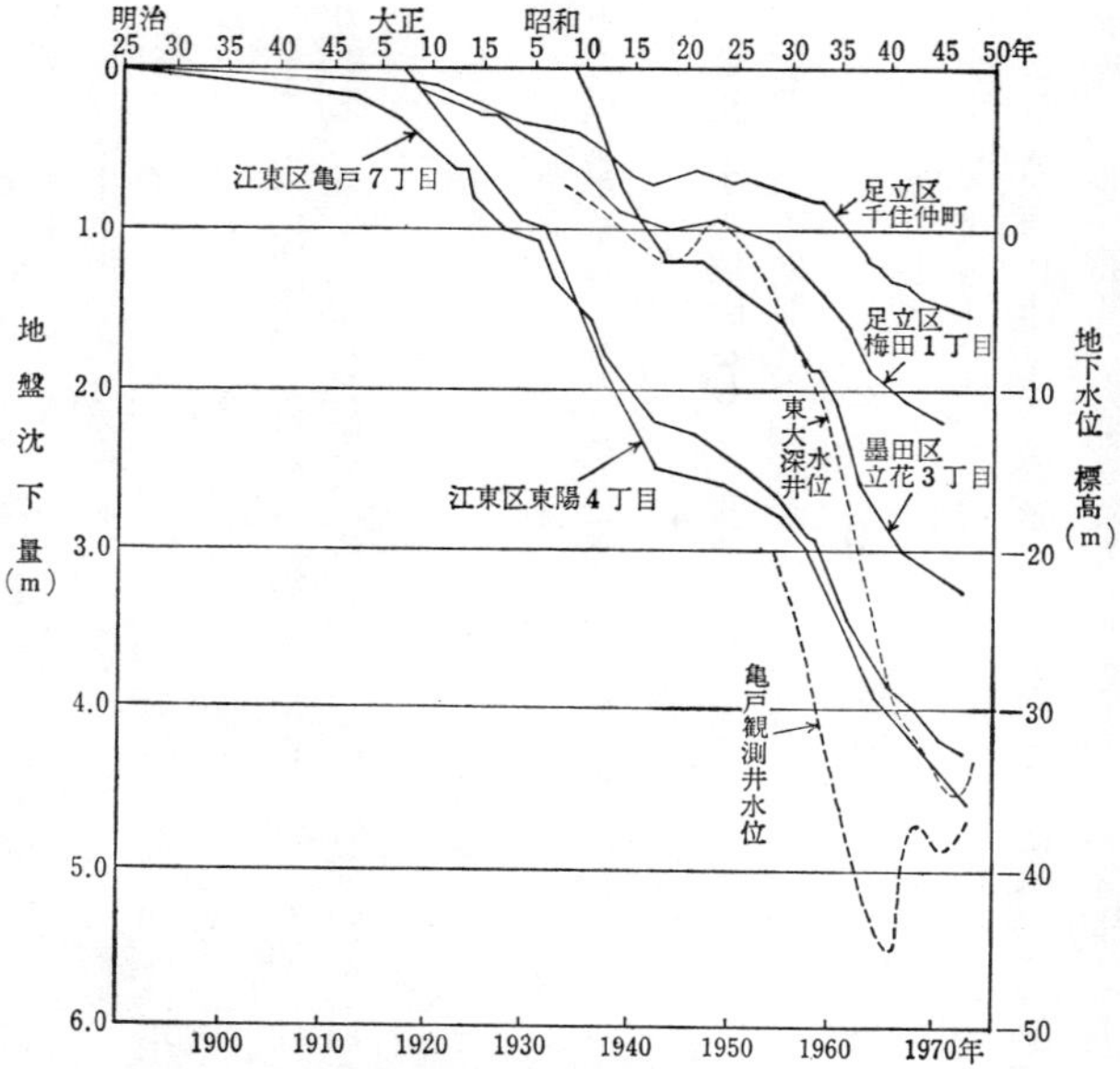

55図　東京低地の地盤沈下と地下水位の経年度化
（南関東地方地盤沈下調査会、1974より）

たが、これについてはV－2で述べることにしよう。

地盤沈下速度の推移を歴史的にみれば、55図のとおりで、沈下は大正五年（一九一六年）ごろより江東・墨田で急速にすすみ、戦前の最盛期には年平均一〇～一五センチメートルの沈下量を示した。第二次大戦中から戦後にかけての昭和一五（一九四〇）～二五年（一九五〇年）ごろに沈下量が減少したのは工場の疎開・被爆により揚水量が減少したためである。昭和三〇年（一九五五年）ごろよりあとは、戦前の最盛期を上まわるようになったのも図の示すとおりである。

なお、昭和三五（一九六〇）～四〇年（一九六五年）より地盤沈下速度がやや遅くなったことが示されているが、それは、「工業用水法」といわゆる「ビル用水法」による地下水揚水の規制が始められたことによって、揚水量が減じたことのあらわれである。[*10]

地盤沈下の原因としての揚水と水位低下

南関東地方地盤沈下調査会が調査をはじめて以来、地下水の揚水や水位低下の実態がいっそう明らかになってきた。水位低下の調査は主として新藤静夫によっておこなわれたが、その結果を紹介しよう。

地盤沈下観測井では、水位の変動を観測している。観測井の水位は、被圧地下水の水頭《すいとう》であるから、同じ地点でも観測する帯水層ごとに水位が数メートル程度はちがうのが普通であるが、どの水位も揚水量の変化に応じて昼は降下し、夜は上昇するという日変化、それに夏は降下し冬は上昇するという年変化を繰返しながら、東京低地では年間一～三メートルずつ低下してきた（55図の水位参照）。この低下量は、帯水層によるちがいは大きくないので、帯水層と帯水層は不《ふ》透水《とうすい》層《そう》で隔てられているといっても、互に水の移動がないわけではなく、長期的にみると、地下水位のおよその値は、それ以上には地下水が存在しないという境をあらわしている。そこで、多数の深井戸の水位を集めて、およその地下水面図が作られた

56図　地盤沈下観測井
抜け上った地盤沈下観測井。鉄管の上にあるのは水位計、足もとにあるのは鉄管と地面との変位（地盤沈下）を測定する沈下量計。（東京都広報室提供）

57図　地盤沈下による建物の抜け上り
日比谷交叉点付近のこのビルは基礎が沖積層下にあり、沖積層の沈下に伴い道路から相対的に抜け上ってきた。階段を取付けたのはこのためである。

のである。その一例が58図である。これをみると、一九六五年には、東京低地のかなりの部分で地下水面は、マイナス四〇〜マイナス五〇メートル以下である。ということは、沖積層の大部分は地下水をもっていないということであり、〝東京地下砂漠〟などといわれるゆえんである。

東京低地の地下水面高度を東西方向に切った断面で示し、五年おきのそれらを重ね合せたのが59図である。この図をみると、水位の低下は東京低地で早くすすみ、東の市川方面や西の豊島区・練馬区（いずれも武蔵野台地）では水位低下がおくれて波及していったことがわかる。そして、一九四〇〜一九七〇年代に地下水位は四〇〜五〇メートル低下したことも知られる。

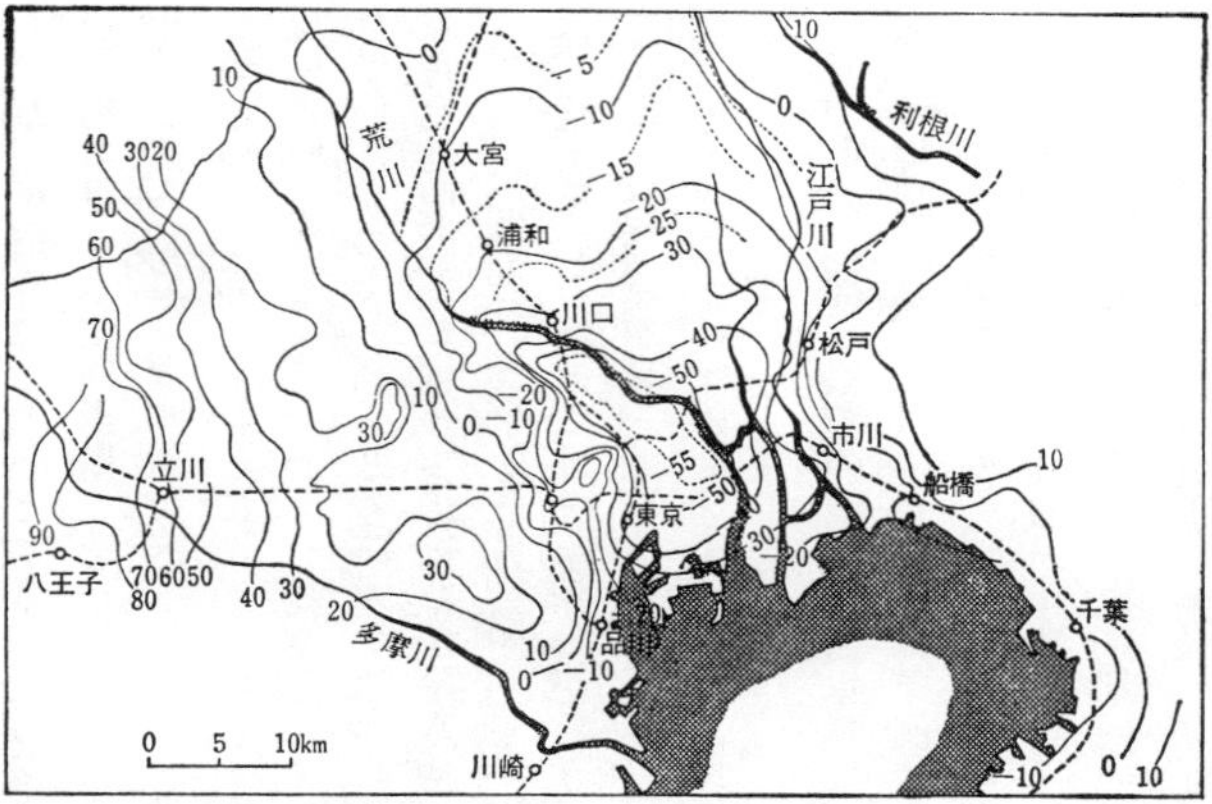

58図　1965年（昭和40年）における被圧地下水の地下水面等高線図（南関東地方地盤沈下調査会、1974）等高線は10m間隔

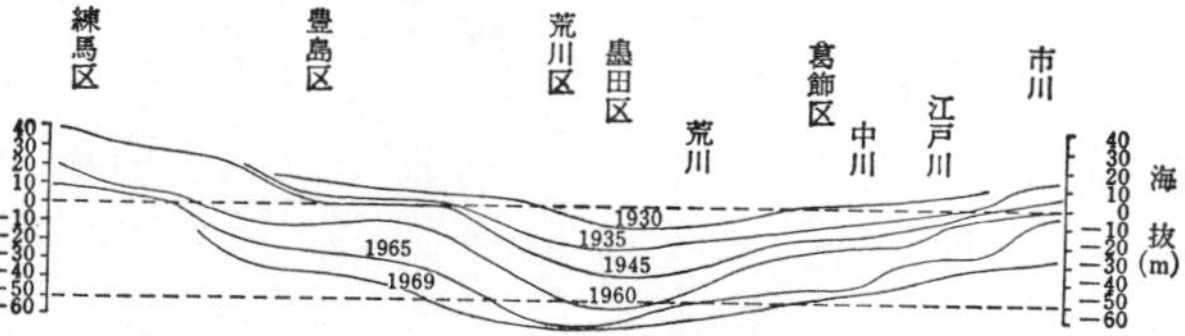

59図　東京低地の地下水面の東西断面図（南関東地方地盤沈下調査会、1974）

一方、東京低地を中心とする広域の揚水量も、一本一本の井戸の値を蒐集して算定されたが、揚水量と水位低下量とをくらべ合わせると、揚水量は、成田層群や沖積層の粒子間に長年貯わえられていた水量にほぼ相当し、地下水はほとんどよそからの流れによって補給されていない、と考えられるに至った。この考えは、トリチウム濃度による地下水の年齢からも支持されている。すなわち、揚水されている水は数十年ないし数百年前から地下に貯わえられていたもので、新らしく降水によって涵養されたものはほとんどないのである。さきに武蔵野台地中西部では多少の補給が降水や河水からあるという推定を紹介したが（一二〇ページ）、東京低地ではほとんど補給されないと考えねばならないのである。一九六五年頃までは、荒川ぞいの地下には〝水脈〟があり、武蔵野台地から地下水が補給されている、と通産省〔現・経済産業省〕関係者によって言われていたのと大きい違いである。誤った水脈説は、地下水揚水規制をおくらせ、地盤沈下を促進するという役割りを果したように思われる。

南関東の一都三県での地下水揚水量は、地域的には「工業用水法」といわゆる「ビル用水法」で規制され、地域によっては条例による規制があるが、南関東全体としての揚水量は増加の一途をたどり、一九六一年には約二〇〇万立方メートル／日（約七億立方メートル／年）であったのが、一九七一年には約三五〇万立方メートル／日（約一三億立方メートル／年）となっている。このうち東京都内の揚水量は、一九六一〜一九七一年については平均約一五〇万立方メートル／日（約五・五億立方メートル／年）である。都内の内訳では、北多摩地区（旧北多摩郡）の揚水量増加がいちじるしく、一九七一年には約七〇万立方メートル／日、その他の地区では、南多摩・西多摩地区で揚水量が増えているほかは、規制によって減少の傾向にある。

この地下水を用途別にみると、地域によるちがいはあるが、工業用と水道用がそれぞれ約四〇パーセント、建築物用が約一〇パーセント、農業用が約五パーセントとなっている。

このような大量の揚水による地下水面（地下水圧）低下によって、地層中の水がしぼり出され、そのため粘土質の地層が収縮して地盤沈下が生じてきたのである。

地盤沈下による0メートル地帯の面積の増加は前にみたが、沈下によって失なわれる体積はどれ位かをみると、東京都内で一九六三～一九七一年については毎年一二〇〇万～一七〇〇万立方メートル、下町低地（荒川・墨田・江東・江戸川・品川・大田・千代田区）だけで四〇〇万～七〇〇万立方メートルである。この期間の都内での揚水量は上記のように約五・五億立方メートル／年であるから、揚水量の二～三パーセントに相当する土量が失われていることになる。しかし、下町低地だけについてみると、年揚水量はこの期間に二〇〇〇万～三五〇〇万立方メートル程度であるから、揚水量の約二〇パーセントに達している。

このように、下町低地で揚水量に対して沈下量が大きいのは、ここの地層は収縮しやすい軟弱な粘土、ことに沖積泥層が厚いからだと考えられている。そのことは、60図に示すように沖積泥層の厚さが厚いほど沈下量が大きいという関係からもわかるし、49図（二一一ページ）の上下二つを比較すると、沖積泥層の厚いところほど地盤高が低い、という関係からも推定される。

公害としての地盤沈下

地盤沈下は環境を悪化させ、いろいろな形で住民に被害を与えている。0メートル地帯の形成による洪水や高潮の危険の増大はその一つである。排水不良・湛水による被害もある。

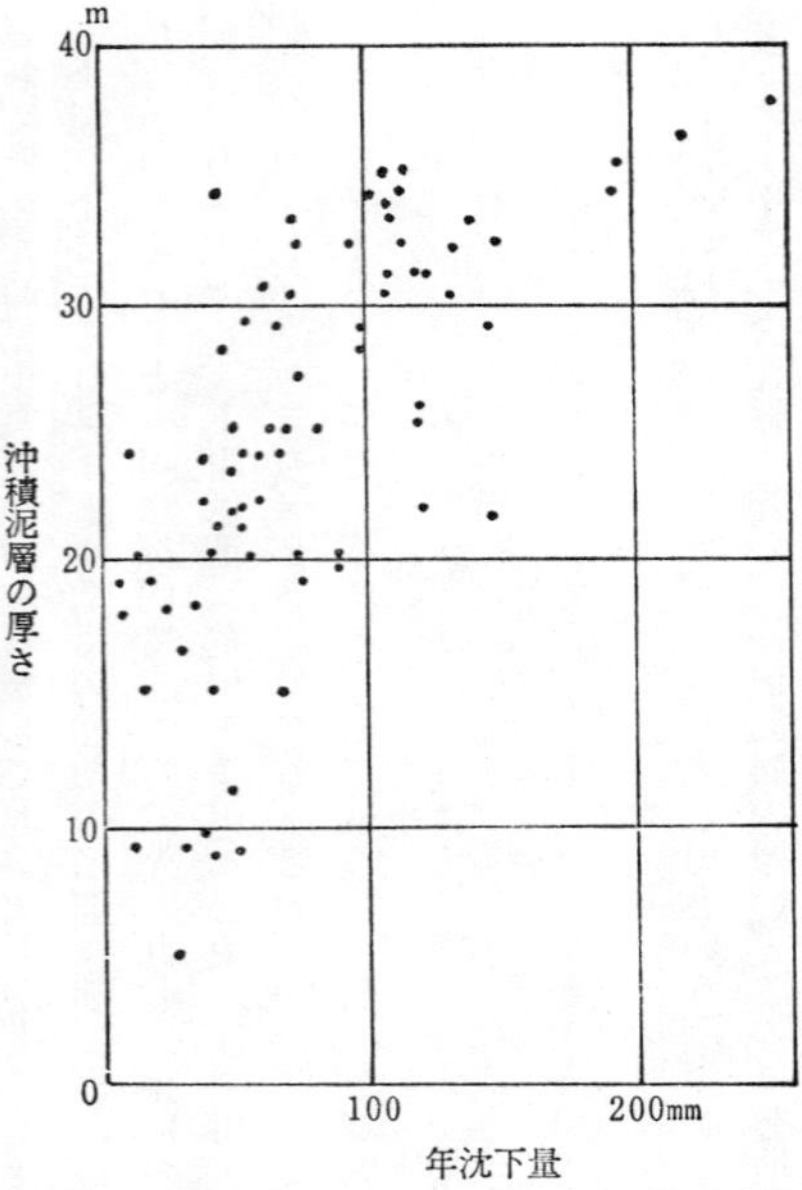

60図　沖積泥層の厚さと年沈下量の関係（『東京地盤図』による）

水田が蓮田に、さらに池になったところもある。

井戸や建物の抜け上りは地盤沈下地帯でもっとも気づかれやすい被害である（56・57図）。不等沈下による防潮堤・護岸や建物の被害もある。不等沈下は一つの構造物の基礎地盤の、場所による沈下量のちがいによって生じるから、橋・鉄道・パイプライン・学校のような長い構造物に起こりやすく、不等沈下がもとで使用不能になった学校もある。橋から水面までの間隔が小さくなって舟行不能になり、そのために橋を高くかけかえたら、今度は車が通れなくなったところは少なくない。高い防潮堤のために、風景が害された、などというものまで数えあげたらきりがない。

地盤沈下による0メートル地帯の形成は実に大きな経済的損失を与えている。東京都公害研究所が、一九六一年から一九七〇年までの一〇年間について地盤沈下による経済的損失を評価した試算によると、東京の江東デルタでの地盤沈下による損失のうち、公共の予防的費用（主として防潮堤と工業用水道の建設費）と公共の修繕的費用が約七四〇億円、同期間の民間企業の予防的費用と修繕的費用が約一五億円、合計では約七五五億円、平均すると公共的支出が毎年約七四億円（一九七〇年価格）の損失である。この数字には、環境の悪化や大災害危険度の増大など、数値になりにくいものは含まれていない。もし、地盤沈下で失なわれた、都内の下町低地だけで年四〇〇万～七〇〇万立方メートルの体積に対する、土による嵩上げの費用を算定するとしたら、かりに一立方メートル当り一万円としても年四〇〇億～七〇〇億円という莫大な金額になる。

年平均七四億の公共支出——税金からの支出を、もし機械的に下町低地からの同期間の平均年揚水量、三六〇〇万立方メートルで割ると、一立方メートルの水につき約二〇〇円の公共支出（外部不経済）を生じさせたということになる（水収支研究グループ、1973）。地下水を利用してきた企業にとっては、地下水の用水原価は一立方メートル当り一〜三円といわれ、上水道水の単価の一〜二割の安さであるが、外部不経済を考えれば、実質の一〇〇分の一以下の価格の水が使えたということになる。

こういうことがおこりえたのは、生活環境や国土の保全よりも企業—生産を優先する政治、ならびに地下水は土地所有者の私権のもとにあるとする時代おくれの法解釈があったからであろう。

一九五六年（昭和三一年）に作られた「工業用水法」は工業用水の合理的な供給を確保し、副次的に地盤沈下防止を目的とする地下水揚水規制の法案で、一九六二年（昭和三七年）のいわゆる「ビル用水法」（正式には「建築物用地下水の採取の規制に関する法律」）は地盤沈下防止を目的とするものであった。しかし、これら二法が指定地域について施行されてからも地盤沈下は指定地域の内外で進行してきた。東京低地では55図にみられるように、沈下速度は規制によって多少減じたとはいえ、更に強力な規制を必要としている。一九七〇年代になって、ようやく、地下水も河川水なみに、公水と認める立場からの地下水揚水規制立法が国でも考えられるようになったが、0メートル地帯の実情にてらしてみれば遅すぎたといわねばなるまい。

下町低地の震害

関東地震の直後、まだ火災が下町を焼土と化す前に、倒壊家屋の数がまとめられた統計がある。これにもとづいて河角広《かわすみひろし》（1952）が震害の分布を図示したものがあるので、ここにはその一部をあげよう（61図）。この図の示す全壊率の地理的分布の傾向は、今村明恒《いまむらあきつね》がまとめた震度の図（1図、二六ページ）と似ている。この図には、『東京地盤図』にもとづいて、沖積層基底の地形（沖積層下の埋没地形）を等高線で示したから、沖積層の厚さと全壊率の関係がよくわかる。

まず、図の西部にあって太線でかこまれた山の手台地では、全壊率は五パーセント以下である。沖積低地の中では、埋没台地である浅草台地と日本橋台地で全壊率が小さくほとんど一パーセント以下である。一方、倒壊が著しかったのは、ほぼ隅田川以東の、沖積層基底がマイナス二〇メートル以深のところや、丸の内谷とその支谷《しこく》や昭和通り谷などの埋没谷のあるところである。

沖積層の厚さおよび沖積層をつくる物質と震害との関係は、関東地震以後いろいろと研究されている。関東地震の調査にもとづいて求められた下町低地の沖積層の厚さと全壊率の関係をみると、一般に沖積層が厚いほど全壊率は大きくなっている。

なお、沖積層全体の厚さのほか、沖積層の質も被害と関係が深く、泥質あるいは泥炭質のいわゆる軟弱地盤は砂質あるいは砂礫質の層より被害が大きい。このことは、1図や61図に

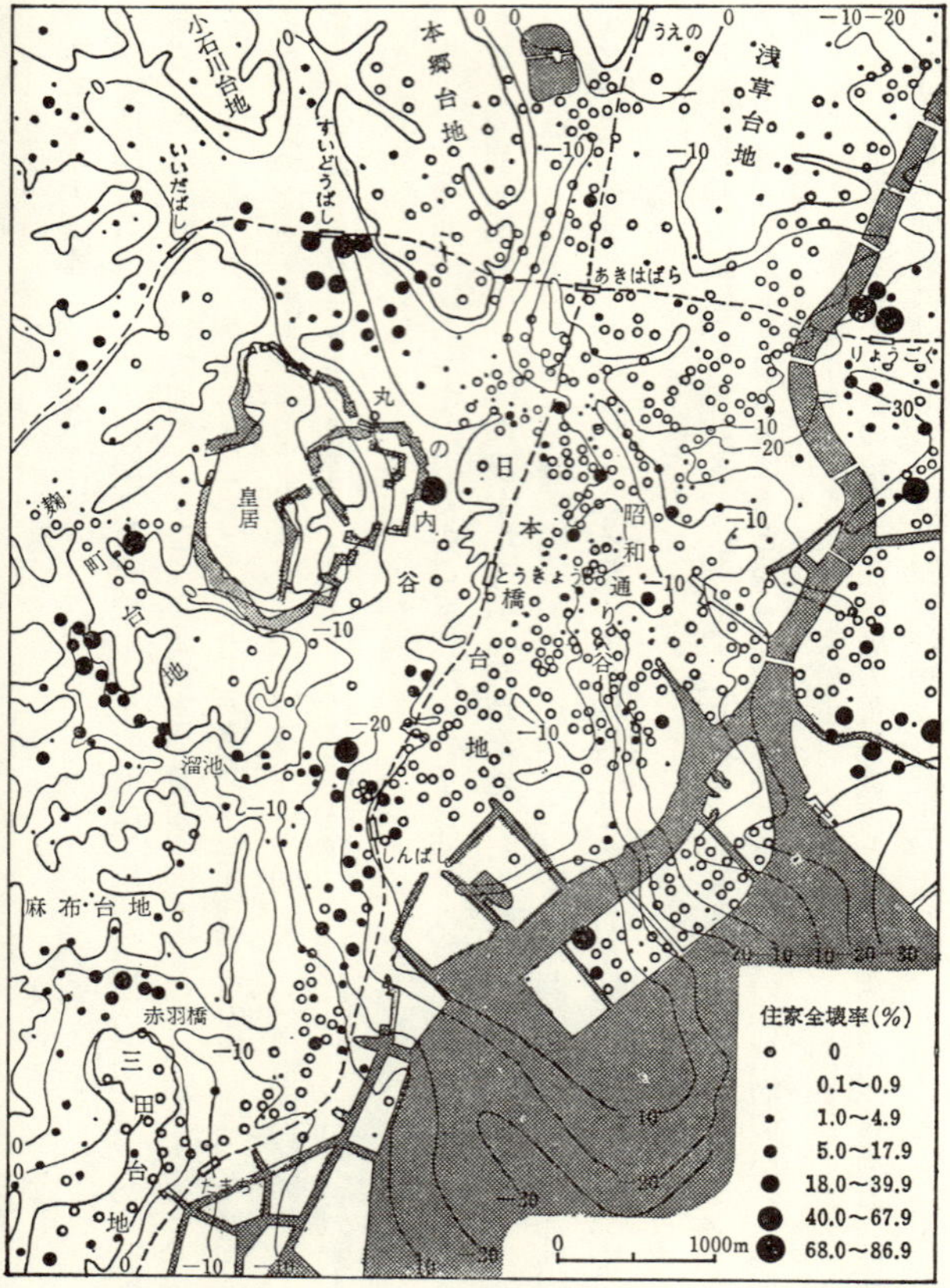

61図　関東地震による住家全壊率と沖積層下の埋没地形との関係
埋没地形の等深線は東京地盤図による。等深線の間隔は10m、太線は台地の縁。

みられるように、山の手台地をきざむ谷底の沖積地のうち、不忍池、水道橋、溜池、赤羽橋などの泥炭地で被害が大きく、谷口の砂州の部分で被害が小さいことからも明らかである。さらに、沖積層全体の厚さと質のほか沖積層のごく表層部の軟弱さも被害を大きくする。すなわち、表層がルーズな砂や泥の堆積物だったり、盛土だったりする場合に被害が大きくなることが知られている。

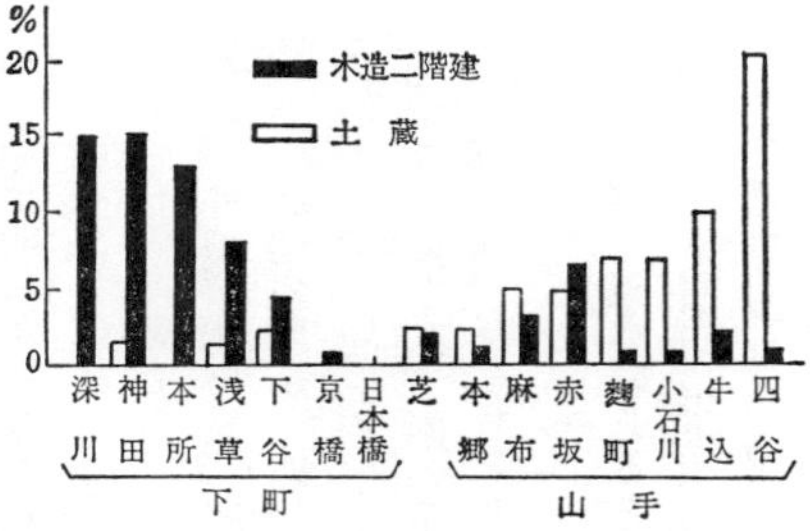

62図　関東地震による山の手と下町の被害率のちがい

震害に地域性があることは、大地震のときの地盤の動きがそれぞれの土地の地盤の性質によってちがうからである。そこで、地盤の振動特性を調べれば、大地震のときのゆれ方が予想され、それに応じた耐震構造も考えられるという次第で、地盤の振動特性を、地震のときに測定したり、あるいは交通機関・工場等を発振源とする地面の常時微動の測定等をもとに推定することがおこなわれている。

東京の地盤の地震動によるゆれ方をみると、洪積層よりなる山の手では周期〇・二〜〇・四秒の波が卓越し、沖積層よりなる下町低地では、〇・六〜〇・八秒程度の波が卓越している。そして、このような地盤の固有周期と共ゆれするような家屋が倒壊しやすいことが、関東地震のさいに明らかになったことはよく知られている。62図はこれを示すもので、山の手台地では、〇・二～〇・三秒ぐらいの固有周期をもつ土蔵の被害が大きく、下町では、〇・七秒前後の固有周期をもつ二階建木造家屋の被害が多かったのである。

なお、沖積層が厚く、かつ、泥質ないし泥炭質の軟弱地盤であるところで被害が大きいのは、上の周期のほか、地震動によって地盤にくるい（不等沈下）や強度の低下（流動化など）が生じやすいことにもよる。

関東地震のとき、山の手台地あるいは武蔵野台地では、全般的にいって全壊家屋は少なく、ふつうは一パーセント以下であった。千葉県下の下総台地でも全壊家屋が少ないのは武蔵野台地と同様であったが、千葉の北に同じ台地上でありながら被害の大きいところがあり、それが、宙水のあるところと一致することがわかっている（吉村・山本、1938）。これは関東ローム層中に帯水した宙水のために、土地の震動がちがったせいだと考えられている。武蔵野台地では、調布・府中など立川段丘で関東地震による倒壊率が大きくなっているが、これもあるいは地下水面が武蔵野段丘より浅いことと関係があるのかもしれない。こうしてみると、過剰揚水によって水位が低下すると、それによって地盤の振動特性も変化することが考えられる。

V 東京湾の生いたち

品川付近と東京湾（明治14年測量、２万分の１迅速測図より）

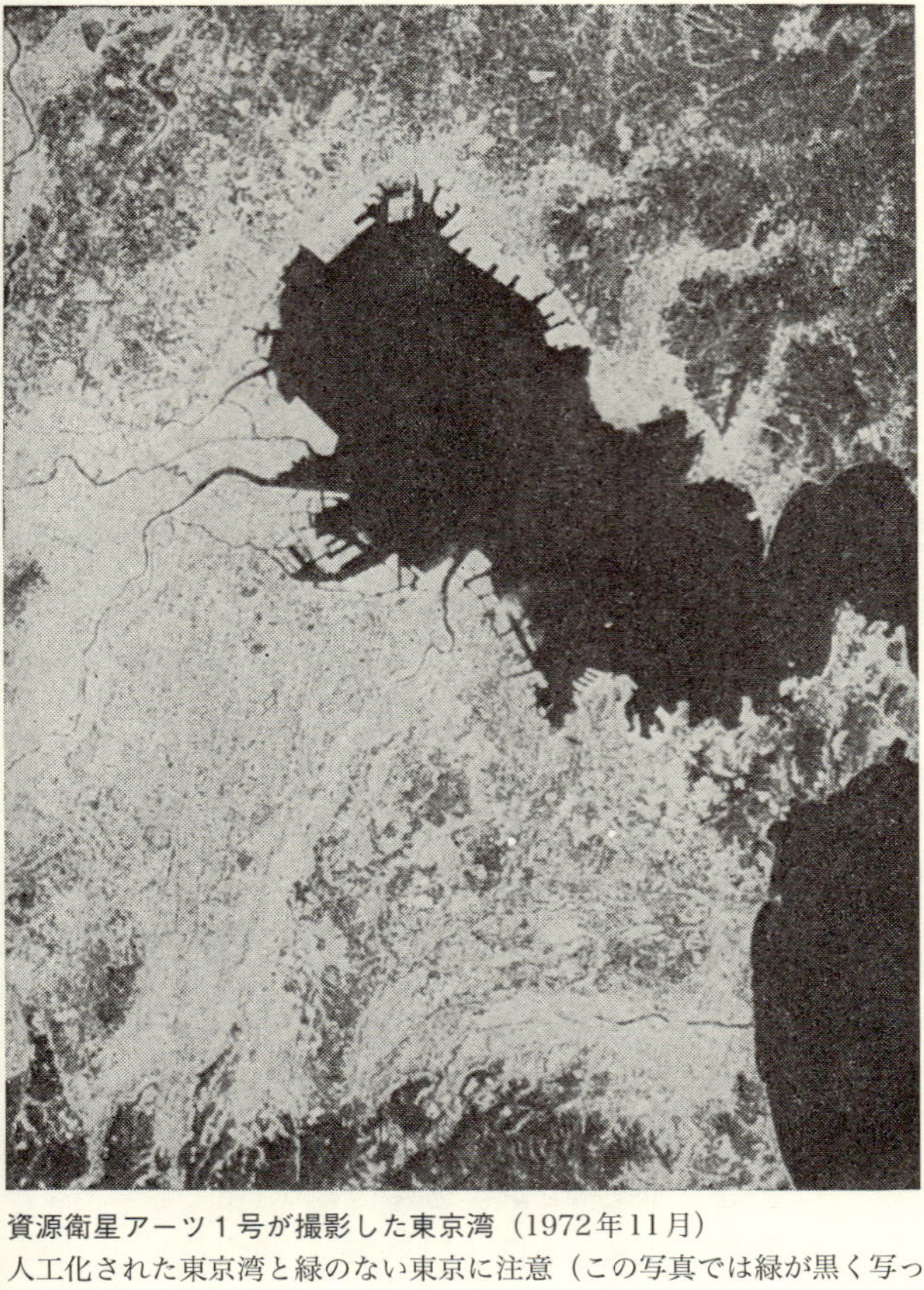

資源衛星アーツ1号が撮影した東京湾（1972年11月）
人工化された東京湾と緑のない東京に注意（この写真では緑が黒く写っている）。

1　東京湾の海岸線

東京湾の輪郭や東京湾の機能は日本の経済成長とともに急速に変ってきた。東京湾の輪郭をかえてきた主力は、サンドポンプ船で、これは海底から砂をすくい上げ、パイプを通したのち水と共にはき出して埋立地をつくってゆく。それは広大な埋立地をつくり、この埋立地はほとんどが大工場の敷地となっている。そして、海底から砂をすくい上げたあとは、数万トンの、ところによっては二〇万トン級のタンカーを横づけにできる水深の大きい港となってきた。

海岸に新しく土地ができれば、昔の海岸の漁村は新しい産業に転向してゆかねばならない。この古い土地が沖積《ちゅうせき》低地ならば、その土地の標高は、新しい埋立地の標高がたいてい東京湾中等潮位より三〜四メートルは高いから、これより低いのが普通である。新しく作られた人工の土地は、旧い海岸ぞいの土地を内陸の土地へと転化させるだけでなく、工業化によって、大気汚染・水汚染などをもたらし、また、所によっては地盤沈下によって、環境悪化は急速に東京湾周辺一帯にひろがった。

江戸前寿司の江戸前とは、江戸の前面の海、ないしそこで獲れる鮮魚のことである。東京湾での漁業やノリの養殖業は江戸時代の後半から発展し、明治以後第二次大戦後まで、大きな生産額をあげ、ことにノリやアサリ、ハマグリの養殖は昭和三〇年代でも東京湾岸が全国第一の生産地であった。ことに多摩川や江戸川などの三角州は養殖漁業にとってもっとも豊沃の土地であった。

東京湾の波静かな遠浅の海岸が潮干狩や海水浴などのリクリエーションの海岸であったこと、東京湾岸に広い干潟や塩性湿地が海浜生物や野鳥にとっての楽園であったことも忘れることができない。

しかし、東京湾西岸は、大正から昭和にわたり、京浜工業地帯として工業化・都市化が進行した。おくれて工業化に踏み出した東京湾東岸は、京葉工業地帯として、一九六〇年ごろから日本でも、そして世界でも例をみないほどの急速な変化をとげた。いまや東京湾は全体として一大港湾となり、沿岸は東京湾工業地帯という名称がふさわしい工業地帯となった。それは港湾としても工業地帯としても世界で最大規模であり、人口の集積でも最大の地帯なのではあるまいか。それに伴って東京湾の自然は失われ、水汚染・大気汚染はすすみ、海上交通さえ飽和に達しつつある。

以下には、首都圏整備委員会や水路部〔現・海上保安庁海洋情報部〕で作成した東京湾水深図や東京湾底質図、地質調査所などのおこなった東京湾底ならびに沿岸の地盤調査や地質調査にもとづいて、東京湾の海底・海岸の地形や地質についてのべることにしよう。

東京湾の地形

東京湾とは、ひろい意味では、浦賀水道をふくみ、房総半島西端の洲崎《すのさき》と三浦半島の剣崎《つるぎさき》を結ぶ線以北の水域、約一五〇〇平方キロメートルをさすことになっている。しかし、狭い意味でいうときは、富津岬と観音崎《かんのんざき》をむすぶもっともくびれたところ以北の約一一〇〇平方キロメートルの水域、あるいは、富津岬と横須賀の勝力崎《かつりきざき》を結ぶ線以北をいう。東京湾の海底地形をみると（63図）、横浜港の南の本牧岬と富津岬の中間に中《なか》ノ瀬《せ》と呼ばれるマイナス二〇メートルぐらいの浅瀬があり、これ以北では、水深四〇メートル以下で浅く、海底地形も単調である。

これにくらべると、中ノ瀬以南では水深は大きく、特徴のある海底地形があらわれる。浦賀水道でもっとも顕著な海底地形は二つあって、一つは南部の東京海底谷《かいていこく》であり、他は北部の観音崎海底水道である（二二四ページの図参照）。

東京海底谷は、久里浜《くりはま》の東方二キロメートル沖の水深約一〇〇メートルにはじまり、相模湾底の水深一〇〇〇メートルにまでまがりくねりながらつづく大きい海底谷で、谷壁の断面は、四〇〇メートル以浅はV字形、それ以深はU字形である。

このような海底谷は、汎世界的に陸棚斜面をきざんでみられるもので、その成因については、かつて陸上の河川の侵食によってできたとする説と、海底での泥流の侵食によるものだとする説が対立し、折衷説も提唱されている。またその形成時期についても白亜紀ないし古第三紀という考えもあり、新第三紀ないし洪積世《こうせきせい》という説もある。東京海底谷については、谷壁に露出する岩盤が第三紀層であるから、第三紀末ないし洪積世に形成されたものと考えられている。しかし、その形成が陸上侵食によるものかどうかははっきりわかってはいな

63図　東京湾の海底地形と沖積層に埋もれた地形（編集原図）

い。

観音崎海底水道は、中ノ瀬の西南の水深約五〇メートルから東京海底谷の谷頭までつづくもので、これは、すでにのべた古東京川が、ヴュルム氷期の海面低下期にきざんだ谷底だと考えられているものである。この観音崎海底水道は、三浦半島に近いところを通り、三浦半島の入江からこの谷に合流する小さい沈水谷が沢山みとめられる。それは、かつての陸上の谷が沈水した地形があまり堆積物に埋まらないで、海底に保存されているものと考えられる。この方面の海底には岩盤がかなりひろく露出するのはそのあらわれである。堆積物が少ない理由は、この方面では大きい川がないから河川による上流からの土砂の供給が少ないこと、また海岸の岩石は第三紀層であるから、波食《はしょく》に対する抵抗は洪積層にくらべると大きくて、波食による物質の海底への供給も少ないこと、さらに、浦賀水道は潮流が強くて、海底でもときに一ノット〔時速一・八五二キロメートル〕以上に達するから、堆積物の供給があったとしても海底に沈着しにくいことにあるとみられている。

これにくらべると本牧岬―富津岬以北の東京湾は主として堆積の地形よりなる。古東京川の谷も本牧岬沖あたり以南では海底地形からおおよその位置の推定はできるが、それ以北ではほとんど位置がわからない。63図で古東京川谷底の位置が描かれているのは、音波探査や東京湾横断道路のための東京湾底のボーリングによる調査などからおおよその位置を推定したものである。東京湾の中央部では、古東京川の諸支谷《しこく》がどのように合流していたのか、そして沖積層や洪積層の厚さ・岩相《がんそう》がどうなっているのかはほとんど明らかにされていない。

現在の東京湾の海岸線は人工による幾何学的な形を示すところが多いが、自然の海岸線は、三浦半島方面をのぞくと、だいたいはなめらかであった。そして、このなめらかな海岸線から沖一〜二キロメートルは潮間帯あるいは水深一〜二メートルの浅海で、貝や浅草ノリの養殖がおこなわれてきたところであった。この浅い海底は、63図の水深五メートルの等深線をさかいとして急に深くなり、水深一〇メートル以深となる。この深度急変部が三角州前置斜面と呼ばれることはすでにのべた（二一四ページ）。東京湾北部の底質は、この斜面の下部以浅が砂で、以深が泥となっている。

一九七〇年代までに東京湾で埋立てがおこなわれてきたのは、ほぼこの五メートル等深線以浅の地域である。この地域でなら、海底の砂すなわち沖積上部砂層を使い、浅海を砂で埋立てるのが容易であるが、より沖合では、埋立ての水深が大きいだけでなく、海底には上部泥層につらなる泥層がむきだしになっていて、埋立ての砂が付近の海底からは得られないし、さらに、上部砂層のあるところにくらべると、泥層がこれまでに荷重をうけていないから、厚い埋立土層をのせられると、荷重による沈下をおこす。したがって、前置斜面より沖での土地の埋立はむずかしいのである。

ところで、浅海での土地の造成には単に浅いとか、上部砂層があるだけでなく沖積層の厚さがうすく、洪積層を基礎として建設をおこなえる方がのぞましい。そういう観点から東京湾の沿岸をみると、東京湾東岸には基盤の洪積層が浅いところが少なくない。千葉—船橋間や養老川—小櫃川間、小櫃川—富津岬などはそのようなところである。63図で、埋没上位波食台としたのがそれである。埋没上位波食台の上には数メートル以下の沖積上部砂層がおおっているが、ところによっては洪積層や第三紀層が海底に露出しているところもある。

埋没上位波食台が広いところをこの図でみると、それは、ほぼ本牧岬—富津岬以北であり、この波食台の平均の幅は三キロメートル前後である。

ところで、波食台の幅の広い本牧岬—富津岬以北では、前記のように東京湾の海底地形が単調であるのに対し、波食台の幅がせまい本牧岬—富津岬以南は海岸線や海底地形が複雑であるのには理由がなくてはならない。それは、海岸の岩石の海食作用に対する抵抗のちがいにもとづくものである。すなわち、ほぼ本牧岬—富津岬以北の台地は固結の度の低い砂、泥よりなる地層（成田層群）で構成されているのに対して、本牧岬—富津岬以南は主として固結した砂岩・泥岩・凝灰岩などよりなる第三紀層で構成されているからである。

東京湾海岸線の変遷

では、この波食台ができたのは、いつのことであろうか。波食台は一般に海面下の浅いところ（マイナス一〇メートル程度以浅）で作られるから、埋没上位波食台はその高度（0〜マイナス一〇メートル）からいって、ほぼ海面が現在の位置にくるようになってからであり、前記のように、先史時代の遺跡からみて縄文前期、つまり、五〇〇〇〜六〇〇〇年前以降のことである（51図、二一七ページ参照）。

今から約五〇〇〇〜六〇〇〇年前の縄文海進の最盛期の海岸線が、著しいリアス式であったことは前にのべたとおりである。63図では白い部分（現在の沖積地の下流部と海底）がほぼ当時の海域であり、横線の波食台のところは陸上の台地あるいは丘陵であった。

それが、過去数千年の間に、東京湾北半の洪積台地のところでは、岬のところは波にけずられて後退し、入江の部分は、波がけずった台地の砂や川が上流から運んできた砂泥に埋立てられて、なめらかな海岸線をつくることになった。また、多摩川、江戸川、荒川、養老川、小櫃川などの大河川の下流では、三角州が海中におしだすようにもなった。一方、東京湾南部の第三紀層よりなる丘陵や山地のところでは、元来、縄文前期のリアス式海岸の入江は奥深くなかったが、それにもかかわらず、海食崖《かいしょくがい》の後退がおそいのと、多量の土砂を運びだす川がないのとの二つの理由で入江がいまもよく保存されているのである。

要するに、東京湾沿岸の海岸地形の変化は、どこも有楽町海進によるリアス式海岸から出発したが、土地の条件に応じてそれぞれ異なる経過をたどって現在に至った。奥深い入江ができたが、河川の堆積によって三角州をおしだした大河川の下流もあり、主に波の作用によって海食崖をつらねる海岸となったところもあり、また、入江の埋立ても岬の海食もすすまず、リアス式海岸をよく保存しているところもある、というわけである。

そのような異なる経過をたどった海岸の、人間による利用法の変化も面白い。

戦前の地理の教科書では、良港とは水深が大きく波のおだやかなリアス式海岸に限るような書きぶりであった。しかし、埋立て地や港湾の造成技術の進歩は、社会の変化とあいまって、東京湾北部のような洪積層よりなる浅く平滑な海岸がすぐれた港となるようにした。東京の国内貿易港、川崎の工業港、千葉の工業港などは、こういった地盤のところの港である。現在では横浜港も自然の良港ではなく人工の港である。

ここにみた東京湾内の地域による海岸地形形成過程のちがいは、別に東京湾内に限ってみられることではなく、日本の海岸一般に通用し、さらに世界的な普遍性をもっていることがらである。

日本各地でマイナス一〇メートル以浅の海食台の幅をみると、それは明らかに海岸をつくる岩石と関係があって、洪積層よりなる海岸は一～四キロメートル、新第三紀層では、〇・二～一・〇キロメートル、中生層、古生層、火成岩、変成岩では〇・五キロメートル以下というのが普通の値である。そして、この値の大きい海岸ほど一般に平滑で遠浅の海岸地形を呈している。この値の小さい海岸は、特に大河川の河口近くでない限り、縄文時代に生まれたリアス式海岸を今でも保有しているのである。

2　東京湾の系譜

東京湾のここ数千年間にわたる変遷はすでにみたのであるが、東京湾は、単に古東京川の流域が、有楽町海進で入江になってできた、というよりも、もっといわくのある場所のように思われる。有楽町海進にはじまる現在の東京湾の生いたちを人の生いたちにくらべるならば、以下にのべる東京湾の伝記は、いわば東京湾の生みの親や先祖の系図をのべることに当るだろう。

南関東ガス田

関東平野南部は、新潟のガス田地帯とならんでわが国最大のガス田地帯である。このガス田のうち、千葉県の茂原《もばら》・大多喜《おおたき》付近は、古くからガスおよびヨードの産があったが、戦後になって、東京湾沿岸の、千葉市付近・船橋市付近・市川市・江東・川崎市などでガス田が開発されてきた。この南関東一帯のガス田を南関東ガス田と呼んでいる。

江東では一九五〇年ごろから、千葉・船橋・市川などではややおくれて採取がはじまり、一九七〇年ごろに最盛期をむかえた。しかし、この地域の天然ガスは水溶性であるため、ガスの採取に際しては地下水が一緒に揚水される。そのため、ガス採取量の増加とともに、一九七〇年ごろの揚水量は、江東では約三万立方メートル/日、千葉・船橋・市川では約一二万立方メートル/日に達した。これらの天然ガスは、江東では地下五〇〇~七〇〇メートルにある江東砂層以下、深さ一七〇〇メートルに至るまでの上総層群中から、船橋では主として地下八〇〇~二〇〇〇メートルにある上総層群中の砂層(船橋上部砂層・船橋下部砂層および夏見《なつみ》砂層)から汲上げられており、工業用水や農業用水が二〇〇メートル以浅より揚水されているのにくらべると、ずっと深い層から採取されていた。しかし、それらのガス水採取が、地盤沈下をひきおこしていることが明らかとなり(54図の荒川放水路下流部や船橋付近の一〇〇センチメートル以上の沈下地域とその周辺は主にガス水採取による)、江東のものも千葉・船橋・市川のものも、一九七二年からの都・県による鉱業権の買収などによって、それ以後はガス水の揚水はほとんどなくなった。また、その効果があらわれて、船橋などでは地盤沈下が進まなくなっている。

　ところで、天然ガス田の開発やそれによる地盤沈下を防ぐための研究によって、関東平野の地下の構造がかなりよくわかってきた。上記江東砂層は、その連続が多摩丘陵や三浦半島では地表に露出している上総層群中下部の地層であり、千葉県下では、房総半島中部や銚子方面に露出する上総層群の中ほどの梅ガ瀬層あたりであるといわれている（表10参照）。

　上総層群はこのように、東京付近では地下数百メートルにあるが、同じ層のつづきが房総半島中部や多摩丘陵や銚子半島では地上にあらわれているから、これはさきにのべた関東造盆地運動を表現しているものにほかならない。

　ところで、上総層群の中ほどの江東砂層と、それにほぼつながる房総半島中部の梅ガ瀬層の上限の高さの分布が河井《かわい》興三《こうぞう》によって64図のように描かれている。

　この図によると、江東砂層堆積以後現在に至るまでの沈降の中心は船橋・千葉付近にあって、沈降量は一〇〇〇メートルをこえることがわかる。

　次に、同じく河井興三によって描かれた、成田層群基底の深さの分布をみると（64図）、成田層群のはじめ以来の沈降の中心は、千葉から草加にかけて北西—南東に長くのびている。

　なお、関東平野地下で、第三紀層以下の基盤岩石（中・古生層や結晶片岩）までの深さは

地質時代	火山灰	横浜―東京地域		下総台地―房総半島		
沖積世		沖積層		沖積層		
洪積世	立川ローム層	立川礫層		段丘礫層		
	武蔵野ローム層					
	下末吉ローム層	武蔵野礫層		段丘砂礫層		
	多摩ローム層	下末吉層 相模層群	上部東京層 東京礫層 下部東京層 （江戸川層）	姉ガ崎層 瀬又層 薮層 地蔵堂層		成田層群
		上総層群（三浦層群）	杉田累層	笠森層 長南層	鶴舞亜層群	上総層群
				柿木台層 国本層 梅ガ瀬層	秋元亜層群	
鮮新世			金沢累層	大田代層 黄和田層 黒滝層	関亜層群	

表10　東京湾東西両側の鮮新世―洪積世の地層
（主に成瀬洋、1961による）

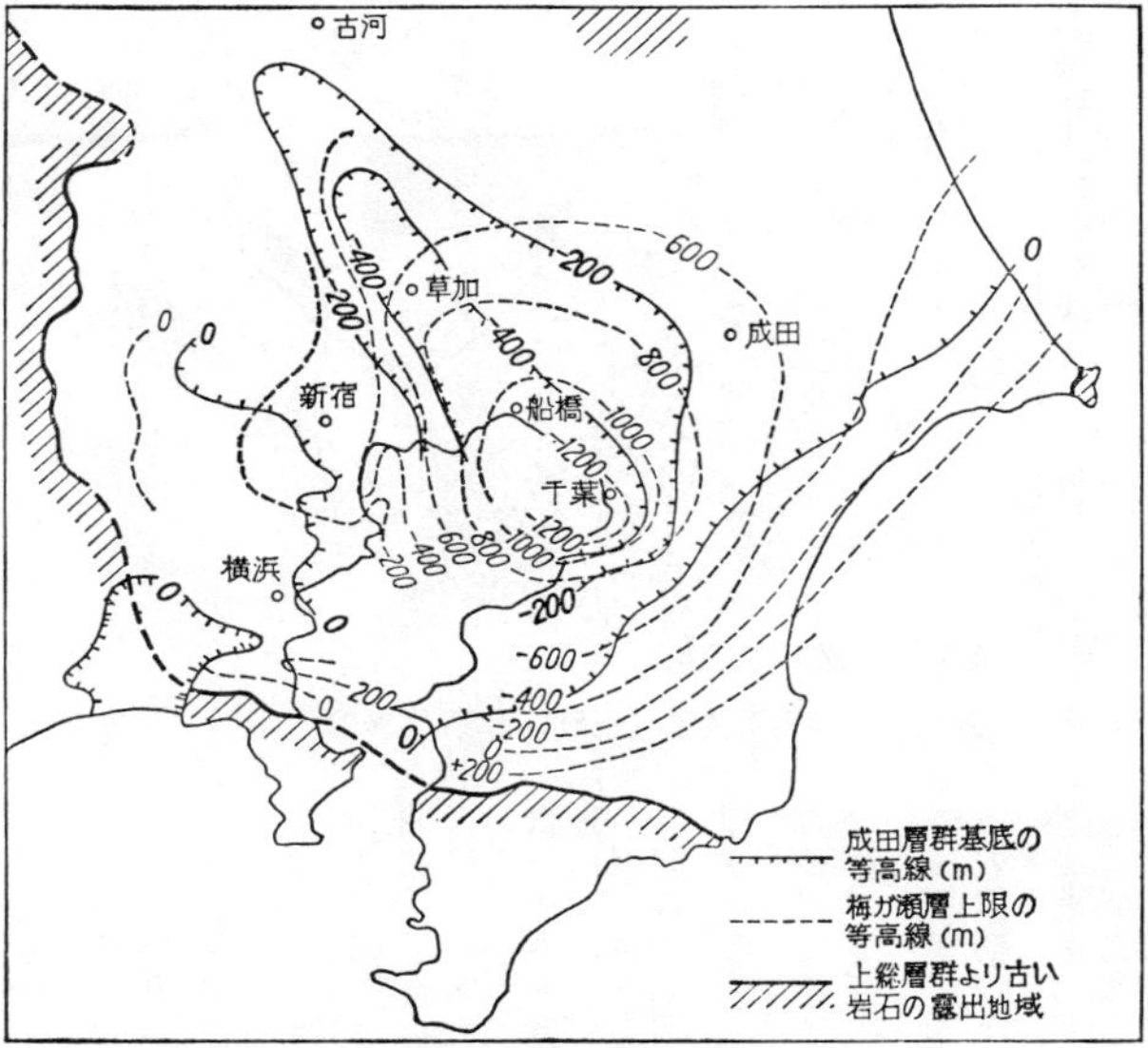

64図　関東平野の第四紀層の深さ（河井興三、1961にもとづく）

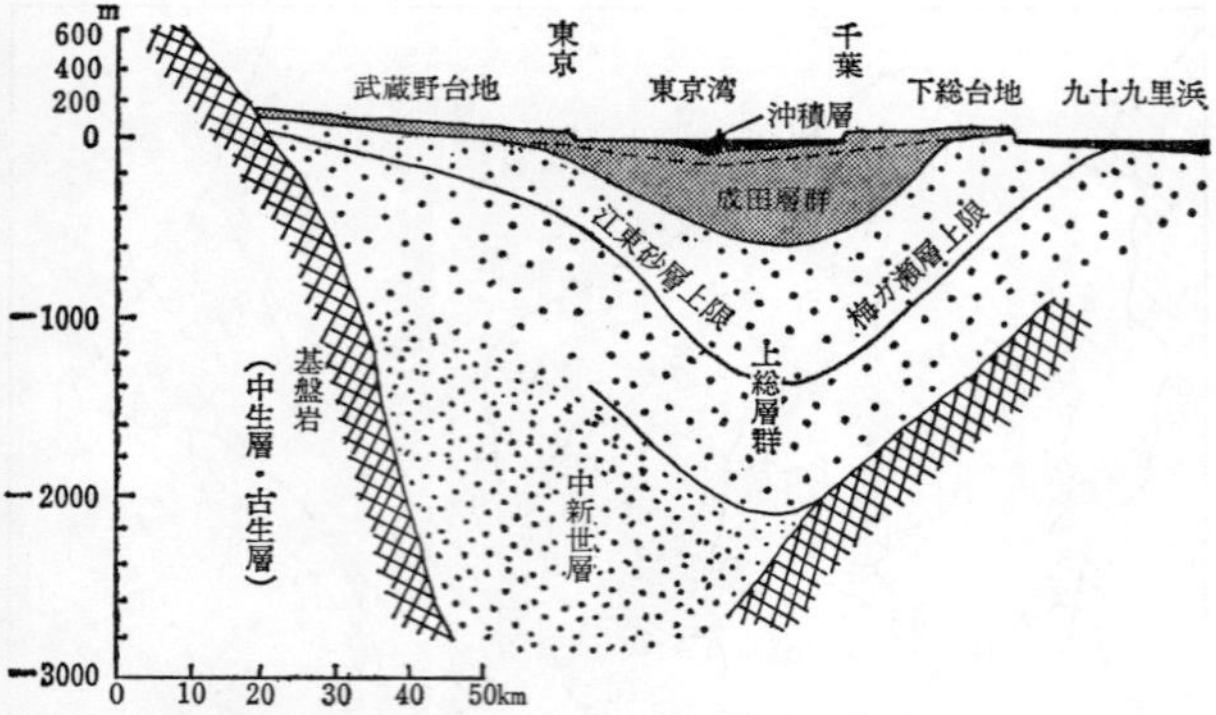

65図　東京湾北部の地下構造（垂直は水平の25倍）

いくつかのボーリングや地震探査・重力測定によっても知られている。地質調査所（1973）がまとめた後期新生代地質構造図「東京」によれば、それら基盤岩石までの深さは千代田区付近で約四〇〇〇メートル、船橋付近で約二一〇〇メートル、成田で約一〇〇〇メートルとなっており、関東平野の南西部と北西部で深いことが知られている。

これらの資料をもとにして、東京湾北部を通るほぼ東西方向の模式的な断面図を描くと65図が得られる。

64図や65図をみると関東平野の中央部で地層の厚さが厚く、関東平野の周辺では地層の厚さがうすいことがわかる。その原因の一部は、周辺部ではかつて存在した地層が、その後侵食されたためであるが、主な原因は、関東平野の中央部における堆積物の厚さが周辺部におけるそれより、もともと厚かったためである。そして、このことは、地盤が沈降しながら地層が堆積したためと解釈されるから、これもまた関東造盆地運動の進行を示す一つの材料である。

このように上総層群と成田層群は、鮮新世《せんしんせい》から洪積世にかけての海成層が地盤の沈降とともに、ほぼ連続的に堆積したものであるが、それらの地層や化石は古くからよく研究されていて、堆積環境がどのように変ってきたかもわかっている。成瀬《なるせ》洋《よう》（1961）によると、上総層群を堆積させた海は、はじめは外洋性の深い海であったが、次第に浅海に移り変ってゆき、上総層群最上部の笠森《かさもり》層となると、その堆積物にも化石にも内湾性の要素がふえている。そして、同じころに弱い地殻変動があり、次に成田層群の内湾性の堆積がはじまったのである。この成田層群を堆積した湾が、古く矢部長克が命名した古《こ》東京湾である。

上には、上総層群の上部をなす梅ガ瀬層以上の地層（秋元《あきもと》亜層群と鶴舞《つるまい》亜層群）の堆積の中心が船橋・千葉付近にあることをのべたが、上総層群の下部をなす関亜層群は茂原付近でもっとも厚いから、上総層群から成田層群にかけて、堆積の中心が北へずれていったと考えられている。

さらに遡ると、関東造盆地運動の前身は中新世中期の丹沢造山運動の主造山期以後、丹沢—三浦—嶺岡《みねおか》を連ねる隆起帯ができ、その北に盆地ができたときまで遡ることができる。こうして新第三紀の、東へ大きくひらいた盆地から東側にも隆起部ができ、閉じた盆地に移りかわり、関東造盆地運動と呼ばれるものになったのは、上総層群上部が堆積した第四紀のはじめごろから後のことである、といえる。すなわち、関東平野の祖先は第四紀《だいよんき》のはじめのおおよそ二〇〇万年ぐらい前から一つの盆地となりはじめたという系図をみるのである。

関東造盆地運動の地形的表現

次には、第四紀の関東造盆地運動を地形の観点からみてみよう。

さきに、関東平野の生いたちを概観したときに、関東平野の地形は造盆地運動と海面の昇降によって説明できることをのべた。そして、海進によって作られた地形として、何段かに分けられている多摩面、下末吉海進による下末吉面、および有楽町海進による沖積面が認められることをみた。このうち、多摩面は、関東平野の周辺をとりまくように分布しているが、分布が断片的であるために造盆地運動の形をはっきりさせるのにはよい材料ではない。そこで、下末吉面の高度分布図（66図）に注目しよう。

関東平野の下末吉面の大部分は、下末吉海進時代の古東京湾の海底が陸化したものと考えてよい。もちろん、下末吉面の一部、たとえば武蔵野の所沢台や金子台は既にのべたように扇状地として形成されたものであるから、これは元来山地から海岸へとある程度の勾配をもっていたにちがいない。そこで、こういう山麓の河成《かせい》面としてできた下末吉面をのぞくと、もともと海底面としてできた下末吉面は、おおよそ平らか、あるいは当時の古東京湾の湾口の方が低くなっていたと考えられる。そして、その古東京湾の湾口がもっとも広く開いていたのは、だいたい九十九《くじゅうく》里《り》浜《はま》および鹿島灘の方であったとみられているから、この方面ほど海底が低かったのだろう。このように考えると、66図の等高線は下末吉面以後のおよその地

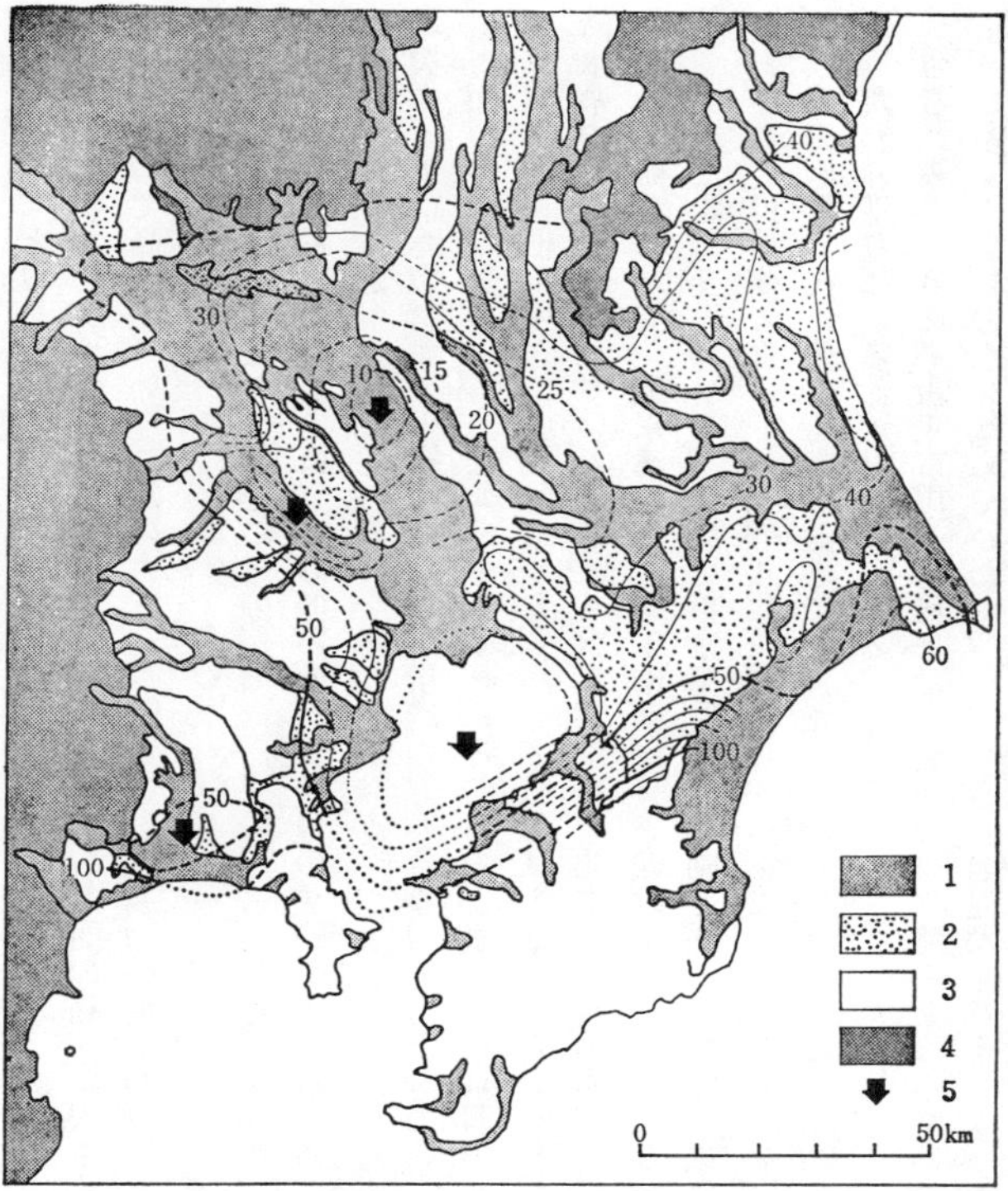

66図　下末吉面の高度分布（貝塚、1974）
1沖積面（A面）　2下末吉面（S面、等高線は10m間隔）
3段丘（Tc面・M面）と丘陵（T面）
4山地　5相対的な沈降地域

殻変動を示すとみられ、次のことが指摘できるのである。

元来は低いことが予想される鹿島灘と九十九里浜の方面の高度が大きく、関東平野の奥の方がかえって高度が低い。これは古くから関東造盆地運動の地形的表現と考えられてきたものである。

下末吉面のうち高度の低いところの一つは、栗橋・古河《こが》付近にあって、台地面は二〇メートル以下である。このことは、この低い地域に一つの沈降の中心があることを意味する。これを古河地区の造盆地運動と呼んでいる（貝塚ほか、1963）。

次に、東京湾の南東の下総台地は、東京湾の方へ急な勾配で下っている。これは海成の下末吉面の中ではもっとも急な勾配を示すところである。また、東京湾の北東の下総台地は、東京湾岸と利根川すじの中間でもっとも高くて三〇メートルぐらいあり、利根川水系と東京湾水系の分水界をなしている。これら東京湾東岸・北東岸の台地面の高度分布は東京湾の形と深い関係があって、東京湾の、北東—南西に長い輪郭が、このような方向にのびる沈降運動でできたことを思わせる。これを東京湾造盆地運動と呼ぶ。なお、東京湾が構造的な凹地であることは、すでに、一九三四年に矢部長克がのべているが、そのときに考えられたものは、成田層群以後に生じた断層盆地であった。しかし、今のところ断層の証拠はほとんどなく、たわみ下りによる盆地と考えられる。

さきにみたように、古東京川の時代には、現在の東京湾のところがあたかも扇の要に当るように多くの支谷の水を集めていたが、東京湾造盆地運動を考えれば、多くの河川がここに集まってきた理由が理解できる。水系は、水が低きにつく理によって決定され、東京湾は低き地域だったとみるのである。

なお、66図の五〇メートル等高線で示されているように、相模野南部にも一つの造盆地運動の中心がある。それは、関東平野の成田層群とほぼ同時代の地層である相模層群の堆積盆地であって、小さい盆地ながら、洪積世を通じて沈降をつづけてきたことが成瀬洋（1960）によって明らかにされている。

このようにみると、第四紀の関東造盆地運動の平均的な中心は、第四紀層全体の厚さが示すように、船橋付近にあったが、洪積世の末期になると、沈降の中心が二つに分かれてきたとみなせそうである。その一つが古河地区で、もう一つは東京湾である。この二つは、大きい関東造盆地運動の中にあらわれた、二次的な沈降運動と考えてよいだろう。また、この図には荒川にそって一つの沈降帯があるように書いてある。これを荒川沈降帯と呼んでいるが、ここに活断層の存在が推定されることをⅡ-5（八九〜九〇ページ）で述べた。

なお、一九二三年の関東地震は、相模湾底を北西—南東に走る大断層（相模湾断層）が活動したために起こったものと考えられている。関東地震のときには、大磯付近や三浦半島および房総半島の南部が隆起し、その量は最大二メートルに近かった。しかし、東京湾北部ではほとんど垂直の変動はみられなかった。66図の示す下末吉面が、三浦半島や房総半島南部へと高まってゆくのは、関東地震のときのような地殻変動が、相模湾断層の活動のたびごとに積算されてきたためであろうと考えられているが、関東平野や東京湾が造盆地運動をつづ

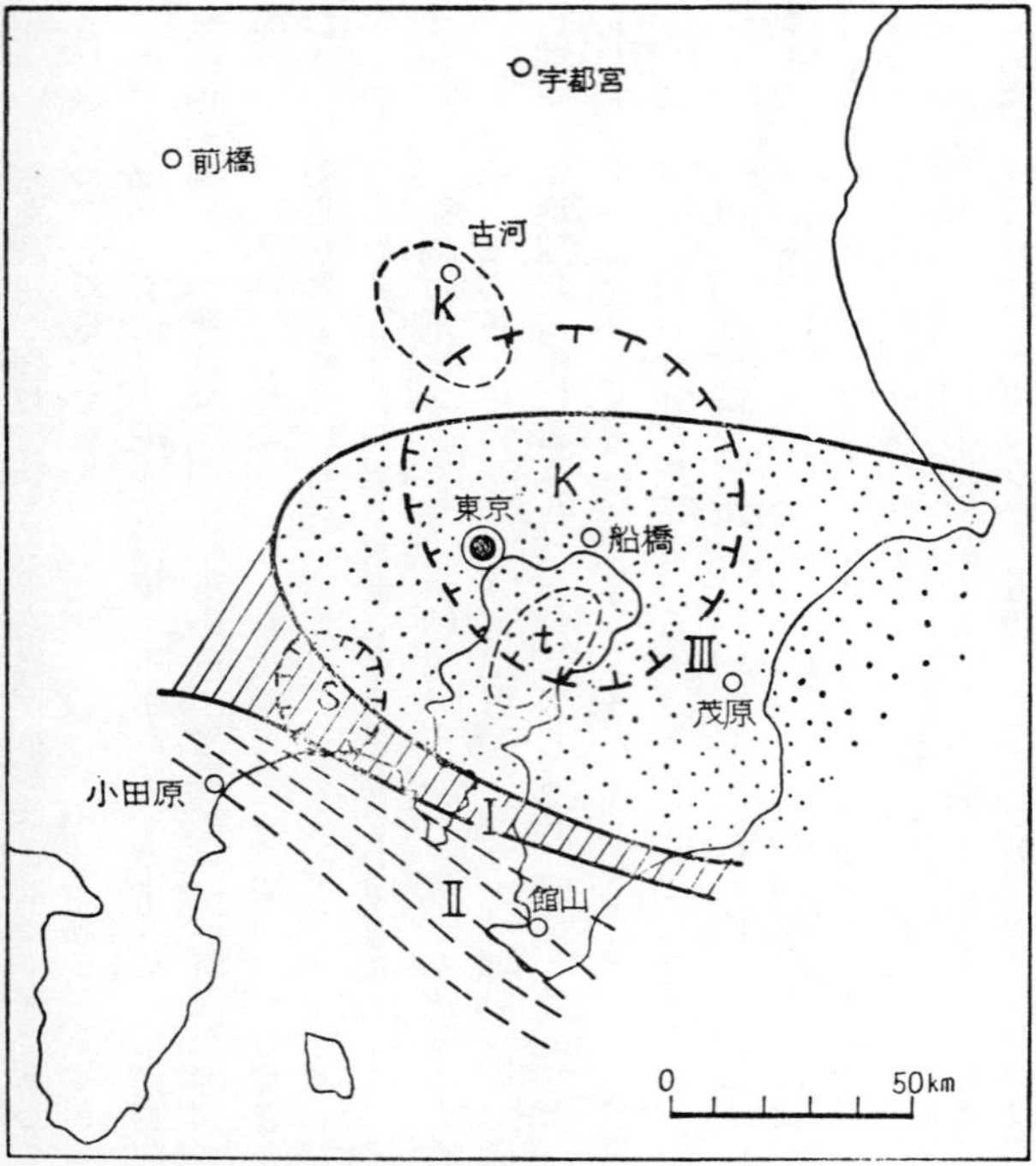

Ⅰ　丹沢−嶺岡隆起帯
Ⅱ　足柄−房南沈降帯　新第三紀の構造区
Ⅲ　関東盆地（点）
K　関東造盆地運動
S　相模造盆地運動　第四紀の盆地
k　古河地区造盆地運動
t　東京湾造盆地運動　第四紀末の盆地

67図　関東造盆地運動

層　　位	年　　数	沈　降　量	速さ（1万年当り）
梅ガ瀬層上限	100万年	1000m	10m
成田層群基底	50万年	400m	8m
下末吉面	13万年	130m	10m
下町面	0.6万年	8m	13m

表11　関東造盆地運動の速さ（貝塚ほか、1963を改変）

けてきたことと、大地震と関係があるのかどうかは、いまだにはっきりとはわかっていない。しかし、関東造盆地運動の速さについては次のことが知られている。

関東造盆地運動の速さ

上にのべた資料ならびに、沖積面（下町面）に関する材料によって、関東造盆地運動の速さは、表11のように算出されている。

この表のうち、沈降量は、いずれも房総半島中部付近を基準とし、千葉付近の相対的な沈降量をはかったものである。この間の水平距離は二〇～三〇キロメートルである。この沈降量は厳密な値ではないが、年数もおよその値である。

梅ガ瀬層上限というのは、一九七〇年代には第四紀のなかごろだといわれるようになったので、一〇〇万年前として計算しているわけである。下末吉面を一三万年前としたのは、すでにのべたフィッショントラック年代による。成田層群基底の五〇万年は多摩ローム層のフィッショントラック年代からの推定であり、下町面の六〇〇〇年は縄文前期と考えての値である。

こういうわけで、求められた沈降の速さは、おおよその値であるが、それにしても沈降の速さがだいたい一様、あるいは多少速くなってきているといえそうである。

この沈降の速さの一万年当り約一〇メートルという値は、一年当りでは一ミリメートル、傾斜にすると一万年当り10^{-3}、一年では10^{-7}のオーダーとなって大変小さい量にみえるけれども、地殻変動の速さとしては大きい部類である。したがって、ほぼ一万年の間に約一〇〇メートルの海面上昇をみた後氷期海進は、地質学的にいって、おどろくべき速さの変化であり、まして年平均で一〇〜二〇センチメートルずつ土地が沈むという地盤沈下の現象は、自然におこる地殻の変動では、ふつうにみられないものである。

南関東の大地震と地殻変動

関東地方は日本の中でも特に地震の多いところである。一六〇〇年以後（一九六九年まで）東京に被害を与えた地震の分布は68図に示したが、この中で特に東京に大きい被害を与えたのは、古い方から、元禄一六年（一七〇三年）の元禄関東地震（マグニチュード＝8.2）、安政二年（一八五五年）の安政江戸地震（M＝6.9）、大正一二年（一九二三年）の大正関東地震（M＝7.9）である。元禄と大正の二つの関東地震はともに震源が相模湾にあって、相模湾断層の活動によるものと考えられている。安政江戸地震はすでに述べたように（九〇〜九一ページ）、東京での最大震度をもたらした直下型地震である。

安政江戸地震では、断層が地表にあらわれたという確かな記録はないし、隆起や沈降の地殻変動も知られていないが、二つの関東地震にさいしては広域にわたる隆起が関東南岸にあらわれた。また、大正関東地震の際には、三浦半島や房総南部でいくつかの小断層が地表にあらわれた。これらは相模湾断層の副断層かとも考えられている（杉村新《すぎむらあらた》、1973）。

相模湾底にはほぼ酒匂川沖から南東にのび、日本海溝につながる凹地があって、相模舟状海盆《しゅうじょうかいぼん》（相模トラフ）と呼ばれているが、これは南関東での第一級の構造線であり、前記の丹沢造山運動や丹沢―三浦―嶺岡の隆起帯などもこの大構造線にほぼ並走し、その過去の動きと深い関係があるらしい。

二つの関東地震のうち、大正のものは震源が小田原近くにあり、元禄のものは房総半島先端沖にあった（68図参照）。この二つの大震に伴った地殻変動は、ともに関東南岸の隆起であるが、大正地震では大磯丘陵―三浦半島南端―房総半島南端が一・五～二メートルの隆起であったのに対し、元禄地震では房総南端が二～六メートルと大きく隆起したが、大磯丘陵での隆起は一メートル以内であった。これら二つの地震の隆起量の和をとって高度分布をみると、関東南岸の約六〇〇〇年前の沼段丘の高度分布とほぼ同じパターンを示し、このような地震のさいの地殻変動の積算が沼段丘の高度を決定したと考えられている（松田時彦《まつだときひこ》ほか、1974）。

以上のように、関東南岸、ことに東京湾中部以南のおおまかな地質構造や沖積世に入ってからの地殻変動は、相模トラフと密接な関係があると考えられるに至った。しかしながら、東京湾の造盆地運動や古河地区の造盆地運動、あるいは浦賀水道の成因等については、なお

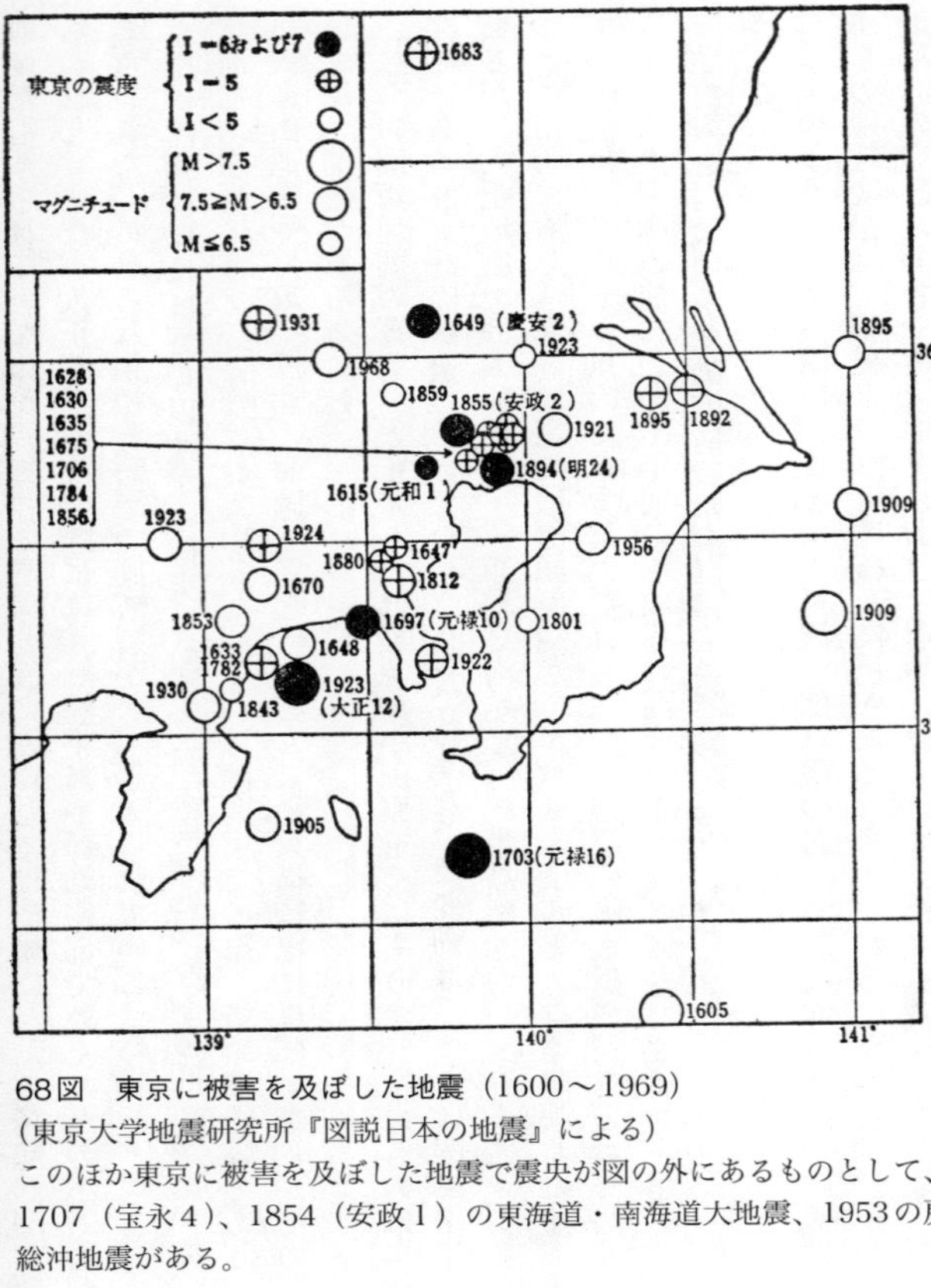

68図　東京に被害を及ぼした地震（1600～1969）
（東京大学地震研究所『図説日本の地震』による）
このほか東京に被害を及ぼした地震で震央が図の外にあるものとして、1707（宝永4）、1854（安政1）の東海道・南海道大地震、1953の房総沖地震がある。

定説といえるものはない。とはいえ、東京の地質学的研究をはじめたナウマンが来日した年（一八七五年）以来の、一〇〇年間に進展した研究の速さから考えれば、今後の一〇〇年をまたずして、このような問題も明らかにされるであろう。

VI

むすび——過去の東京から未来の東京へ

東京湾の埋立て（東京都広報室）

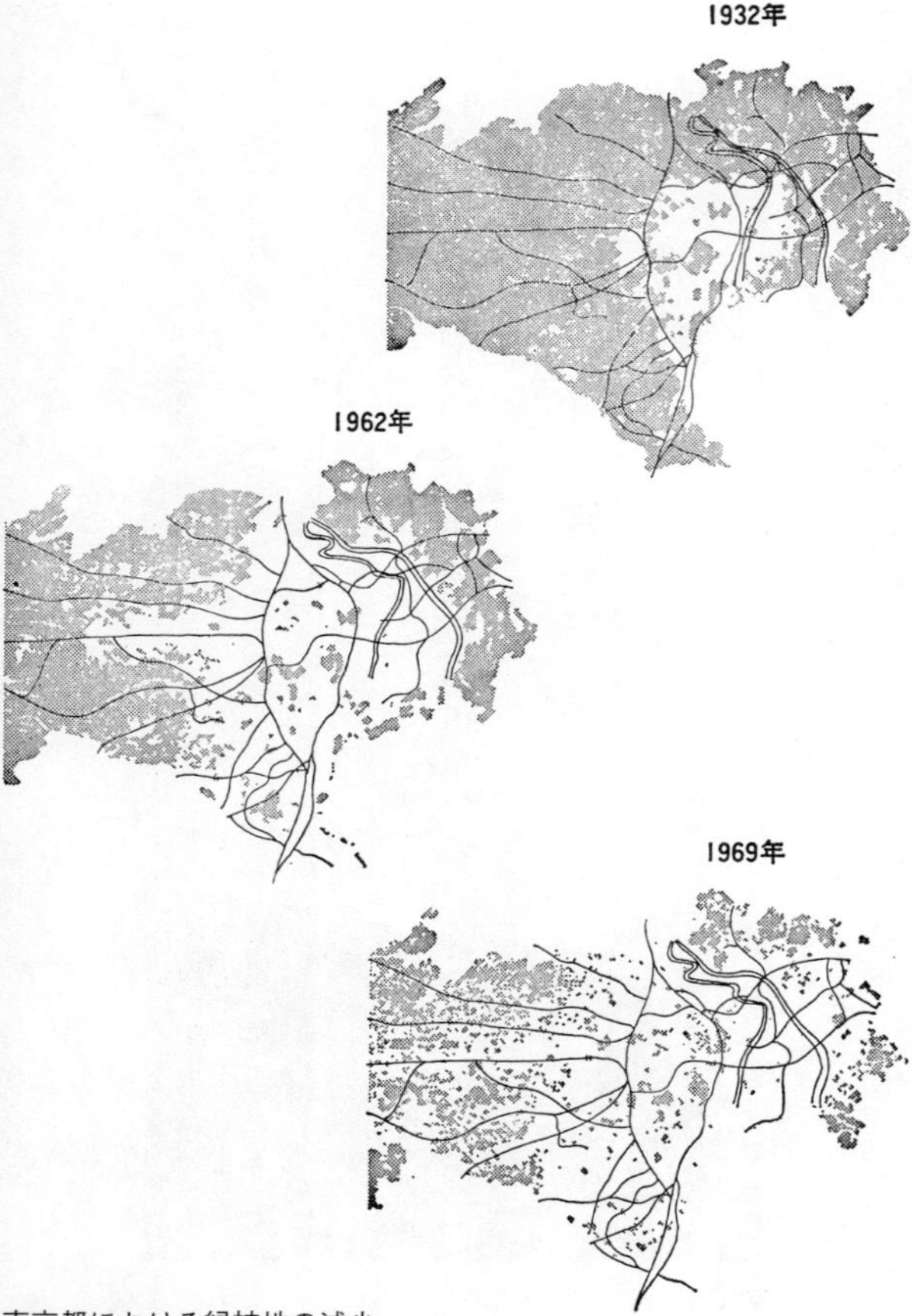

東京都における緑被地の減少
『都民を公害から防衛する計画』(1973) より

これまでに、東京の自然がいかに変動を重ねて現在に至ったかを考え、また、その生いたちを通じて、東京の土地の性質が現在のようになったゆえんをみてきた。

東京の土地の生いたちは、こうしてみると、人の生涯や人類の歴史と同じく大小の転機があったことに気づく。それを古い方から順にのべれば、東京礫層の示す海退の頂点、下末吉海進の頂点、古東京川が形成された海退の頂点、有楽町海進の頂点などである。東京の土地の生いたちは、これらの転機で区切ることによって、よく理解される（37図、一六六～一六七ページ）。

これらの転機をもたらしたものは、世界的な氷期・間氷期のリズムを反映した海面変動であり、特に東京に限った現象ではない。しかし、それが関東平野という、造盆地運動で特徴づけられるところにあらわれて、多摩ローム層の時代と下末吉海進時代に海域を拡大して古東京湾となり、また有楽町海進時代にはリアス式の入江の多い奥東京湾を作った。さらに、そのリアス式海岸は地形や地質の条件によって、三浦半島のように今日まで入江が保存されているところもあるし、東京湾北部のように入江は消滅し三角州が前進しているところもある。また、東京は、富士・箱根などの火山の東側にあって、その火山灰のシャワーをあび、それが山の手の表土をなしている。

このように、東京の土地は、大局的な自然の変動が、局所的な自然の条件と重なって、歴史的に形成されてきたものである。しかし、現在の東京の土地ならびに将来の東京を考えるならば、人間の手による土地の改変を重視しなければならない。

もし、東京に人が住まないとしたならば、あるいは東京が旧石器時代か縄文時代のままであるならば、人間の手による自然の変化は、動植物に与える変化を別とすれば、ほとんど問題にならないであろう。この場合には土地を変化させるものは、自然の力であり、とくに著しい土地の変化は東京湾の河川による埋立てであろう。東京低地についていえば、利根川・荒川などによって、これらの三角州は年平均一〇〇万立方メートルの桁の土砂で埋立てられてきた。

自然の力は大きい。富士山は数万年の間に一〇〇立方キロメートルをこえる火山灰を噴き上げ、それは年平均にすれば一〇〇万立方メートルぐらいを南関東に降らせていることになる。関東地震のエネルギーは、5×10^{23}エルグと計算され、それは佐久間《さくま》ダム級の大発電所が五年がかりで供給するエネルギーに相当する。それをごく短い時間に放出し、広範囲の土地を隆起させたり沈降させたりする。

地震による変動をも含めた地殻変動によって関東造盆地運動が継続してきたが、それによって、関東平野の中心部は周辺部にくらべて一年当り約一ミリメートルの平均速度で沈降してきた。それは第四紀《だいよんき》二〇〇万年の間には東京湾北部で厚さ一〇〇〇メートルをこす地層がたまる場をこしらえ、関東周辺では数百メートルの山や丘陵を成長させた。

これらの自然の力にくらべると、ひろがりの点では局地的であり、継続時間も限られているけれども、人間の自然改変も著しいものであり、改変の速さについては自然の変化の速さよりもずっと大きいことさえある。人間による東京の土地の著しい改変としては、川のつけかえ、放水路や人工湖の建設等があげられるが、地下水の汲上げによる地盤沈下も規模の大きい土地の変化である。そのために沈んでゆく東京低地の土の量は、年平均一〇〇〇万立方メートルぐらいに及び、河川のはこびだす土砂の量よりも多い。

一方、東京湾沿岸では盛んに埋立てと港湾の開鑿がおこなわれ、工業用地が作られてきた。そのためにうごかされた土砂の量は、年間に一〇〇〇万立方メートルをこえるのではあるまいか。これも自然による変化をはるかに上まわるものである。

これまではほとんど述べなかったが、東京の大気汚染、水汚染には著しいものがある。東京の空気がにごり、夜空の星もみえなくなっているくらいだから、東京の気候も変ってきている。

東京の都心部では、地表の変化や大気への煙や排気ガスの排出によって、気温が高くなってきた。ことに冬の平均気温は二〇世紀初頭から五〇年の間に約一度も上昇した。この変化は自然の気候変化にくらべて早い変化である。約二万年前の氷河時代の東京は今の十勝平野ぐらいの気候であったと推定したが、その氷河時代から後氷期の気候に移行するのに一万年ぐらいの年月がかかっている。

このように考えると、現在ならびに将来の東京は、人工が自然改変の第一の力となり、それによって良くも悪くも改変されると考えられる。そしてどのような改変が良い改変なのかは、東京の自然の深い理解と考慮の上に求めねばならないだろう。また、東京の土地利用は、過密地ほど地盤が悪く、水害や火災の危険にさらされている、といった面が少なくない。このような土地の不合理な利用を改めることも東京の重要な課題であろう。

ここで再びふり返って、現在の東京の土地と人の関係を、一九世紀半ば過ぎの江戸時代末のそれとくらべて、一、二の問題を指摘しよう。

江戸時代末期（一八六〇年ごろ）の江戸の土地利用区分図は、正井《まさい》泰夫《やすお》が古地図などから作成したもの（二万分の一、1973）がある。当時、江戸市中の約六割は武家地、二割が社寺地、残りの二割が町地であったが、この図によると、町地と武家地・社寺地はほぼ分離され、また地割りもちがっている。山の手台地の大部分は武家地・社寺地で、ことに斜面には社寺地の割合が多い。当時、山の手の斜面は、今の根津《ねづ》神社（文京区）の斜面のように樹木におおわれていたにちがいない。町地の中で最大規模のところは、いわゆる下町であって、神田から新橋にかけての低地にあった。その他には街道にそい、あるいは武家地の間に散在している町地があった。それら人口の密集する町地には、所によっては地盤の悪い谷底低地を占めるところもあったが、概して地盤がよい所だったことは先にのべた通りである。

江戸の町地は、江戸時代を通じて、たびたびの大火のあとなどに区画整理がおこなわれたが、とにかく町づくりは計画的であったといえよう。江戸時代もごく初期の、一六〇〇年代のはじめでさえ、江戸に来たスペイン人、ドン・ロドリゴは江戸市街がスペインの市街にまさっていること、地位・職業によって区画が異ることを記し、イギリス人、ジョン・セーリスも、江戸の街路がイングランドのどの街路にも劣らないことを述べている。幕末の一八五九年から一八六二年まで在日した、初代イギリス公使のラザフォード・オールコックも、市内の街路の管理がゆきとどいていて、西洋の市街にまさるとも劣らぬこと、それに樹木の多いことを繰返しその著『大君の都――幕末日本滞在記』の中で賞揚している。たとえば、次のごとくである。

……その都心から出発するとしても、どの方向に向かってすすんでも、木のおいしげった丘があり、常緑の植物や大きな木で縁どられたにこやかな谷間や木陰の小道がある。しかも、市内でさえも、とくに官庁街の城壁沿いの道路や、そこから田舎の方向に向かって走っている多くの道路や並木道には、ひろびろとした緑の斜面とか、寺の庭園とか、樹木のよくしげった公園とかがあって、目を楽しませてくれる。このように、市内でも楽しむことができるような都市はほかにはない。（山口光朔訳、岩波文庫の同書上巻より）

ここにあげた江戸の町の二つの長所――計画的な市街と緑の多いことは、そのごの東京市街の発展では受け継がれなかったようにみえる。たとえば、東京二三区の西部でいえば、およそ山手線あたりから外側では、地形的には山手線の内側よりずっと平坦地が広いのに、街路が雑然としている。また、東京の北東でいえば、ほぼ北十間川（墨田区）を境として、街路が雑然とした北側と整然とした南側は対照的である。それらの境は、ほぼ江戸の市街の外と内の境に一致しており、明治以後、ことに関東地震以後の東京の発展が無秩序におこなわ

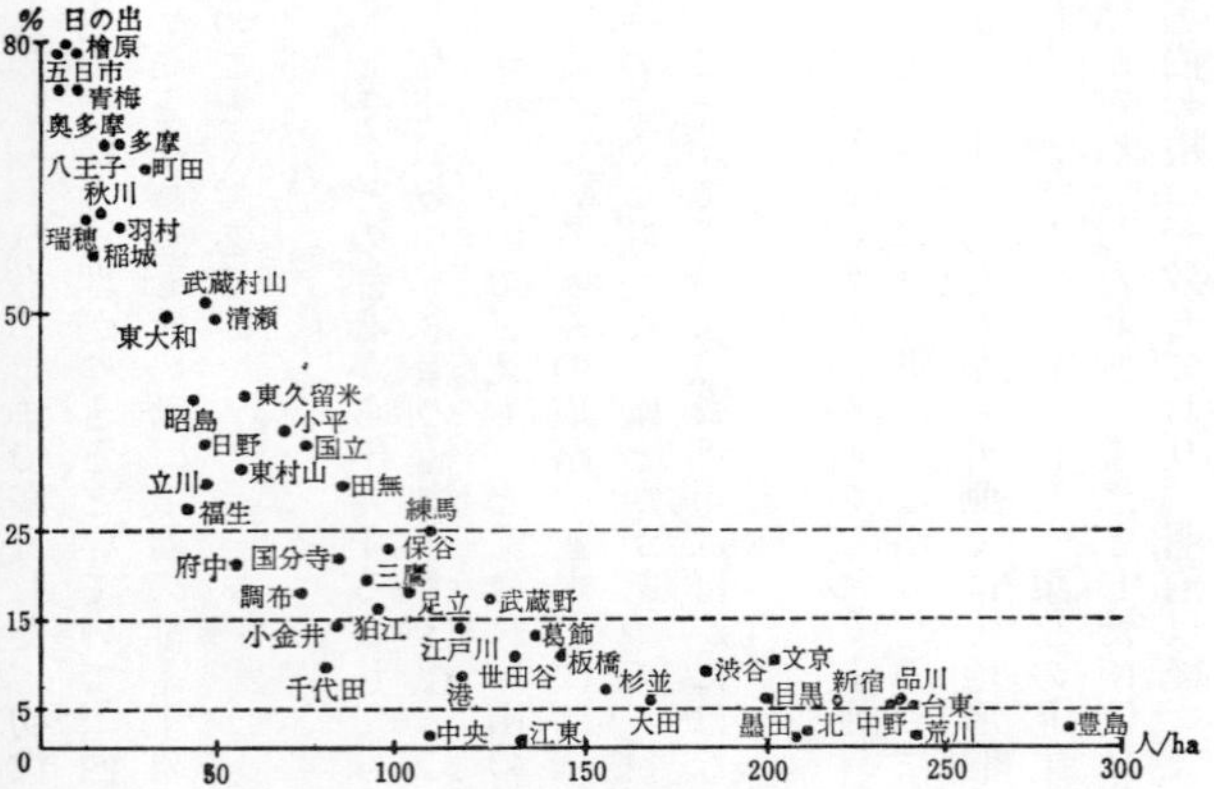

69図　東京の区市別の人口密度と緑被度（東京都『都民を公害から防衛する計画』より）
緑被度とは、公園、私庭、学校、社寺、田、畑、森林、荒地、水面などの緑被地が区・市町村全面積にしめる割合をいう。1971年度の調査による。

れた一例証であり、東京が〝巨大な田舎〟といわれるゆえんであろう。

東京の緑の少なさは、都民一人当りの公園面積が、ニューヨークやロンドンの一〇分の一程度しかないことをあげるまでもなく、切実に感じられている。69図でみると、区部の緑被度は、練馬区・足立区をのぞくと一五パーセント以下で、ほとんど0パーセントに近い区がいくつかある。

現代の東京では、公害をなくすこととともに自然の保護と回復が重要な課題になっているが、緑の回復には年月を要するだけに適切な処方がのぞまれる。それにつけても想起されるのは、元来は樹木の少ない乾燥地帯の都市の街路樹である。たとえば、アメリカのデンバーであり、アルゼンチンのメンドサである。中国北部の都市もそうだと聞く。これらの都市では、街路樹を育てるために遠くより水を引き、長年の時をかけている。東京では、自然のままで木が充分に茂るのはもちろん、二三区の降水量だけでも年間約八億トンに達し、一人一年の用水量を一〇〇トンとすると二三区の人口を支えるに足る勘定になる。この水のほとんどを下水に流しているのは、まことにもったいない話である。東京の雨を、せめて街路樹を育て、また地下水に養うのに利用できないものであろうか。

街路樹は憩いのためや空気の浄化のためだけではない。広く長いグリーンベルトは火災や水害の被害を小さくするのに役立つ。避難路・避難地としても適当であろう。0メートル地帯にあっては、グリーンベルトの中に水害時のために高架の避難道路を設けることが、都市再開発・防災拠点の設置促進とともに望まれる。

ところで、江戸時代の地図と現在の地図とを比較して、もっとも大きな違いがみられるのは、東京湾の海岸線である。それは、主として明治以後、ことに一九六〇年ごろ以後の埋立てによるもので、埋立地面積は東京湾の面積の一〇パーセントにも達している。こうして造成された埋立地は、工業用地や流通基地などに利用され、日本の高度成長の一大拠点となってきた。しかし、埋立地は巨大資本の意に沿うように作られ利用されすぎたのではないだろうか。東京湾の埋立地の多くは、東京周辺の軍事基地・ゴルフ場などとならんで一般市民の立ち入りできない土地であり、その中のもっとも広大なものである。埋立地に海上公園やグリーンベルトを作る計画が、東京都によってすすめられ、また埋立地は、都市の防災再開発のために多少なりとも役割りを果してきたが、さらに市民の立場に立つ利用・開発がすすめられ、同時に東京湾の自然の保護・回復が図られねばなるまい。また、埋立地は長い時間をかけて自然が作った土地でなく、河や海や生物の自然的調和を破壊して作られた巨大な人工地であるだけに、それが東京湾の海岸と海と海底の自然に与え、これからも与えつづける影響を監視すべきであろう。

以上にみたように、現在ならびに近い将来においては、東京の自然を変更する第一の要因は、人間の行為であるにちがいない。けれども、遠い将来の東京を考えるならば、海面の昇降やそれをもたらす気候の変化、あるいは地震や火山活動や地殻変動の原因を追究し、かつ未来における海面変動・気候変化・地震・火山活動・地殻変動などの推移を予知することも決してないがしろにできない問題である。そして、このような問題は、東京の土地と人とにとってだけでなく、全地球の土地と人に共通する重要な研究課題なのである。

主要参考文献

章別、著者名のABC順。誌名のあとの太い数字は雑誌の巻、細い数字はページを示す。ページがないのは単行本。

Ⅰ

ブラウンス（1882）『東京近傍地質篇』東京大学理科会粋、**4**。
千代田区役所編（1960）『千代田区史』（上）。
菊池山哉（1956）『五百年前の東京』東京史談会。
児玉幸多・杉山博（1969）『東京都の歴史』山川出版社。
鈴木尚（1963）『日本人の骨』岩波新書。
田中啓爾（1949）『東京都新誌』日本書院。
鳥居竜蔵（1925）『武蔵野及其有史以前』磯部甲陽堂。
都政史料館（1956）『江戸の発達』東京都。

Ⅱ

青木廉二郎・田山利三郎（1930）『関東構造盆地特に其の西辺部の地形及地質に就て』斎藤報恩会学術研究報告、**8**、1—13。
藤本治義（1953）『日本地方地質誌、関東地方』朝倉書店。

藤本治義・寿円晋吾・羽鳥謙三（1965）『荏原地区と北多摩南部地区の地形と地質』東京都文化財調査報告書、**15**、1—22。

Hasegawa, Y. (1972) "The Naumann's elephant, *Palaeoloxodon naumanni* (Makiyama) from the Late Pleistocene off Shakagahana, Shodo-shima Is. in Seto Inland Sea, Japan". Bulletin of the National Science Museum, **15**, 513-591.

羽鳥謙三・寿円晋吾（1958）『関東盆地西縁の第四紀地史』地質学雑誌、**64**、181—194、232—249。

貝塚爽平・戸谷洋（1953）『武蔵野台地東部の地形・地質と周辺諸台地のTephrochronology』地学雑誌、**62**、59—68。

貝塚爽平（1957）『武蔵野台地の地形変位とその関東造盆地運動における意義』第四紀研究、**1**、22—30。

貝塚爽平（1961）『目黒区の自然の生いたち』目黒区史、32—44。

関東第四紀研究グループ（1969）『南関東の第四系と海水準変動』地学団体研究会専報、第15号「日本の第四系」、173—200。

菊地光秋（1960）『狩野川台風による東京西郊の水害の性格』地理学評論、**33**、184—189。

Kobayashi, K., Minagawa, K., Machida, M., Shimizu, H. and Kitazawa, K. (1968) "The Ontake pumice-fall deposit Pm-I as a late Pleistocene time-marker in Central Japan". *Journal of Faculty of Science*, Shinshu University, **3**, 171-198.

栗本義一（1973）『東京の化石について——文京区白山・京華学園前で発見』京華春秋、No.30、63—72。

中野尊正ほか（1971）『都市化にともなう自然環境の変化とその変化がもたらす諸問題』東京都立大学都市研究委員会、都市研究報告、**14**、第5章、1—26。

Naruse, Y. (1966) "The Quaternary Geology of Tokyo". 日本第四紀学会。

岡重文・宇野沢昭・黒田和男（1971）『武蔵野西線に沿う表層地質――むさしの台地横断面』地質ニュース、No. 206、22―27。

新藤静夫（1968）『武蔵野台地の水文地質』地学雑誌、**77**、223―246。

新藤静夫（1970）『武蔵野台地の地下地質』地学雑誌、**78**、449―470。

杉原重夫・高原勇夫・細野衛（1972）『武蔵野台地における関東ローム層と地形面区分についての諸問題』第四紀研究、**11**、29―39。

鈴木敏（1888）『2万分の1東京地質図幅説明書』

高橋裕（1971）『国土の変貌と水害』岩波新書。

東木龍七（1928）『東京山の手地域に於ける侵食面の発達史』地理学評論、**4**、111―120。

東京地盤調査研究会編（1959）『東京地盤図』技報堂。

東京都防災会議（1974）『東京直下型地震に関する調査』その1。

東京都土木技術研究所編（1969）『東京都地盤地質図（23区内）』

東京都土木技術研究所地象部地質研究室（1972）『東京都23区内の地下地質と地盤の区分について』東京都土木技術研究所年報、昭和45年度、51―62。

吉村信吉（1940）『武蔵野台地の地下水特に宙水・地下水瀑布線・地下水堆と聚落発達との関係』地理教育、**32**、20―32、271―282。

吉村信吉（1942）『地下水』河出書房。

Ⅲ

中条純輔（1962）『古東京川について――音波探査による』地球科学、**59**、30―39。

Daly, R. A. (1934) "The Changing World of the Ice Age". Yale University Press.

羽鳥謙三・井口正男・貝塚爽平・成瀬洋・杉村新・戸谷洋（1962）『東京湾周辺における第四紀末期の諸問題』第四紀研究、**2**、69—90。

貝塚爽平・成瀬洋（1958）『関東ロームと関東平野の第四紀の地史』科学、**28**、128—134。

関東ローム研究グループ（1956）『関東ロームの諸問題』地質学雑誌、**62**、302—316。

関東ローム研究グループ編（1965）『関東ローム——その起源と性状』築地書館。

小林達雄・小田静夫・羽鳥謙三・鈴木正男（1971）『野川先土器時代遺跡の研究』第四紀研究、**10**、231—252。

高速道路調査会編（1973）『関東ロームの土工——その土質と設計・施工』共立出版。

町田洋・鈴木正男（1971）『火山灰の絶対年代と第四紀後期の編年』科学、**41**、263—270。

町田洋・鈴木正男・宮崎明子（1971）『南関東の立川、武蔵野ロームにおける先土器時代遺物包含層の編年』第四紀研究、**10**、290—305。

Miki, S. (1938) "On the change of flora of Japan since the Upper Pliocene and the floral composition at the present". *Japanese Journal of Botany*, **9**, 213–251.

日本火山学会編（1971）『箱根火山』箱根町。

芹沢長介（1960）『石器時代の日本』築地書館。

Shepard, F. P. (1961) "Sea level rise during the past 20,000 years". *Zeitschrift für* Geomorphologie, Supplementband, **3**, 30–35.

杉原荘介（1956）『縄文文化以前の石器文化』日本考古学講座３、縄文文化、1—42。河出書房。

杉原荘介（1974）『日本先土器時代の研究』講談社。

鈴木恒治（1963）『富士宝永の噴火と長坂遺跡』御殿場市文化財審議会文化財のしおり、第四集。

東京都教育委員会（1974）『東京都遺跡地図』東京都教育庁社会教育部文化課。

渡辺直経（1963）『日本先史時代に関するC^{14}年代資料』第四紀研究、**2**、232―240。

渡辺直経（1966）『縄文および弥生時代のC^{14}年代』第四紀研究、**5**、157―168。

Ⅳ

千葉県開発局（1969）『京葉工業地帯の地盤』
江坂輝弥（1971）『遺跡の分布からみた海岸線の変化』海洋科学、**3**、9号、14―21。
復興局建築部（1929）『東京及横浜地質調査報告』
Hori, S. (1957) "Pollen analytical studies on bogs of central Japan, with special references to the climatic changes in the Alluvial age". *Japanese Journal of Botany*, **16**, 102–127.
池田俊雄（1962）『空地は地盤が悪い』鉄道土木、**4**、42―44、93―97。
池田俊雄（1975）『地盤と構造物』鹿島出版会。
今村明恒（1925）『関東大地震調査報告』震災予防調査会報告、第100号（甲）、21―65。
井関弘太郎（1974）『日本における２０００年B．P．ころの海水準』名古屋大学文学部研究論集、**62**、155―176。
門村浩（1961）『多摩川低地の地形』地理科学、**1**、16―26。
可児弘明（1961）『東京東部における低地帯と集落の発達』考古学雑誌、**47**、1―18、131―148。
河角広（1952）『東京・大阪両都市の震害分布と地盤』資源データブック第6号、「災害危険度の分布」19―26。経済安定本部資源調査会。
建設省国土地理院（1963）『水害予防対策土地条件調査報告書』
木越邦彦・宮崎明子（1966）『沖積層に関連するC－14年代測定』第四紀研究、**5**、169―180。

松田磐余（1973）『多摩川低地の沖積層と埋没地形』地理学評論、**46**、339—356。

Matsuda, I. (1975) "Distribution of the Recent deposits and buried landforms in the Kanto Lowland, central Japan". *Geographical Report of Tokyo Metropolitan University*, **9**, 1–36.

南関東地方地盤沈下調査会（1973）『南関東地域の地盤沈下——現況と対策』

南関東地方地盤沈下調査会（1974）『南関東地域地盤沈下調査対策誌』

水収支研究グループ編（1973）『地下水資源学』共立出版。

村松郁栄・藤井陽一郎（1970）『日本の震災』三省堂新書。

森由紀子（1965）『東京湾湾底コアの花粉分析』第四紀研究、**4**、191—199。

中村純（1967）『花粉分析』古今書院。

中野尊正編（1961）『東京周辺の水害危険地帯』地図普及協会。

中野尊正（1963）『日本の0メートル地帯』東京大学出版会。

新潟第四紀研究グループ（1972）『東京低地および新潟平野沖積層の生層序区分と堆積環境』地質学論集、第7号、213—233。

Sakaguchi, Y. (1961) "Paleogeographical studies of peat bogs in northern Japan". *Journal of the Faculty of Science*, the University of Tokyo, Sec. II, No. 7, Part 3, 421–513.

柴崎達雄（1971）『地盤沈下』三省堂新書。

新藤静夫（1972）『南関東の地下水』土と基礎、**20**、5号、25—36。

東木竜七（1926）『貝塚分布の地形学的考察』人類学雑誌、**41**、524—552。

東京都土木技術研究所地象部地盤沈下研究室・地象部測地研究室（1974）『昭和48年の地盤沈下について』東京都土木技術研究所年報、昭和48年度、117—146。

東京都土木技術研究所地象部地質研究室（1974）『東京の〝沖積層〟の研究（その1）——微化石分

析について』東京都土木技術研究所年報、昭和48年度、147―181。

東京都公害研究所編（1970）『公害と東京都』東京都広報室。

塚田松雄（1974）『花粉は語る』岩波新書。

和島誠一（1960）『考古学よりみた千代田区』「千代田区史」（上）、71―180。

安田喜憲（1974）『日本列島における晩氷期以降の植生変遷と人類の居住』第四紀研究、**13**、106―134。

V

千葉県公害研究所（1973）『深層地盤沈下のメカニズム研究（船橋ガス田について）』千葉県公害研究所地盤沈下研究事業報告、第1号。

加賀美英雄・奈須紀幸・堀越増興（1962）『東京湾口の海底地形』日本海洋学会創立20周年記念論文集、82―89。

貝塚爽平（1974）『関東地方の島弧における位置と第四紀地殻変動』垣見・鈴木編「関東地方の地震と地殻変動」99―118、ラティス。

垣見俊弘・衣笠善博・木村政昭（1973）『後期新生代地質構造図東京』地質調査所。

金子徹一・中条純輔（1962）『音波探査による東京湾の地質調査』科学、**32**、88―94。

河井興三（1961）『南関東ガス田地帯についての鉱床地質学的研究』石油技術協会誌、**26**、212―266。

菊地隆男（1974）『関東地方の第四紀地殻変動の性格』垣見・鈴木編「関東地方の地震と地殻変動」、129―146、ラティス。

菊地利夫（1974）『東京湾史』大日本図書。

小池清（1957）『南関東の地質構造発達史』地球科学、**34**、1―17。

松田時彦・太田陽子・安藤雅孝・米倉伸之（1974）『元禄関東地震（１７０３年）の地学的研究』垣

見・鈴木編「関東地方の地震と地殻変動」175—192、ラティス。

Naruse, Y. (1961) "Stratigraphy and sedimentation of the late Cenozoic deposits in the southern Kanto region, Japan". *Japanese Journal of Geology and Geography*, **32**, 349-373.

成瀬洋（1968）『関東地方における第四紀地殻変動』地質学論集、第2号、29—32。

日本科学者会議編（1971）『東京の地震を考える』クリエイト社。

杉村新（1973）『大地の動きをさぐる』岩波書店。

東京都土木技術研究所地象部地盤沈下研究室・地象部測地研究室（1974）『荒川河口付近の地盤沈下について——天然ガス採取に関連して』東京都土木技術研究所年報、昭和48年度、101—115。

矢部長克・青木廉二郎（1927）『関東構造盆地周辺山地に沿へる段丘の地質時代』地理学評論、**3**、79—87。

矢部長克（1951）『古東京湾について』自然科学と博物館、**18**、142—145。

吉村信吉・山本荘毅（1938）『千葉市西北部登戸の地下水と震害』地震研究所彙報、**16**、212—217。

Ⅵ

東京都（1973）『都民を公害から防衛する計画』

補　注

番号は本文中＊印の後に付した注番号に当り、括弧内のページは関連する本文のページを示す。

1. 東京層群と上総層群についての研究（七一〜七四、一一八〜一一九、二三五〜二三六ページ）

東京の地下深くにあって、地表ではほとんど見ることができない地層の研究は、東京都土木技術研究所〔現・東京都土木技術支援・人材育成センター〕の遠藤毅《えんどうたけし》らにより、地盤沈下・地下水研究との関連ですすめられてきた。それを紹介しよう。

昭和四一年から五二年までに、都の東部・東北部を中心として、深さ一五〇〜一〇〇〇メートルの調査ボーリングが二一ヵ所でおこなわれ、ボーリング孔を利用しての物理検層（電気比抵抗、自然ガンマ線、密度、孔径などの測定）、コアの岩相観察と大型化石の鑑定、地層の粒度、火山灰や軽石の重鉱物、微化石（有孔虫、珪藻、花粉）などの分析がおこなわれた。こうして得られた粒度分布、火山灰、比抵抗、古生物などの特性を用いて、調査ボーリング間の対比および既存の深井ボーリング柱状図の対比がおこなわれた。その結果、武蔵野台地の段丘砂礫層や東京低地の沖積層以深にある、従来の東京層（成田層群）と上総層群の構成・分布などの詳細が知られることになった。成田層群に当る地層は東京層群と呼ばれ、上位のものから、高砂《たかさご》層、江戸川層、舎人《とねり》層に三区分され、また不整合関係でその下にある上総層群は上位の東久留米層と下位の北多摩層に区分された。

東京層群は主に内湾性の浅海に堆積した、シルト層・砂層・砂礫層の互層よりなり、上位ほど砂礫層が多くなる。高砂層は東京低地の北東部と東部の地下にのみ分布し、基底にある砂礫層（葛飾砂礫部層）で江戸川層と境される。本層中には下から上へ砂礫層（または粗砂層）―砂層―シルト層と重なる堆積サイクルが五〜

六、認められる。江戸川層は東京低地を中心に分布し、山の手台地では北東部にのみ認められるもので、基底の砂礫層（江戸川砂礫部層）で舎人層と境される。本層中にはほぼ三つの堆積サイクルがある。舎人層は武蔵野台地の中部から北東部、ならびに東京低地の地下に広く分布し、その基底にある砂礫層（城北砂礫部層）で上総層群と境される。堆積サイクルは四〜六あると推察されている。

東京層群の基底は武蔵野台地では北北東ないし北に、東京低地では北東ないし東北東に低下し、その深さは従来いわれていた上総層群までの深さ（本文七一ページ）と大差ない。またこの東京層群は武蔵野台地西半で新藤が東京層群と呼んだもの（一一八〜一一九ページ）にほぼ等しい。しかし、従来連続のよい一枚の層として図示されてきた東京礫層に代って、江戸川砂礫部層・葛飾砂礫部層など何枚かの砂礫層が認められ、したがって東京層は上部（狭義の東京層）と下部に分けられるという従来の区分とは大きくちがう層序が提示されたわけである。このような層序が示されたことによって、これまでに詳しい研究のある多摩ローム層中の軽石と東京層群中の軽石との関係、従来東京周辺で知られていた多摩丘陵・狭山丘陵・阿須山丘陵などの洪積世中期の砂礫層（おし沼砂礫層・御殿峠礫層・芋窪礫層など）と東京層群中の砂礫層との関係、さらに横浜・東京の地表で観察されてきた下末吉層（上部東京層）と東京層群の関係など、検討しなければならない多くの問題が生じてきた。

遠藤らの研究によると、上総層群は東京層群にくらべると、外洋性の浅海ないし半深海の環境で堆積した地層よりなり、礫が少なく、上位の東久留米層はシルト層を挟むが主として砂層よりなり、下位の北多摩層は局所的に砂層をはさむが全体としてシルト層よりなるとされる。いずれも東京の地下一帯にひろがり、世田谷区と埼玉県三郷《みさと》市付近を結ぶ地帯以西ではほぼ北に一〜二度、以東では北東へ一〜三度傾斜している。東久留米層は厚さ三〇〇メートル以下、北多摩層は厚さ五〇〇メートル以上である。本文二六五ページの江東砂層は北多摩層の一部とみられている。

〔文献〕

遠藤毅・川島真一・川合将文（1975）『東京の第四系』東京都土木技術研究所年報、昭和49年度、101―137。
遠藤毅・川島真一・川合将文（1978）『武蔵野台地および下町低地の地下に分布する帯水層の形態について』東京都土木技術研究所年報、昭和52年度、377―391。
遠藤毅（1978）『東京都付近の地下に分布する第四系の層序と地質構造』地質学雑誌、**84**、505―520。

2．武蔵野台地西部、三多摩地区の地盤（八〇～八五ページ）

都内の武蔵野台地西部の地盤地質が二万五〇〇〇分の一の地図としてとりまとめられ公にされた（1976）。東京都防災会議地震部会が地震災害予測の基礎資料とするために作成したものであるが、建設計画の資料としても、この方面の地質を知るためにも使える。この図では、関東ローム層や段丘砂礫層の厚さの分布、上総層群の層相の分布、人工改変地や崩壊地の分布などが、主に従来の研究成果によって描かれている。

〔文献〕

東京都（1976）『東京都地盤地質図（三多摩地区）』図五葉と説明書。

3．荒川断層と立川断層（八九～九二ページ）

荒川断層と立川断層はいずれも第四紀の後期に活動したと推定される東京付近での顕著な活断層である。これらが活動すれば東京に相当な被害をおこす地震が発生するにちがいない。そこで東京都防災会議、国土地理院、地質調査所などで調査がおこなわれ、また測量の繰返しといった方法でその動きの監視もされている。

荒川断層は大宮台地と武蔵野台地の間の荒川低地の地下に伏在することが推定されていたので、荒川低地を横断する高速道路や鉄道などの既存ボーリング資料を利用して、地層に断層によるくいちがいがあるかどうかが検討された。その結果、入間川・荒川合流地点より北約五キロメートルの荒川の太《た》郎《ろう》右《え》衛門《もん》橋のボーリング資料から、川の東岸で、洪積層に一四メートルのくいちがい（西落ち）があるらしいことが知られた。また、ほかのボーリング資料からも荒川断層の位置は大宮台地の西縁に近く、荒川の北東側に推察されることになった（東京都防災会議、1977）。

立川断層については地質調査所の山崎晴雄《やまざきはるお》〔現在、首都大学東京〕（1978）の詳しい研究が公にされた。それにもとづいて要点を紹介しよう。この断層は本文で述べたように、立川市街地を通り北西―南東にのびている。延長は約二一キロメートルであるが、阿須山丘陵から金子台にかけての長さ約五キロメートルの北西部分と箱根ケ崎（狭山丘陵西端）から国立市矢《や》川《がわ》に至る約一六キロメートルの南東部分に分けられる。断層で変位した段丘面の年代で、その変位量を割ると長期間の断層の平均変位速度が求められるが、その値は南東部分の中央あたり、武蔵村山市三ツ木付近でもっとも大きく、〇・三六メートル／一〇〇〇年である。この動きは、いつもずるずると断層が動いている速さではなく、地震を伴って時々動いたものをならした平均速度だとみられる。その時々の動きは、地形に残された証拠から、歴史時代～数千年前、数千年前～一万四〇〇〇年前、一万四〇〇〇年前～一万六〇〇〇年前の三期間にそれぞれ少くとも一回はあったことが知られる。もし各期間に一回ずつ動いたとすると、三ツ木付近では一回に約一・八メートル動いた勘定になる。ところで日本の地震断層の記録から、一回の断層変位量と地震規模（マグニチュード）の関係が経験的に知られているが、その経験式を使うと、一回に一・八メートルの地震断層が出現するときの地震規模は約7である。他方、地震断層の長さと地震規模についての経験式を使い、延長二一キロメートルの立川断層が一度に動くと、やはり規模約7の地震が発生することが推定される。そこで規模約7の地震がこの断層から発生する周期はいかほどかが問われるが、それは三ツ木付近の最大一回の変位量をそこの平均変位速度である〇・三六メートル／一〇〇〇年で割った値、すなわち五〇〇〇年となる。単純化していえば立川断層は五〇〇〇年に一回ぐらいの割合で活動した西落ちのたてずれ断層で、活動ごとにマグニチュード約7の地震を発生してきたのであろう。このような地震は歴史上の記録には該当するものが見当らないが、地層などに残された何らかの記録によって、この断層が最後に活動した年代がわかれば、将来の地震がいつごろ発生するかの目安が得られることになる。そのような自然の記録を見出せるかどうかは今後の現地調査にまつよりほかはない。

荒川断層と立川断層以外の活断層についても調査が進められてきたが、今までのところ都内や東京の近隣にはこれらほど顕著なものは見出されていない。しかし、丹沢山地、大磯丘陵、三浦半島、房総半島南部、それに相模湾底には活断層が多数存在することが知られ（東京都防災会議、1977；松田ほか、1977）、その分布が二〇万分の一地図として公にされている。その地図については注４で紹介しよう。

〔文献〕
東京都防災会議（1977）『東京直下型地震に関する調査研究（その４）――活断層および地震活動状況等に関する考察』
松田博幸・羽田野誠一・星埜由尚（1977）『関東平野とその周辺の活断層と主要な構造性線状地形について』地学雑誌、**86**、92―109。
山崎晴雄（1978）『立川断層とその第四紀後期の運動』第四紀研究、**16**、231―246。

４．関東ローム層の分布（一二九ページの図）

関東ローム研究グループが一〇年余の研究の総括として『関東ローム――その起源と性状』を一九六五年に出版したさい、関東全域にわたる関東ロームの分布図が付図として公にされた。それを縮小したのが一二九ページの図である。その後、下末吉ローム層、多摩ローム層の研究が進展し、それらの分布がかなりよくわかってきた。また、それらローム層を指標として関東平野の段丘面区分もよりよくおこなえるようになった。それらの成果と二万五〇〇〇分の一地形図にもとづいて、下末吉面（Ｓ面）より新しい段丘面を区分し、関東の大部分を二〇万分の一地図として表わしたものが、前記東京都防災会議（1977）の付図である。それは段丘面区分図であるが、下末吉ローム層以後の関東ローム層の分布図としても読むこともできる。またこの図には、活断層、活褶曲のほか、沖積層基底深度の等深線が知られている限り描かれている。図の標題は『首都圏の活構造と地形区分』で、図の説明は東京都防災会議（1977）に記述されている。

5．関東ロームの最近の研究（一二八、一三九～一四〇ページなど）

右にも書いたように、関東ローム層の研究は下末吉ローム層、多摩ローム層のような古い火山灰の研究へとすすむとともに、一枚一枚の鍵テフラ層（一回の噴火あるいは一連の噴火による顕著な降下火山砕屑物、とくに軽石層）の詳細な岩石学的研究へと進展した。そのような研究によっていくつかの火山の生い立ちが詳しくわかってきたし、遠くはなれた地域の地形や地層の時代の新旧が鍵テフラを通じて知られるようになった。また陸上の火山灰と海成層や湖成層中に挟まれる火山灰の対比がされるようになり、海陸を通じた地史の研究が可能になった。考古学や土壌学への貢献も大きい。そのような研究の過程と成果は町田洋（1977）や成瀬洋（1977）の著書によく描かれている。

その種の研究の中で、東京付近の関東ローム層に関して特筆すべきことは、立川ローム層の中部、本文一五一ページの35図でいえばＢⅠとＢⅡaの間に、南九州の姶良《あいら》カルデラ（鹿児島湾北部の凹地）の大噴火に由来する火山ガラスが設定されたことであろう。東京付近ではこの火山ガラスよりなる細粒火山灰はロームに混入していて一枚の地層として肉眼でみることはできないが、一三二～一三四ページに書いた方法で火山ガラスを選び出し、顕微鏡下で見れば、その特徴のある形から容易にその存在を認めることができる。この層は相模原や丹沢山中では白く薄い火山灰層として肉眼で識別できるところもあり、もと丹沢パミス（略号TnＰ）の名で呼ばれていたが、それが姶良カルデラの軽石流（入戸《いと》火砕流、いわゆるシラスの一部）を噴出したのと同一の巨大な噴火に由来することがわかり、姶良Tn火山灰（略号ＡＴ）と呼ばれることになった（町田・新井、1976）。その年代は二万一〇〇〇～二万二〇〇〇年前であり、ちょうど最終氷期の最盛期に近い。同じ火山灰は本州・四国・九州のほとんど全域をおおっており、北関東の岩宿遺跡の岩宿Ⅰの石器層位がこの火山灰の直下にあることも知られるようになった。

〔文献〕
町田洋・新井房夫（1976）『広域に分布する火山灰――姶良Tn火山灰の発見とその意義』科学、**46**、339―347。
町田洋（1977）『火山灰は語る――火山と平野の自然史』蒼樹書房。
成瀬洋（1977）『日本島の生いたち』同文書院。

6．東京付近の多摩ローム層について（一二八、一七七～一七八ページ）

本文では多摩ローム層が見やすい所として、狭山丘陵と多摩丘陵をあげたが、大森編著（1977）の本には多摩ローム層とその下位にある洪積世中期の砂礫層などの現地に即した案内が記されている。南関東の多摩ローム層は皆川・町田（1971）では七層準に区分され、注5に記した町田（1977）の著書ではTA、TB、TC、TD、TE、と五層に区分されているがこの本では多摩ローム層を新しい方から土橋ローム層、多摩IIローム層、多摩Iローム層に分けてある。なお、狭山丘陵より北の阿須山丘陵、所沢台、金子台などの関東ローム層と段丘砂礫層については町田瑞男（1973）にくわしい。

〔文献〕
大森昌衛編著（1977）『日曜の地学4、東京の地質をめぐって』築地書館。
町田瑞男（1973）『武蔵野台地北部およびその周辺地域における火山灰層位学的研究』地質学雑誌、**79**、167―180。
皆川紘一・町田瑞男（1971）『南関東の多摩ローム層層序』地球科学、**25**、164―176。

7．第四紀の気候変化と氷河性海面変化（一七二ページ）

一九六〇年代から第四紀の気候変化・氷河の消長・海面変化の研究は長足の進歩をとげ、40図（一七二ページ）に掲げた海面変動曲線は今日では〝過去のもの〟とみなされるに至った。その進歩に大きく貢献したのは深海底堆積物コアの各種の分析、とくに酸素同位体比（^{18}O／^{16}O）の分析である。それによって、第四紀全期間にわたる連続的な氷河の消長や海水温変化、ひいては気候変化が知られるようになり、第四紀後半の約一〇〇万年間には九万～一〇万年を周期として氷期と間氷期が繰返されたことが明らかになった。また、間氷期の海面高度は40図のように大きくないこともわかってきたし、最終間氷期の海面上昇のピークは、一二万五〇〇〇年前であり、下末吉海進のピークはまさにそれに当ることも知られるに至った。こうした近年の第四紀研究の進展は次の文献に紹介されている。

〔文献〕

吉川虎雄ほか（1977）『新しい氷河時代像』科学、47巻、10号（特集号）。
笠原慶一・杉村新編（1978）『岩波講座地球科学10　変動する地球I——現在および第四紀』の第五章。

8．東京低地と東京湾底の沖積層（二〇二ページ）

沖積層だけではないが、二三区の西部をのぞく地域の地盤に関する資料が東京都土木技術研究所（1977）によってとりまとめられ、大冊の地盤図として刊行された。それは解説書のほか三六六九本の地質柱状図、土質試験結果一覧、地盤図などからなっており、土木技術者にとって役立つと思われる。

東京と東京湾沿岸の沖積層は世界各地の沖積層の中でもっとも資料が多いのではあるまいか。そういう多くの資料を用い、沖積層基底の地形や沖積層の構成を東京湾沿岸全域についてまとめ、沖積層下部（ほぼ七号地層に当る）や上部（有楽町層）の堆積環境が東京湾の古地理の変遷とともにどのように変化したかが論じられている（貝塚ほか、1977）。沖積層下部堆積時代の東京湾は細長い入江であったと推定されるが、今でも東京湾中央部の地下地質の資料はごく限られているので、今後の研究にまつところが少くない。

〔文献〕

東京都土木技術研究所（1977）『東京都総合地盤図I』技報堂出版。

Kaizuka, S., Naruse, Y. and Matsuda, I. (1977) "Recent formations and their basal topography in and around Tokyo Bay, central Japan". *Quaternary Research*, 8, 32–50.

9. 完新世の海面変化（二三一～二三二ページ）

世界各地で求められた完新世の海面変化曲線は今では一〇〇以上に達し、日本でも一〇ぐらいある。完新世に今より海面が高くなったことはないとする、ヨーロッパや北米東岸の海面変化曲線については、次の見解があらわれ、有力視されている。これらの地域は最終氷期の氷床の前縁に当っており、そこからは完新世に氷床の荷重がなくなって隆起した地域へむかって地殻下の物質が移動し、ために完新世には沈降したので、本来の海面変化曲線とちがったものがあらわれているというのである。氷河の消長に伴う海面変化（氷河性海面変化）はたしかにあるのだが、氷河の消長や海面の昇降自体が広域にわたり地殻を変形させるし、局地的な構造運動もあるから、純粋に海面変化だけを取出すことはたいへんむずかしい。完新世の海面変化は正確にはわかっていないというのが現状である。

〔文献〕注7にあげた笠原・杉村編（1978）の第五章と第六章のほか、杉村新（1977）『氷と陸と海』科学、**47**、749—755。

10. その後の地盤沈下（二三六～二四八ページ）

本文を書いてより後の地盤沈下の経過は注8の文献、東京都土木技術研究所（1977）にまとめられているほか、毎年刊行される同研究所年報で知ることができる。ここには同年報中の石井求ほか（1978）の論文によってその後の経過の要点を紹介することにしよう。

二三区内では、地盤沈下対策としての揚水規制が明らかに効果をあげ、昭和五一年（一九七六年）の揚水量は一八〇万立方メートル／日と昭和三〇年代後半の五分の一に減じ、それに伴って地下水位は上昇をつづけ、地盤沈下の速さは減少にむかってきた。昭和五二年（一九七七年）中の二三区中での最大沈下量は江東区新砂《しんすな》三丁目の四・三センチメートルであった。ところによっては多少の隆起を記録した地域もあるが、それは地下水上昇に伴って地下深所の地層が膨張した結果である。

多摩地区の揚水量は東京都公害防止条例による井戸の新設規制などによって増加はおさえられているが、地下水位は下ったままで上昇傾向にはなく、武蔵野台地西部の地盤は全般的に沈降をつづけ、とくに東大和市—東村山市—清瀬市方面では沈下量が大きく、昭和五二年には二〜三センチメートルを記録した。

〔文献〕

石井求・斎藤量・遠藤毅・山田信幸・小笠原弘信・佐藤安男・守田優（1978）『昭和52年の地盤沈下について』東京都土木技術研究所年報、343—375。

11．関東山地、伊豆諸島、小笠原諸島について

東京都には、本書で取上げた地域のほかに、関東山地の一部もあるし、伊豆諸島と小笠原諸島の島々も属している。

伊豆諸島から小笠原諸島にかけての海域はすこぶる広大で、小笠原村一村のしめる海域だけに、本州・四国・九州が入ってしまう。小笠原村東端の南鳥島《みなみとり》は日本の最東端であり、南西端の沖《おき》ノ鳥《とり》島は日本の最南端である。この二つの島はサンゴ礁よりなる。伊豆諸島から小笠原諸島の火山列島（硫黄列島）にかけての地帯は伊豆—小笠原弧の火山帯（富士火山帯）に属し、島はすべて火山島であり、活火山が多い。東京都は四七都道府県の中でもっとも数多くの活火山をもっている。

伊豆諸島と小笠原諸島の生いたちを書くならば、火山活動と海の侵食作用とサンゴ礁の形成に多くのページを当てることになるだろう。ここではこれらの地域の自然について一九七〇年代後半に出版された一般むけの本や資料を紹介しておく。

〔文献〕注6であげた大森編著（1977）には関東山地、伊豆諸島、小笠原諸島の一部の案内も含まれている。伊豆大島については、中村一明（1978）『火山の話』（岩波新書）がよい案内書となる。伊豆七島全般については東京都建設局公園緑地部がとりまとめた次の報告書があり、それぞれの島に関する文献もあげられている。

東京都（1977）『富士箱根伊豆国立公園伊豆七島団地公園計画再検討基礎調査報告書』

小笠原群島（聟島《むこじま》列島・父島列島・母島列島）の日本復帰後の、地学・動植物学の文献は次の年報にまとめられている。

東京都立大学小笠原研究委員会（1977）『小笠原研究年報、昭和52年』

解説

鈴木毅彦

『東京の自然史』は一九六四年に第一版が出版され、その後、第二版をへて、増補第二版が一九七九年に刊行された。増補第二版の刊行から三〇年以上経過しているが、この度、講談社学術文庫として刊行されることになった。

この間、本書は東京の自然、おもには都市化の進んだ平野部の地形や地質を解説する書籍として多くの人々に読まれてきた。その背景として、本書はもともと東京都立大学（現・首都大学東京）の教養課程での講義案をもとにして執筆されたものであり、高度な専門書ではなく、万人向けであるということがあげられる。第一版以来ほぼ半世紀にわたり読み継がれたロングセラーだった本書が、今回の文庫化により、新たな読者に出会う機会が与えられたことは、東京の地形と地質の研究・教育にかかわるものとして大変に心強く、嬉しいかぎりである。

折しも本年は、東日本大震災という、第二次世界大戦後の日本で最大の震災に見舞われた。人々の関心は、自然災害を引きおこす「地球の活動」に向いている。このようなタイミングで、一三〇〇万以上の人が生活する東京に関して、地形と地質から自然災害を取り扱う本書があらためて刊行されることはなにか因縁めいたものを感じる。

ところで、三〇年以上前の著作であるので内容が古びてしまっていないか、本書の内容が昭和時代に取り残され、現在の知識体系からみて意味をもつのかと心配する読者もいるかもしれない。本書には、今はなきユネスコ村やおとぎ電車の名前が登場し、昭和時代の雰囲気を漂わせている。私が大学で接している平成生まれの学生には、たとえ東京生まれでも分からないかもしれない。また一方で、地球科学という学問分野もこの間におおきな進歩を遂げたのも事実である。

しかし、心配することはない。東京の地形を読み解く視点や考え方は実はほとんど変わっていないのである。たしかに地形や地層が形成された年代の解釈や使用される用語など、更新された部分も少なくない。戦前までの知識体系は、現在ほとんど書きかえられてしまっているが、『東京の自然史』に書かれている地形と地質の基本的な説明は、今なお最先端の研究に引き継がれており、最新の研究成果を理解するための基礎として、本書は今なお同分野の入門書として十分な価値がある。

身近な例として、東京の台地があげられる。武蔵野台地を区分すると、下末吉面、武蔵野面、立川面にわけられ、それらは氷河性海面変化と地殻変動に加え、かつての東京湾や多摩川の作用により形成されたという説明は、今なお基本的なことがらである。こう説明すると本書の専門性を強調することになるが、当然のことながら本書は決して専門家をめざすものや学生向けのみの書籍ではない。むしろ一般向けの書籍としても位置づけることができるものである。というのも、本書は地形と地質の話題を中心にしつつも、地形や地質にまつわる自然災害や環境問題も扱っているからである。

今回読み直して改めて感じたのであるが、解説者の記憶以上に、著者である貝塚先生は社会問題を意識して執筆されていた。下町低地に関する諸問題、とくに地下水の過剰な揚水を原因とする地盤沈下とその結果としての0《ゼロ》メートル地帯の出現に関わる記述が記憶以上に多かった。そしてこのことを公害としてきびしく取りあげているのである。地盤沈下自体は法規制が功を奏し、その進行は抑えられ、現在においては記憶が薄れつつある社会問題である。しかし本書ではこの問題について、「こういうことがおこりえたのは、生活環境や国土の保全よりも企業—生産を優先する政治、ならびに地下水は土地所有者の私権のもとにあるとする時代おくれの法解釈があったからであろう」と指摘し、また、「一九六五年頃までは、荒川ぞいの地下には〝水脈〟があり、武蔵野台地から地下水が補給されている、と通産省関係者によって言われていたのと大きな違いである。誤った水脈説は、地下水揚水規制をおくらせ、地盤沈下を促進するという役割りを果したように思われる」と当時の行政をきびしく批判している。

一九七〇年代頃までの日本では、公害は大きな社会問題であって、貝塚先生はご自身の専門分野から公害問題に対して厳しい意見を投げかけていた。このことを改めて認識した。大気汚染や地盤沈下の進行は、日本国内においては近年までにかなり抑えることができ、すくなくとも公害問題が緩和されたと感じる一方、現代において、新たな問題も顕在化してきている。地球温暖化やヒートアイランド現象、さらには原発問題もあろう。

地球温暖化問題は、地球表層大気の高温化であり、氷河融解を原因とする海面上昇の問題、とりわけ低地における風水害につながり、本書の内容ともおおいに関連する。原子力発電については、福島第一原発事故の直接の原因は地震であるから（津波による全電源喪失ではなく、地震動による施設の破損ともいわれているが、いずれも地震が原因）、本書のテーマとも関係している。本書で扱っている社会問題が解決しているとしても、新たに露呈した問題に社会が気づきはじめているのであるから、本書から得られることが多くあるに違いない。

さて、本書から考えさせられた問題がある。この間の研究は進展が感じられる一方で、この三〇年間に本書により提起されていたことが実現しない、あるいは後退すらしている点がいくつも存在する。

その一つとして、東京の自然史をあつかう博物館に関する問題である。これを問題とするか否かは人や立場により異なるが、貝塚先生は『東京の自然史』の中で、東京における、東京の自然をとりあげる本格的な自然史博物館設置の願いを強調している。この点では時代は逆行している。高尾山麓で地道に運営されていた東京都高尾自然科学博物館が二〇〇四年に閉鎖された。高尾山は今や仏ミシュランが三ツ星とする観光スポットで、爆発的な人気を得ているのに残念な限りである。現在は、研究成果を世の中に広く伝達するためのアウトリーチ活動が重視されている。また、ジオパーク構想やエコツーリズムなどが盛んになり、自然史のおもしろさや奥深さを多くの人が理解しはじめた状況があるから、なおのこと残念である。

東京の防災問題についても改めて考えさせられた。東京西部の直下型地震を引き起こす潜在力をもつ立川断層については、本書でもその将来の活動に関する予測の必要性が述べられている。だが残念ながらその進展はあまりない。貝塚先生のご存命時に研究者間では、立川断層の活動周期は約五〇〇〇年で最新の活動は二〇〇〇〜一〇〇〇年前のある時期におきたという考えがあった。これに対し、二〇〇三年に地震調査研究推進本部・地震調査委員会は「最新活動時期は約二万年前以後、約一万三〇〇〇年前以前で、平均活動間隔は一万〜一万五〇〇〇年程度であった可能性がある」としているが、解説者はこの新解釈の説得力は乏しいと考える。東北地方太平洋沖地震で活動の可能性が高まったとして世の中の注目を浴びた立川断層でもある。是非とも今後の研究が待たれる。

多少なりとも本書を通じてこの分野の知識を得ようとするのならば、本書を読む前に以下の点に注意して頂ければさいわいである。

過去の地質時代をさす沖積世や洪積世の用語が用いられているが、すべてとはいえないが、現在これらの用語はあまり用いられず、完新世と更新世として呼ばれることが主流となってきた。また、地質時代として本書の中心的な対象となる第四紀（完新世と更新世を合わせた時代区分）に至っては、二〇〇九年に大きな定義の変更があり、そのはじまりの年代は二六〇万年前までさかのぼることとなった。この年代はちょうど関東平野に広く分布する上総層群が形成されはじめた年代にちかく、この変更は関東平野の歴史をみてゆく上では都合がよい。

さらなる変更点としては、火山灰など過去の時代を示す地層の推定年代が更新されてきたことが挙げられる。それにより、地形や地層、大きな地形的出来事の年代も変わってきた。木曾の御岳火山から飛来したPm－Ⅰ（御岳第一浮石層）は八万年前から一〇万年前、東京軽石は六万～七万年前、二万一〇〇〇～二万二〇〇〇年前の大噴火の産物とされていた南九州から飛来したATはおよそ三万年前と考えられるようになった。

また、縄文海進のピークは六〇〇〇年前と考えられていたが、放射性炭素年代に関する研究の進展により、現在では約七〇〇〇年前に改められている。年代値はより正確になり、この間の学問の進歩を感じさせる。

その他注意すべき点として、本書で取り上げられている地層が観察できた場所は、等々力渓谷など一部を除き、ほとんどが現在は観察できないと考えてよい。オシ沼の切通しなど、かつて関東ロームなどが観察できた場所は跡形もない。都市化された地域の宿命ともいえる。

これまで述べたような変化もあるので、最後に本書をきっかけにより深く東京の地形と地質を理解したい読者のために、最近の知見にもとづき執筆された書籍等を紹介しておきたい。

東京だけでなく、関東全域に関する地形と地質に関する本格的な専門書としては、二〇〇〇年に東京大学出版会より刊行された『日本の地形　第四巻　関東・伊豆小笠原』（貝塚爽平ほか編）や、二〇〇八年に朝倉書店より刊行された『シリーズ　日本地方地質誌3　関東地方』（日本地質学会編）を推薦する。プレートテクトニクスを含めた地殻変動の話をはじめ、東京の地形はもちろんのこと、その周辺域のことが詳細に述べられている。

また、一般向けの書物としては二〇〇九年に刊行された『江戸・東京地形学散歩　災害史と防災の視点から　増補改訂版（フィールド・スタディ文庫2）』（松田磐余著）もよい。さらに東京都内の地盤情報や最近の地盤沈下に関しては、東京都土木技術支援・人材育成センター（旧・東京都土木技術研究所）のホームページで詳細なデータを閲覧することができる。

地図に類するものとしては、山の手台地と東京低地の地形がよく表現された、国土地理院二〇〇六年発行の『1:25,000デジタル標高地形図　東京都区部』を薦める。谷が複雑に入り組んだ山の手台地の地形と、0メートル地帯の地形が否応なしに目に迫り、戦慄さえ感じる。かつて『東京の自然史』をよみ、山の手台地に武蔵野面と下末吉面の違いがあることを知り、二万五〇〇〇分の一地形図で確かめようとしたが、建造物の記号が邪魔で等高線を読みとれず、うまく実感できない思いをした。しかしこの地図ではいとも簡単に下末吉面をなす荏原台と淀橋台が識別できる。本図は是非とも東京都内の小中学校、高校などの教育機関において、生徒の目の触れるところに置いてもらいたい。

また、日本地図センターが二〇一〇年に開発した『東京時層地図』（iPhone アプリケーション）もあわせて薦めたい。こちらは、二三区エリアを中心に東京の地形を鮮やかに表現した『段彩陰影図』（次ページに掲載）のほか、明治初頭の東京の姿を彷彿とさせる『五千分一東京図測量原図』などを現在のグーグル・マップとあわせてみることができ、さらにGPS機能を使って地形図のうえに現在地を表示することもできる。

これらの図を眺めながら『東京の自然史』を読めばそのおもしろさは格段に高まるであろう。

（首都大学東京・地理学教室教授）

凡例
標高 (m)　色
〜0
5
10
20
30
40
50

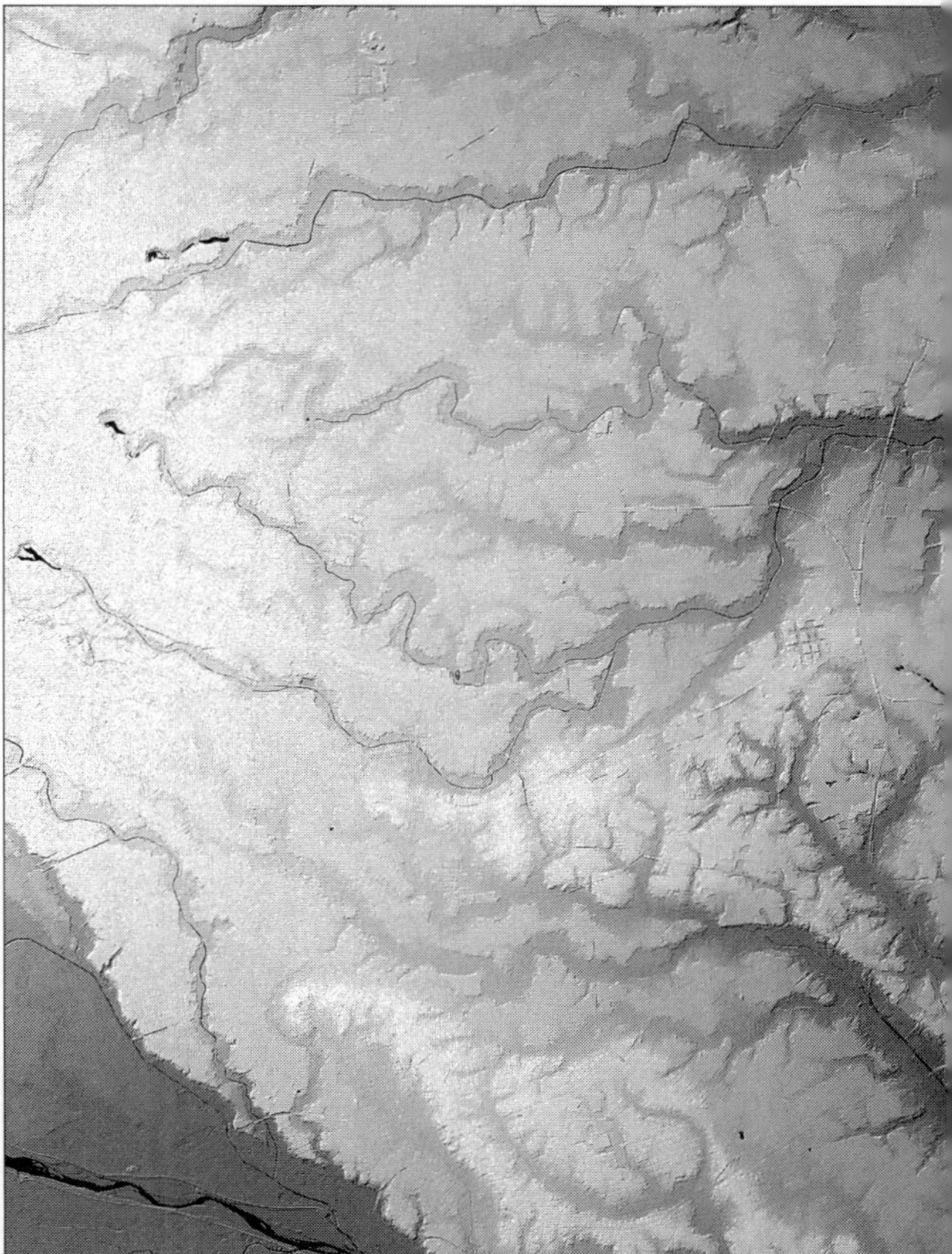

『段彩陰影図』部分（作成：石川初、国土地理院『5mメッシュ（標高)』データをカシミール3Dで加工）日本地図センター『東京時層地図』に収録

武蔵野台地 *119*
武蔵野段丘 45, 80, *90*, 114
武蔵野面 45
武蔵野ローム層 *61*, 132, 150
村山貯水池 37
目蒲線〔現・東急目黒線〕 56
目黒川 55, 96, 105, *106*
目黒区 62, 106
目黒台 49, 55, 67
目黒不動 67
目白 105
元荒川 34
茂原 269
茂呂遺跡 141, 145, 147

ヤ行・ラ行・ワ行

谷沢川 68
谷田川 33, 58
八ケ岳 139
柳瀬川 *46*, 79
谷端川 50, 56
山口貯水池 37
山の手砂礫層 53
山の手台地 *50*, *100*
有楽町 32
有楽町海進 170
有楽町（累）層 199, 200
養老川 215
横浜市 179
淀橋浄水場 37
淀橋台 47, 49, 60, 113
渡良瀬川 34

夏見砂層　264
七号地層　200
成田　268
――層群　*61*, *266*, *267*, *268*
成増台　66
成増面　53
成増礫層　53
日暮里　*59*
日本橋　194, 202
日本橋小伝馬町　74
日本橋台地　206
沼サンゴ　72, 200
沼段丘　277
根岸　194
練馬区　56, 66
練馬区北町地下水瀑布線　116
野川　80
――遺跡　145
野火止用水　37
呑川　55, *63*, 96

ハ行

拝島段丘　83, 183
箱根　136, 139, 155
羽村　34, *95*
原宿　74
日比谷入江　32
日比谷公園　206
屏風ガ浦層　177
平川　33, 35
深谷　90
富士山　125, *134*, 150, 284
府中崖線　82
富津岬　259, 261
太日河　34
船橋　265
――市川谷　209
――砂層　264
古川　36
古利根川　34
宝永山　*134*, 154
房総半島　273, 277
保谷市〔現・西東京市〕　114
本郷（砂）層　53, 65
本郷台　58, 64
本所台地　207
本牧岬　259, 261

マ行

馬込　198
又六地下水堆　114
丸の内谷　206
三浦層群　71
三浦半島　259, 273
溝ノ口　195
三鷹市　114
三田上水　35
緑が丘　*63*
港区　49
南関東　127
見沼泥炭地　198
妙正寺川　156
武蔵野（砂）礫層　53, 76, 114, 159, *167*
武蔵野市　119
武蔵野新田　37

祖師ヶ谷大蔵 49
外島 33

タ行

台東区 56
高井戸 49
高井戸・淀橋地下水瀑布線 116
高島平 66
高田川 36
高田馬場 105
滝野川 56
立川段丘 47, 80, 164
立川断層 91, 302
立川面 45
立川礫層 160
立川ローム層 *61*, 132, 138, *151*, *158*, 305
田無市〔現・西東京市〕 114
田端貝層 65
多摩川 37, 159, 182, 207, 215
玉川上水 36
多摩川低地 22, 189, *196*, 209
多摩丘陵 76, 118, 128, 176
多摩湖 37
多摩面 45, 270
多摩ローム層 *61*, 128, 139, 150, 314
溜池 35, 36, *40*, 198
丹沢造山運動 269
千歳・祖師谷地下水瀑布線 116
銚子半島 265
調布 81
千代田区 49, 60, 199, 268
鶴見川 197
T面 45
Tc面 45, 82, 83
田園調布台 47
田園都市線〔現・東急大井町線〕 68
東京駅 32
東京海底谷 124, 257
東京層 61, 62, 71, 118
東京層群 118, 300
東京低地 22, 190, 192, 203, 315
東京礫層 73, 96, 309
東京湾 256
東京湾造盆地運動 272
道三堀 33
東横線 55
十勝平野 159
所沢市 115
所沢台 47, 85, *113*
不老川 79, 94
豊島区 56, 66
豊島台 49, 57, 66
等々力（渓谷） 68, *69*
利根川 34

ナ行

中川 35, 193, 212
中台面 53
永田町 60
長沼層 177
中目黒 105
名古屋 27
夏島貝塚 148

京葉工業地帯　256
毛長堀　194
元禄関東地震　276
古荒川　208
小石川　65
小石川大沼　36
江東（区）　35, 187, 189, 201, 209, 211, 264
古河地区の造盆地運動　272, *274*
小金井　*82*
後関東ローム段丘　83
国分寺崖線　80, 110, 142
護国寺　75
古隅田川　193
御殿峠礫層　64, 177
御殿場　136
古東京川　164, *166*, 208, 259
古東京湾　*166*, 269
古中川　208
五番町貝層　62
古富士火山　153
古富士泥流　153
狛江　82

サ行

相模川　64, 153
相模舟状海盆　277
相模層群　*266*, 273
相模湾　273
相模湾断層　273
指ケ谷泥炭地　198
狭山丘陵　37, 42, 86, 110, 118, 128, 176, 306
狭山湖　37
三宝寺池　94
下町累層　200
不忍池　*20*, 35, 198
芝川　198
渋谷川　35, 55, 96
渋谷区　49
渋谷粘土層　75
下北沢　52
下末吉海進　178, 270
下末吉層　179
下末吉台地　76, 179
下末吉面　45, 130, 270, *271*
下末吉ローム層　*61*, 75, 76, 130, 139, 150
下丸子　196
石神井池　94
石神井川　56, 142
自由が丘　49, *98*
新川　194
新宿（区）　*19*, 49, 52, 56
杉並区　56
隅田川　34
墨田区　186, 187, 189, 209
駿河台　33
関口　36
世田谷区　49
千川上水　37
仙川地下水堆　114
千住　194
戦場ガ原　157
善福寺池　36, 94
総武線　211

M（1、2、3）面 45, 53, 130
王子（貝層） 56, 65
青梅（線） *39*, 41, 44, 182
大泉地下水瀑布線 116
大磯（丘陵） 130, 273, 277
大岡山 49
大阪 27
大田区 51
大手町 33
大宮台地 86, 198
小笠原諸島 317
荻窪 78
興野 194
奥東京湾 196
小河内ダム 37
おし沼砂礫層 177
お茶の水 35
音無川 56
小名木川 33, *190*
小原台面 53
小櫃川 215
御岳第一浮石層 67, 132, 139

カ行

笠森層 269
加治丘陵 118
鹿島灘 270
上総層群 71, 118, *266*, *267*, 269
霞が関 *40*
加住丘陵 118
加曽利貝塚 104
帷子川 64
葛飾区 *186*, 193, 208
金杉川 35
金子台 47, 85, 112
狩野川台風 99
下部東京層 73
上宿地下水堆 114
亀戸 187
川越 88
川崎市 197
関西 140
神田川 33, 35, 96, 105
神田上水 36
神田山 33
関東地震 *26*, 276
関東造盆地運動 107, 175, 265, *274*, *275*
関東平野 173
関東ローム層 103, *129*, *131*, *137*, *149*, 304
観音崎海底水道 *124*, 257
北関東 127, 142
北区 56
北十間川 194, 287
北多摩地区 117
吉祥寺 96
喜連川丘陵 176
旧市内 22
銀座 202
久が原台 49, *50*, 67
草花丘陵 118
九十九里浜 270
九品仏川 *69*, 70, 97, 198
黒目川 *46*, 79
京浜工業地帯 256

地名および地名事項索引

主要な地名と地名事項（地層名など）について、関連ページのうち初出ページをあげた。本文のページは立体で、図・表・写真のページは斜体で示した。目次にある地名・地名事項は原則として記していないから、目次を参照されたい。

ア行

藍染川　35
姶良Tn火山灰　305
青柳段丘　82～83, 164
赤羽　51, 64
——砂層　53, 65
——台　51
——粘土層　65, 77
赤羽橋　198
浅草（台地）　194, 204, 207
阿須山丘陵　118
愛宕山　*40*
足立区　189, 193
綾瀬川　197
荒川　34, 89
——区　189
——断層　89～90, 302
——沈降帯　273
——低地　22, 220
——放水路　189, 208
安政江戸地震　90, 276
井荻・天沼地下水堆　114
池上　198
——線　56
——本門寺　49, *133*
池袋　51, 52, 74
——粘土　67, 77
伊豆諸島　309
板橋区　56, 66
板橋粘土（層）　67, 77, 114, 116
市川市　194
井の頭池　36, 94
入間川　35
岩宿　141
上野　*20*, 65
梅ガ瀬層　265
浦賀水道　163, 256
浦安谷　209
S面　45, 130
江戸　21, *34*
——川　34, 36, 215
——川区　187, 189, 193
——川三角州　215
——川層　73
——時代　286
——城　32
——前島　32, 207
荏原台　47, 49, 55, 62, 113
M（1、2、3）砂礫層　53, *61*, 77

KODANSHA

本書の原本は、紀伊國屋書店より一九七九年に刊行された『東京の自然史〈増補第二版〉』です。編集部で最低限の注記（〔　〕で示す）、ならびにルビを追加しました。

貝塚爽平（かいづか　そうへい）

1926～1998年。東京大学理学部地理学科卒業，同大学院特別研究生前期修了。東京都立大学教授を経て，東京都立大学名誉教授。専門は地形学。理学博士。

著書に，『日本の地形――特質と由来』『空からみる日本の地形』『富士山はなぜそこにあるのか』『平野と海岸を読む』『発達史地形学』，『［新編］日本の活断層』（共編），『世界の地形』（編）などがある。

講談社学術文庫

定価はカバーに表示してあります。

東京《とうきょう》の自然史《しぜんし》

貝塚爽平《かいづかそうへい》

2011年11月10日　第１刷発行
2023年８月21日　第17刷発行

発行者　鈴木章一
発行所　株式会社講談社
東京都文京区音羽 2-12-21 〒112-8001
電話　編集（03）5395-3512
販売（03）5395-4415
業務（03）5395-3615

装　幀　蟹江征治
印　刷　株式会社ＫＰＳプロダクツ
製　本　株式会社国宝社
本文データ制作　講談社デジタル製作

ISBN978-4-06-292082-7

「講談社学術文庫」の刊行に当たって

これは、学術をポケットに入れることをモットーとして生まれた文庫である。学術は少年の心を養い、成年の心を満たす。その学術がポケットにはいる形で、万人のものになることは、生涯教育をうたう現代の理想である。

こうした考え方は、学術を巨大な城のように見る世間の常識に反するかもしれない。また、一部の人たちからは、学術の権威をおとすものと非難されるかもしれない。しかし、それはいずれも学術の新しい在り方を解しないものといわざるをえない。

学術は、まず魔術への挑戦から始まった。やがて、いわゆる常識をつぎつぎに改めていった。学術の権威は、幾百年、幾千年にわたる、苦しい戦いの成果である。こうしてきずきあげられた城が、一見して近づきがたいものにうつるのは、そのためである。しかし、学術の権威を、その形の上だけで判断してはならない。その生成のあとをかえりみれば、その根は常に人々の生活の中にあった。学術が大きな力たりうるのはそのためであって、生活をはなれた学術は、どこにもない。

開かれた社会といわれる現代にとって、これはまったく自明である。生活と学術との間に、もし距離があるとすれば、何をおいてもこれを埋めねばならない。もしこの距離が形の上の迷信からきているとすれば、その迷信をうち破らねばならぬ。

学術文庫は、内外の迷信を打破し、学術のために新しい天地をひらく意図をもって生まれた。文庫という小さい形と、学術という壮大な城とが、完全に両立するためには、なおいくらかの時を必要とするであろう。しかし、学術をポケットにした社会が、人間の生活にとってより豊かな社会であることは、たしかである。そうした社会の実現のために、文庫の世界に新しいジャンルを加えることができれば幸いである。

一九七六年六月　　　　野間省一

外国人の日本旅行記

393
ニコライの見た幕末日本
ニコライ著／中村健之介訳

幕末・維新時代、わが国で布教につとめたロシアの宣教師ニコライの日本人論。歴史・宗教・風習を深くさぐり、鋭く分析して、日本人の精神の特質を見事に浮き彫りにした刮目すべき書である。本邦初訳。

455
乃木大将と日本人
S・ウォシュバン著／目黒真澄訳（解説・近藤啓吾）

著者ウォシュバンは乃木大将を Father Nogi と呼んだ。この若き異国従軍記者の眼に映じた大将の魅力は何か。本書は、大戦役のただ中に武人としてギリギリの理想主義を貫いた乃木の人間像を描いた名著。

1005
ニッポン
B・タウト著／森 儁《とし》郎《お》訳（解説・持田季未子）

憧れの日本で、著者は伊勢神宮や桂離宮に清純な美の極致を発見して感動する。他方、日光陽明門の華美を拒みその後の日本文化の評価に大きな影響を与えた。世界的な建築家タウトの手になる最初の日本印象記。

1048
日本文化私観
B・タウト著／森 儁《とし》郎《お》訳（解説・佐渡谷重信）

世界的建築家タウトが、鋭敏な芸術家的直観と秀徹した哲学的瞑想とにより、神道や絵画、彫刻や建築など日本の芸術と文化を考察し、真の日本文化の将来を説く。名著『ニッポン』に続くタウトの日本文化論。

1308
幕末日本探訪記　江戸と北京
R・フォーチュン著／三宅 馨訳（解説・白幡洋三郎）

世界的プラントハンターの幕末日本探訪記。英国生まれの著名な園芸学者が幕末の長崎、江戸、北京を訪問。珍しい植物や風俗を旺盛な好奇心で紹介し、桜田門外の変や生麦事件の見聞も詳細に記した貴重な書。

1325
シュリーマン旅行記 清国・日本
H・シュリーマン著／石井和子訳

シュリーマンが見た興味尽きない幕末日本。世界的に知られるトロイア遺跡の発掘に先立つ世界旅行の途中で、日本を訪れたシュリーマン。執拗なまでの探究心と旺盛な情熱で幕末日本を活写した貴重な見聞記。

外国人の日本旅行記

1349
A・B・ミットフォード著／長岡祥三訳
英国外交官の見た幕末維新
リーズデイル卿回想録

激動の時代を見たイギリス人の貴重な回想録。アーネスト・サトウと共に江戸の寺で生活をしながら、数々の事件を体験したイギリス公使館員の記録。徳川幕府崩壊の過程を見すえ、様々な要人と交わった冒険の物語。

1354
ピーター・ミルワード著／松本たま訳
ザビエルの見た日本

ザビエルの目に映った素晴しき日本と日本人。一五四九年、ザビエルは「知識に飢えた異教徒の国」へ勇躍上陸し精力的に布教活動を行った。果して日本人はキリスト教を受け入れるのか。書簡で読むザビエルの心境。

1499
清水　勲著
ビゴーが見た日本人
諷刺画に描かれた明治

在留フランス人画家が描く百年前の日本の姿。文明開化の嵐の中で、急激に変わりゆく社会を戸惑いつつもたくましく生きた明治の人々。愛着と諷刺をこめてビゴーが描いた百点の作品から〈日本人〉の本質を読む。 電P

1537
エリザ・R・シドモア著／外崎克久訳
シドモア日本紀行
明治の人力車ツアー

女性紀行作家が描いた明治中期の日本の姿。ポトマック河畔の桜の植樹の立役者、シドモアは日本各地を人力車で駆け巡り、明治半ばの日本の世相と花を愛する日本人の優しい心を鋭い観察眼で見事に描き出す。 電P

1569
バーナード・リーチ著／柳　宗悦訳／水尾比呂志補訳
バーナード・リーチ日本絵日記

イギリス人陶芸家の興趣溢れる心の旅日記。独自の美の世界を創造したリーチ。日本各地を巡り、また、濱田庄司・棟方志功らと交遊を重ね、自らの日本観や芸術観を盛り込み綴る日記。味のある素描を多数掲載。

1625
エドゥアルド・スエンソン著／長島要一訳
江戸幕末滞在記
若き海軍士官の見た日本

若い海軍士官の好奇心から覗き見た幕末日本。慶喜との謁見の模様や舞台裏も紹介、ロッシュ公使の近辺で貴重な体験をしたデンマーク人の見聞記。旺盛な好奇心、鋭い観察眼が王政復古前の日本を生き生きと描く。 電P

《講談社学術文庫　既刊より》

自然科学

1

今西錦司著（解説・小原秀雄）

進化とはなにか

正統派進化論への疑義を唱える著者は名著『生物の世界』以来、豊富な踏査探検と卓抜な理論構成とで、〝今西進化論〟を構築してきた。ここにはダーウィン進化論を凌駕する今西進化論の基底が示されている。

31

朝永《ともなが》振一郎《しんいちろう》著（解説・伊藤大介）

鏡の中の物理学

〝鏡のなかの世界と現実の世界との関係は……〟この身近な現象が高遠な自然法則を解くカギになる。科学と量子力学の基礎を、ノーベル賞に輝く著者が一般読者のために平易な言葉とユーモアをもって語る。

94

湯川秀樹著（解説・片山泰久）

目に見えないもの

初版以来、科学を志す多くの若者の心を捉えた名著。自然科学的なものの見方、考え方を誰にもわかる平易な言葉で語る珠玉の小品。真実を求めての終りなき旅に立った著者の研ぎ澄まされた知性が光る。 電 P

195

湯川秀樹著

物理講義

ニュートンから現代素粒子論までの物理学の展開を、歴史上の天才たちの人間性にまで触れながら興味深く語った名講義の全録。また、博士自身が学生時代の勉強法を随所で語るなど、若い人々の必読の書。

320

W・B・キャノン著／舘　鄰・舘　澄江訳（解説・舘　鄰）

からだの知恵　この不思議なはたらき

生物のからだは、つねに安定した状態を保つために、さまざまな自己調節機能を備えている。本書は、これをひとつのシステムとしてとらえ、ホメオステーシスという概念をはじめて樹立した画期的な名著。

529

牧野富太郎著（解説・伊藤　洋）

植物知識

本書は、植物学の世界的権威が、スミレやユリなどの身近な花と果実二十二種に図を付して、平易に解説したもの。どの項目から読んでも植物に対する興味がわき、楽しみながら植物学の知識が得られる。

自然科学

764
村上陽一郎著
近代科学を超えて
クーンのパラダイム論をふまえた科学理論発展の構造を分析。科学の歴史的考察と構造論的考察から、科学史と科学哲学の交叉するところに、科学の進むべき新しい道をひらいた気鋭の著者の画期的科学論である。

844
森　毅著
数学の歴史
数学はどのように生まれどう発展してきたか。数学史を単なる記号や理論の羅列とみなさず、あくまで人間の文化的な営みの一分野と捉えてその歩みを辿る。知的な挑発に富んだ、歯切れのよい万人向けの数学史。

979
森　毅著（解説・野崎昭弘）
数学的思考
「数学のできる子は頭がいい」か、それとも「数学などやる人間は頭がおかしい」か。ギリシア以来の数学的思考の歴史を一望。現代数学・学校教育の歪みを一刀両断。数学迷信を覆し、真の数理的思考を提示。

996
森　毅著（解説・村上陽一郎）
魔術から数学へ
西洋に展開する近代数学の成立劇。小数はどのように生まれたか、対数は、微積分は？　宗教戦争と錬金術が猖獗を極める十七世紀ヨーロッパでガリレイ、デカルト、ニュートンが演ずる数学誕生の数奇な物語。

1332
池田清彦著
構造主義科学論の冒険
旧来の科学的真理を問い直す卓抜な現代科学論。科学理論を唯一の真理として、とめどなく巨大化し、環境破壊などの破滅的状況をもたらした現代科学。多元主義にもとづく科学の未来を説く構造主義科学論の全容。

1341
杉田玄白著／酒井シヅ現代語訳（解説・小川鼎三）
新装版
解体新書
日本で初めて翻訳された解剖図譜の現代語訳。オランダの解剖図譜『ターヘル・アナトミア』を玄白らが翻訳。日本における蘭学興隆のきっかけをなし、また近代医学の足掛かりとなった古典的名著。全図版を付す。

自然科学

2240
生命誌とは何か
中村桂子著
「生命科学」から「生命誌」へ。博物学と進化論、DNA、クローン技術など、人類の「生命への関心」を歴史的にたどり、生きものの多様性と共通性を包む新たな世界観を追求する。ゲノムが語る「生命の歴史」。
電P

2248
生物学の歴史
アイザック・アシモフ著／太田次郎訳
人類は「生命の謎」とどう向き合ってきたか。古代ギリシャ以来、博物学、解剖学、化学、遺伝学、進化論などの間で揺れ動き、二〇世紀にようやく科学として体系を成した生物学の歴史を、SF作家が平易に語る。

2256
相対性理論の一世紀
広瀬立成著
時間と空間の概念を一変させたアインシュタイン。「力の統一」「宇宙のしくみ」など現代物理学の起源となった研究はいかに生まれたか。科学の常識を根底から覆した天才の物理学革命が結実するまでのドラマ。
電P

2265
寺田寅彦 わが師の追想
中谷宇吉郎著（解説・池内 了）
その文明観・自然観が近年再評価される異能の物理学者に間近に接した教え子による名随筆。研究室の様子から漱石の思い出まで、大正～昭和初期の学問の場の闊達な空気と、濃密な師弟関係を細やかに描き出す。
電P

2269
奇跡を考える 科学と宗教
村上陽一郎著
科学はいかに神の代替物になったか？　奇跡の捉え方を古代以来のヨーロッパの知識の歴史にたどり、また宗教と科学それぞれの論理と言葉の違いを明らかにして、人間中心主義を問い直し、奇跡の本質に迫る試み。

2288
ヒトはいかにして生まれたか 遺伝と進化の人類学
尾本恵市著
人類は、いつ類人猿と分かれたのか。ヒトが直立二足歩行を始めた時、DNAのレベルでは何が起こっていたのか。遺伝学の成果を取り込んでやさしく語る、人類誕生の道のり。文理融合の「新しい人類学」を提唱。
電P